U0317353

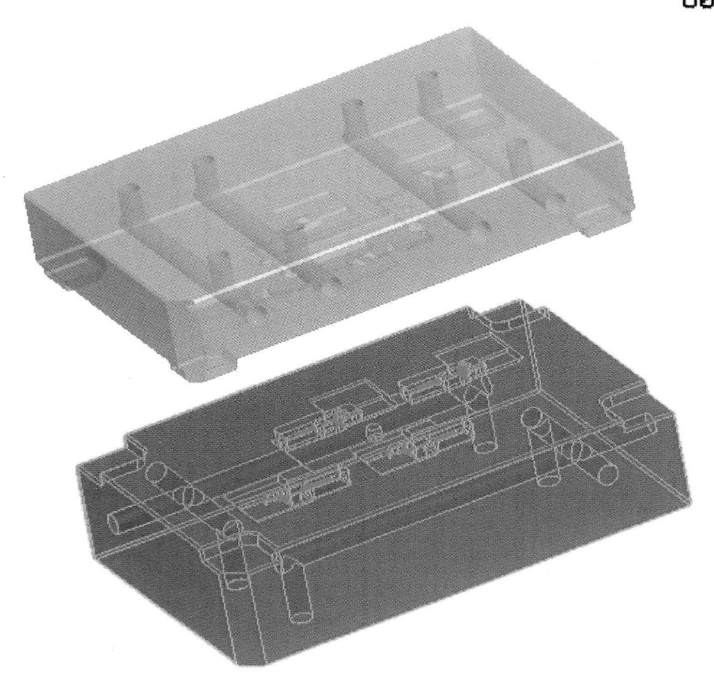

Latch 模仁

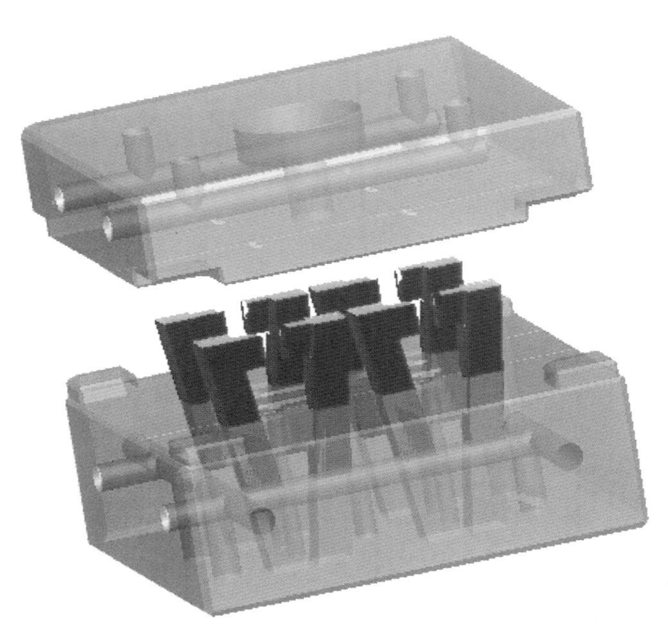

笔记本电源滑锁模仁及斜销

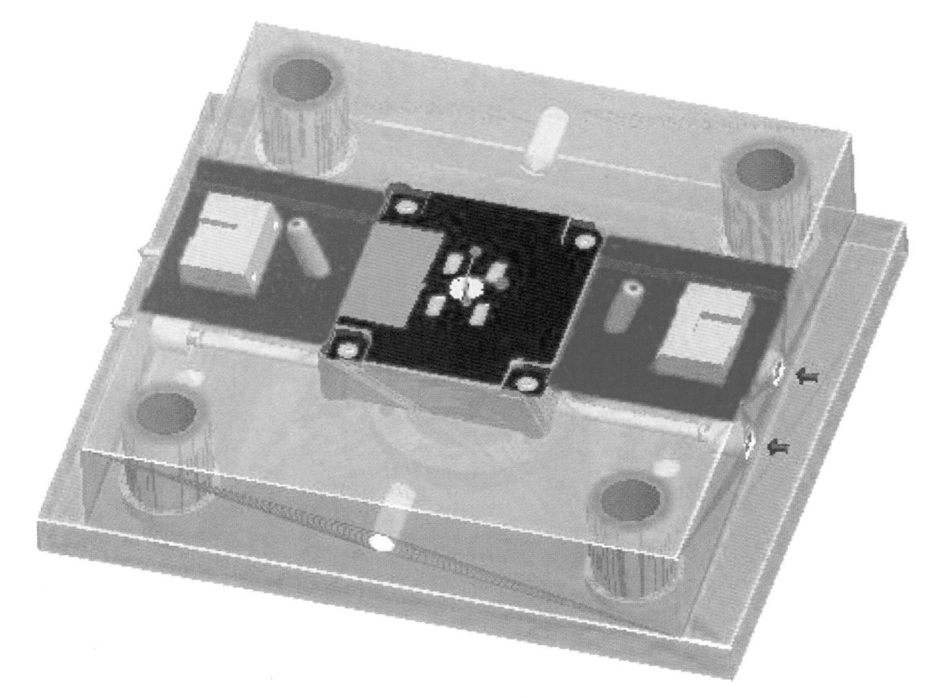

电源按钮定模侧

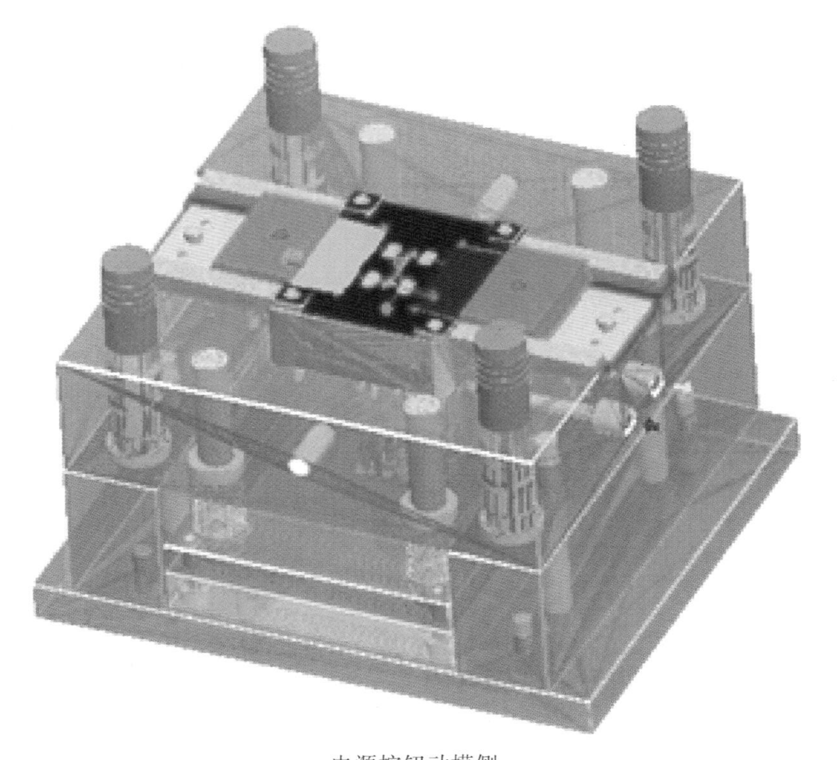

电源按钮动模侧

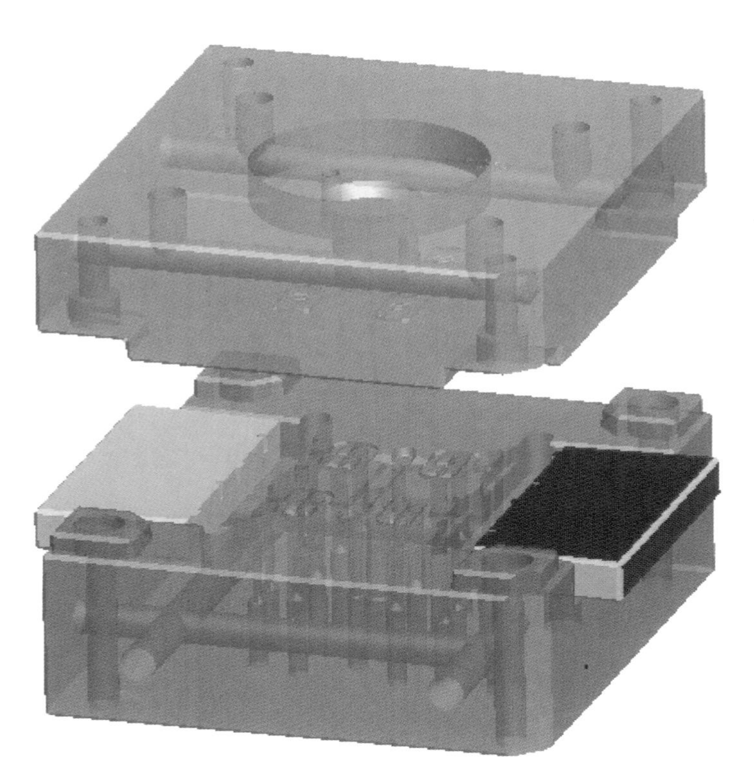

电源按钮模仁及滑块

游戏机面板开模

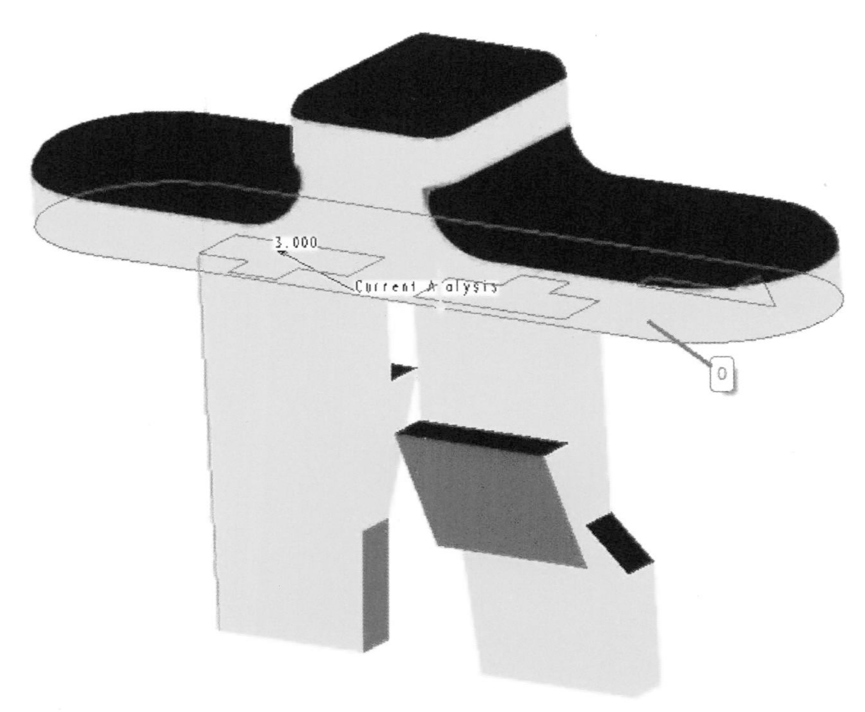

Button 拔模分析结果

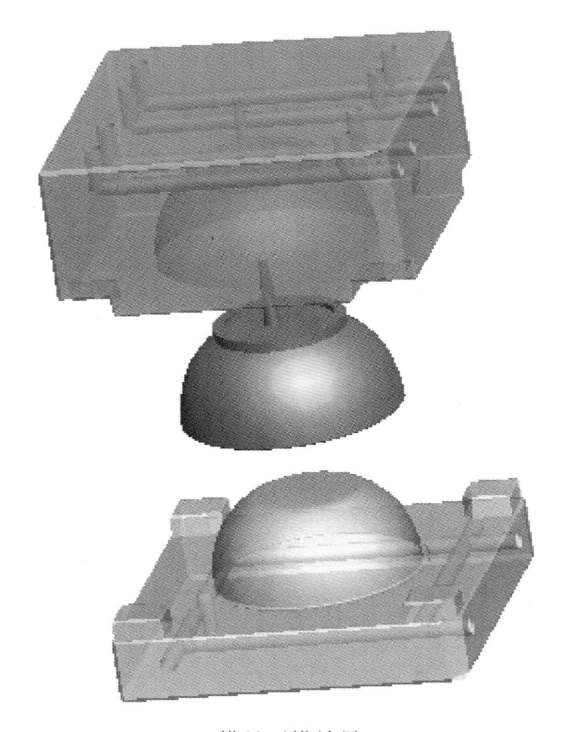

模具开模效果

高等职业教育“十二五”规划教材

高职高专模具设计与制造专业任务驱动、项目导向系列化教材

Pro/ENGINEER Wildfire 5.0 塑料模具设计教程

主　编　李耀辉　李洪伟

副主编　许春龙　李　潍

主　审　聂福荣

国防工業出版社

·北京·

内 容 简 介

本书以 Pro/ENGINEER 5.0 和 EMX 6.0 中文版为基础，结合企业注塑模具开发流程、理念及模具结构设计方法、设计参数确定等习惯和技巧，详细介绍了模具设计的有关知识。项目1介绍了 Pro/ENGINEER 5.0 及 EMX 6.0 的安装配置；项目2介绍了 Pro/ENGINEER 塑料模具设计的入门知识；项目3~项目6分别以不同产品为载体，系统介绍了模具的开发流程，以及常见的分模方法和技巧。各产品载体的选取以涵盖 Pro/ENGINEER 模具设计的常用方法、技巧，按照由易到难，并体现项目典型性、体系性、连续性为宗旨进行内容的选取与组织。

本书内容丰富、范例典型、实用性强，适用于模具、机制、数控等相关专业的大、中专院校学生使用，同时，也适合于有一定 Pro/ENGINEER 基础的技术人员使用。

本书配套文件及视频资料请联系责任编辑严春阳索取，E-mail:ycy8803@126.com。

图书在版编目(CIP)数据

Pro/ENGINEER Wildfire 5.0 塑料模具设计教程/李耀辉，李洪伟主编.—北京:国防工业出版社，2015.2

高职高专模具设计与制造专业任务驱动、项目导向系列化教材

ISBN 978-7-118-09766-5

Ⅰ.①P… Ⅱ.①李… ②李… Ⅲ.①塑料模具—计算机辅助设计—应用软件—高等职业教育—教材 Ⅳ.①TQ320.5-39

中国版本图书馆 CIP 数据核字(2014)第 274779 号

※

国防工业出版社出版发行

(北京市海淀区紫竹院南路23号 邮政编码100048)

腾飞印务有限公司印刷

新华书店经售

*

开本 787×1092 1/16 **插页** 2 **印张** 13¼ **字数** 330千字

2015年2月第1版第1次印刷 **印数** 1—3000册 **定价** 36.00元

(本书如有印装错误，我社负责调换)

国防书店：(010)88540777　　发行邮购：(010)88540776

发行传真：(010)88540755　　发行业务：(010)88540717

高等职业教育“十二五”规划教材
高职高专模具设计与制造专业任务驱动、项目导向系列化教材

编审委员会

顾问

屈华昌

主任委员

王红军(南京工业职业技术学院)　　匡余华(南京工业职业技术学院)
游文明(扬州市职业大学)　　陈　希(苏州工业职业技术学院)
秦松祥(泰州职业技术学院)　　甘　辉(江苏信息职业技术学院)
李耀辉(苏州市职业大学)　　郭光宜(南通职业大学)
李东君(南京交通职业技术学院)　　舒平生(南京信息职业技术学院)
高汉华(无锡商业职业技术学院)　　倪红海(苏州健雄职业技术学院)
陈保国(常州工程职业技术学院)　　黄继战(江苏建筑职业技术学院)
张卫华(应天职业技术学院)　　许尤立(苏州工业园区职业技术学院)
许大华(徐州工业职业技术学院)　　赵俊生(炎黄职业技术学院)

委员

陈显冰　池寅生　丁友生　高汉华　高　梅　高颖颖
葛伟杰　韩莉芬　何延辉　黄晓华　李洪伟　李金热
李明亮　李萍萍　李　锐　李　潍　李卫国　李卫民
梁士红　林桂霞　刘明洋　罗　珊　马云鹏　聂福荣
牛海侠　上官同英　施建浩　宋海潮　孙　健　孙庆东
孙义林　唐　娟　腾　琦　田　菲　王洪磊　王　静
王鑫铝　王艳莉　王迎春　翁秀奇　肖秀珍　许春龙
徐年富　徐小青　许红伍　杨　青　殷　兵　殷　旭
尹　晨　张　斌　张高萍　张祎娴　张颖利　张玉中
张志萍　赵海峰　赵　灵　钟江静　周春雷　祝恒云

前言

目前,有关 Pro/ENGINEER(以下简称 Pro/E)软件应用及 Pro/E 塑料模具设计的教材很多,但大部分教材在编写过程中侧重于软件命令的讲解,对案例中所涉及到的模具设计方法、模具结构知识及有关模具设计参数的选取则很少有系统的介绍,使学生在学习过程中普遍存在"照猫画虎""一知半解"的现象,无法达到企业模具设计师的岗位能力要求。而且大多教材在编写过程中没有结合企业模具开发流程和开发理念进行各项目任务实施过程的有序组织,无法很好地培养学生的工程应用能力。

本书依照高职"基于工作过程的项目化教材"编写理念,遵循学生职业能力培养的基本规律,按照项目化教学模式进行教材的编写。根据行业、企业发展需求和岗位职业能力所要求的知识、能力、素质进行教材内容的选取,教材中所采用的项目均来自企业实际生产任务,并且按照企业的模具开发流程和设计理念进行各项目的组织和实施。项目实施过程中,以真实工作任务和工作过程为依据,整合、序化课程教学内容,力求使学生在校所学技能与企业实际岗位能力相一致,是一本与行业企业共同开发的紧密结合生产实际的项目化教材。

本书共分六个项目:项目 1 为 Pro/E 5.0 及 EMX 6.0 的安装配置;项目 2 为 Pro/E 塑料模具设计入门;项目 3 为游戏机上面板模具设计;项目 4 为笔记本电源盖滑锁模具设计;项目 5 为 BATTERY_LATCH 模具设计;项目 6 为电源按钮模具设计。通过六个项目的系统组织和实施,使读者对 Pro/E 软件中注塑模具开发的流程、方法及企业中有关模具设计参数确定、模具设计理念等都得到一定的认识和提高。

本书的编著者有苏州市职业大学李耀辉、李洪伟、许春龙、李潍、田菲、聂福荣,在本书编写过程中,得到了吴江大智资讯配件有限公司的大力支持和指导,在此表示诚挚的谢意!本书配套文件及视频资料请联系责任编辑严春阳索取,E-mail:ycy8803@126.com。

由于编者水平有限,不足之处在所难免,敬请广大读者不吝批评指正。

编 者

2014.8

目录

1 项目1 Pro/E 5.0及EMX 6.0的安装配置

Pro/E 5.0 的安装方法同之前的 Pro/E 4.0、Pro/E 3.0 等版本的安装方法基本类似。Pro/E的版本很多，从最初的 F000 版，到后来的 M010、M020、Pro/E R20 等，其安装方法基本上都一样，只是在软件功能和便捷化程度等方面进行了不断改进。本项目主要对 Pro/E 5.0 软件及其外挂模架库 EMX 6.0 的安装和配置等方法进行介绍。同时也简单介绍了在系统重装后，如何对 Pro/E 5.0 安装选项进行重新配置，以使软件可以正常运行。

知识目标

（1）Pro/E 软件的安装方法及配置。
（2）EMX 模架库的安装方法及配置。
（3）系统重装后的软件配置方法。

能力目标

（1）了解查找本机网卡的一般方法。
（2）具备 Windows 系统中环境变量的设置能力。
（3）掌握一般三维软件的安装方法及参数配置。
（4）具备处理常见软件安装异常的应对能力。

Pro/ENGINEER 是美国参数技术公司（Parametric Technology Corporation，PTC）于 1988 年发布的一个全方位的三维产品开发软件。它采用参数化设计理念和基于特征建模的原理进行设计过程的组织和管理，集零件设计、曲面设计、工程图制作、模具开发、钣金设计、机构仿真、产品装配和有限元分析等功能于一体，是一款功能强大、业界应用广泛的三维产品开发软件。在目前的市场应用中，不同的公司还在使用着从 Pro/E 2001 到 Pro/E 5.0 的各种版本，Pro/E 3.0 和 Pro/E 5.0 是目前的主流应用版本。Pro/E 系列软件都支持向下兼容但不支持向上兼容，也就是新的版本可以打开旧版本的文件，但旧版本默认是无法直接打开新版本文件。虽然 PTC 提供了相应的插件以实现旧版本打开新版本文件的功能，但在很多情况下支持并不理想，容易造成软件操作过程中的直接跳出。

在 Pro/E 软件版本中，除了使用类似 Pro/E 2001、Pro/E 1.0、Pro/E 2.0、Pro/E 3.0、Pro/E 4.0 和 Pro/E 5.0 等主版本外，在每一个主版本中还有日期代码的小版本区别，不同的日期代码代表主版本的发行日期顺序。通常每一个主版本中都会有 C000、F000 和 Mxxx 三个不同系列的日期代码，C000 版代表的是测试版，F000 是第一次正式版，而类似 M010，M020，…，M200 等则属于成熟的正式发行版系列。M 系列的版本可以打开 C000 和 F000 系列版本的 Pro/E

文件,而C000版本则无法打开相同主版本的F000和Mxxx版本的Pro/E文件。

任务一　Pro/E 5.0的安装及配置

Pro/E 5.0的安装方法和Pro/E 4.0等版本类似,本项目将对该软件的安装方法、有关参数设置及软件对计算机软/硬件的有关配置要求等进行介绍,以便于读者掌握常见三维软件的安装方法和技巧。

1. Pro/E 5.0对计算机软/硬件的要求

随着Pro/E版本的不断更新,对计算机软/硬件的要求也越来越高。因此,在安装该软件之前应先了解Pro/E 5.0对计算机软件与硬件的要求,以保证软件的顺利安装并在计算机上保持最佳的运行状态。

(1) 对硬件的有关要求。表1-1所列为Pro/E软件对计算机硬件配置的有关要求,用户在安装或购买计算机时可以参考这些配置要求进行选择。

表1-1　Pro/E软件对计算机硬件的配置要求

硬件名称	配　置　要　求
CPU	建议CPU主频率在2.5GHz以上
显卡	显存最低为128MB,建议使用256MB或512MB以上的显卡
内存	内存最小为256MB,当设计较为复杂的结构或设计大型装配体时,建议使用1GB或更大容量的内存
硬盘	硬盘可使用空间最小为10GB,为了保证能顺利运行,建议使用缓存为16MB,每秒转数为7200的硬盘
光驱	CD-ROM或DVD-ROM(不使用光驱安装方式时,也可不带光驱)
鼠标	建议使用三键鼠标(中键为滚轮)

(2) 对软件的有关要求。安装Pro/E除对硬件有要求外,还要注意所用操作系统是否支持,具体要求如下:

① 操作系统:Windows 2000、Windows XP、Windows7系统。

②网络协议:安装TCP/IP协议。

2. Pro/E 5.0的安装过程

(1) 计算机环境变量设置。安装Pro/E 5.0的时候一般不需要设置系统的环境变量,但如果安装时的界面不是中文的则需要设置环境变量,为了使读者能系统掌握其设置方法,此处对环境变量设置做一简单介绍。具体可参考下面所介绍的操作流程。

① 在桌面上选取"我的电脑"图标,单击鼠标右键,在弹出的快捷菜单中选择"属性"菜单项。

② 在弹出的"系统属性"对话框中,切换至"高级"选项卡,如图1-1所示。单击"环境变量"按钮,弹出"环境变量"对话框,如图1-2所示。

③ 在图1-2中单击"新建"按钮,弹出"新建系统变量"对话框,在对话框中输入变量名"lang"和变量值"chs",如图1-3所示。然后依次单击"确定"按钮,完成环境变量的设置。

提示:变量名"lang"是语言种类"language"的缩写;变量值"chs"是简体中文"chinese simplified"的缩写。

(2) 安装。安装分为安装服务器端和安装客户端。

① 服务器端安装

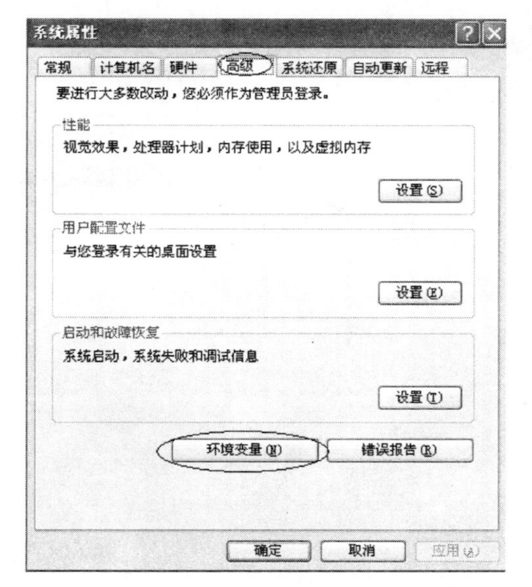

图 1-1 “系统属性”对话框

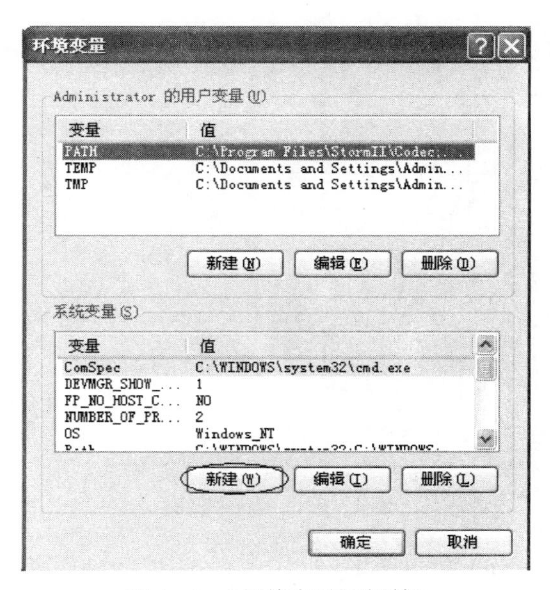

图 1-2 “环境变量”对话框

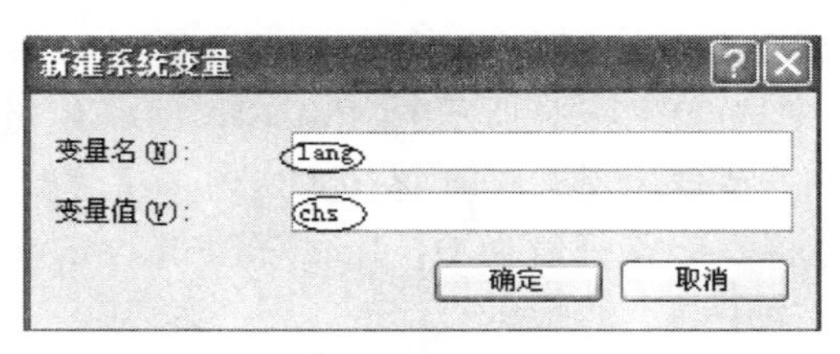

图 1-3 设置环境变量值

a）插入光盘，运行安装程序弹出图 1-4 所示界面。

b）在图 1-4 的安装界面上单击“下一步”按钮，显示“接受许可协议”界面，勾选“我接受”复选框，如图 1-5 所示。

图 1-4 安装界面

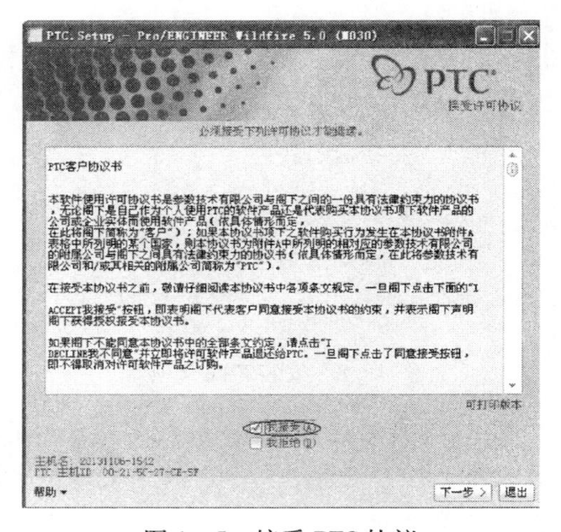

图 1-5 接受 PTC 协议

c）单击“下一步”按钮，显示“选取要安装的产品”界面，如图 1-6 所示，单击“PTC License Server”选项，弹出“定义安装组件”界面，如图 1-7 的示。

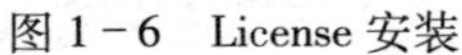
图 1-6　License 安装

图 1-7　定义安装组件

d) 单击图 1-7 中“ ”按钮，找到许可证文件，系统进行校验，单击“安装”按钮，直至安装完成。

② 安装客户端：

a) 在 Pro/E 安装界面中选择图 1-8 所示的“Pro/ENGINEER”选项。

b) 进入“定义安装组件”界面，单击“选项”左边的的下拉箭头 选项，在弹出的列表框中选择“安装此功能”，并将安装路径设为 D:\Program Files\proe Wildfire 5.0(安装路径可根据自己的需要自行设置)，如图 1-9 所示。

图 1-8　安装产品选项

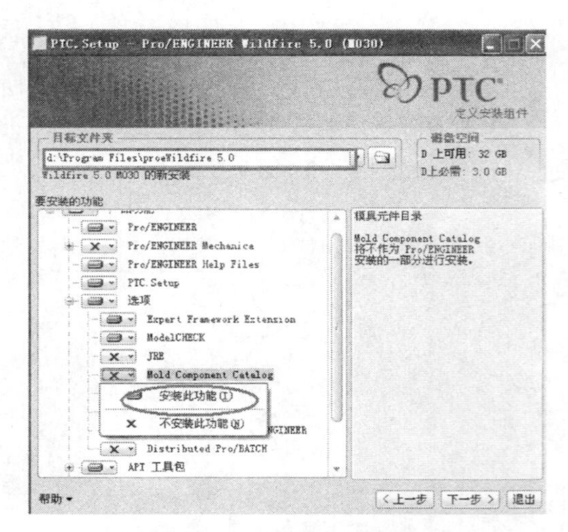

图 1-9　安装路径及选项设置

提示：如果不选择安装“Mold Component Catalog”功能，则 Pro/E 模具设计模块中无法使用自动创建工件等功能。Pro/E 的安装路径文件夹最好以英文进行命名，不能出现汉字，以免影响程序正常运行。

c) 然后单击“下一步”按钮，系统弹出图 1-10 所示“FLEXnet 许可证服务器”界面，单击“添加”按钮，添加相应的许可证文件。

d) 单击“下一步”按钮，显示“Windows 首选项”界面，勾选“桌面”和“程序文件夹”复选框，单击“下一步”按钮，如图 1 - 11 所示。

图 1 - 10　添加许可证文件

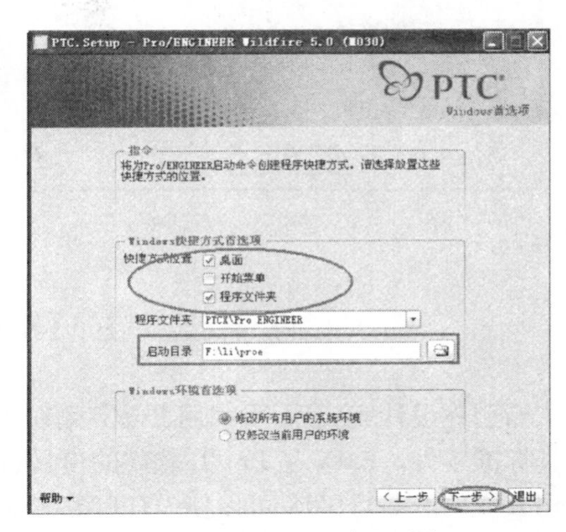

图 1 - 11　Windows 首选项设置

提示：图 1 - 11 界面中的“启动目录”选项表示运行 Pro/E 后的默认工作目录，可在此步骤中对启动目录进行设置，也可在程序安装完成后进行设置。

e）显示“可选配置步骤”界面，如图 1 - 12 所示。单击“下一步”按钮，在弹出的安装警告对话框中单击“确定”按钮。

f）依次单击“下一步”按钮和“安装”按钮进行程序安装。软件安装过程中系统会自动显示安装进度，如图 1 - 13 所示。用户只需耐心等待即可。软件安装过程中，若系统没有安装过 .NET Framework 编程平台，会弹出如图 1 - 14 所示对话框，只需单击“确定”按钮，程序将继续安装，程序安装即将完成时，会提示安装 java 程序，按提示安装，安装完成后将显示安装进度为 100%。

g）单击“下一步”按钮，系统返回“选取要安装的产品”界面，单击“退出”按钮，系统将弹出“退出 PTC. Setup”对话框，如图 1 - 15 所示。单击“是（Y）”按钮，即完成 Pro/E 软件的安装。

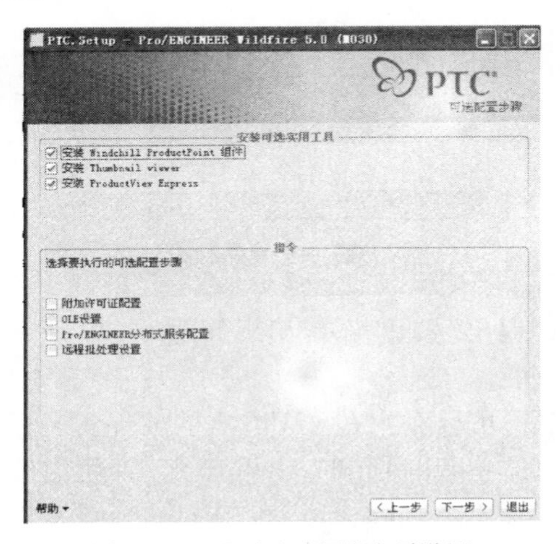

图 1 - 12　“可选配置”选项设置

图 1 - 13　程序“安装进度”显示

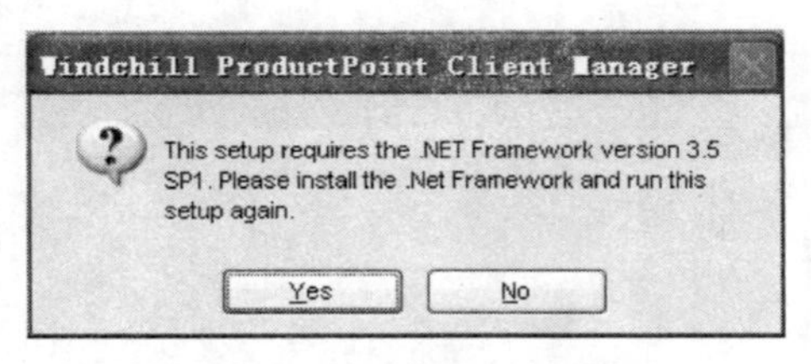

图 1-14　安装提示对话框

图 1-15　安装结束对话框

任务二　EMX 6.0 的安装及配置

当型腔设计完成后,可利用 Pro/E 系统外挂模块 EMX(模具专家系统扩展)来生成模架及模具标准零件。EMX 是 Pro/E 软件的模具设计外挂,该外挂模块是 PTC 公司合作伙伴 BUW 公司开发的产品。EMX 可以使设计师直接调用公司的模架,节省模具设计开发周期,节约生产成本,减少开发工作量。

EMX 6.0 版的安装过程如下:

(1) 将 EMX 6.0 的安装光盘插入光驱后,系统自动执行光盘中的"autorun"命令(或由用户执行光盘中的 setup. exe),即可见如图 1-16 所示的安装界面,单击"EMX 6.0"即可。

(2) 系统显示 EMX 6.0 的默认安装目录为 C://Program Files/emx6.0,如图 1-17 所示。若需要变更此安装目录,可自行更改,一般不建议安装在 C 盘下。选好路径后,单击"安装"按钮即可。

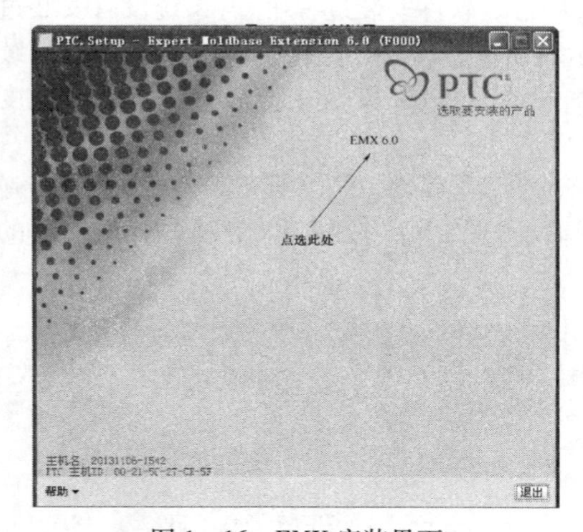

图 1-16　EMX 安装界面

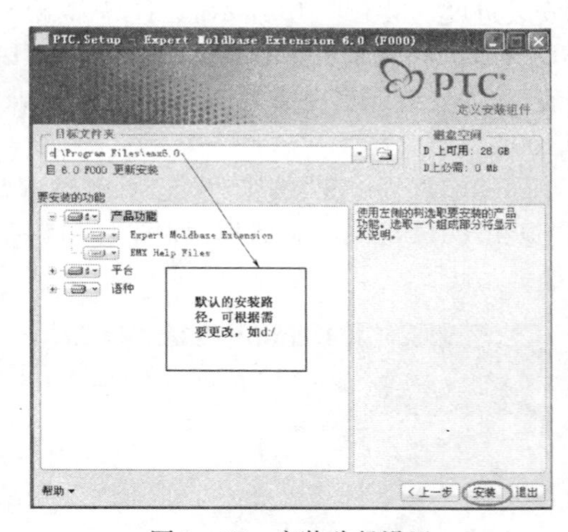

图 1-17　安装路径设置

(3) 安装完成后的界面如图 1-18 所示。单击"退出"按钮,系统出现如图 1-19 所示的"退出 PTC. Setup"对话框,单击"是"按钮完成程序安装。

(4) Pro/E 应用程序文件配置。程序安装完成后,可以看到在 EMX6.0 的软件安装目录下有一个文件夹"bin",在此文件夹下有两个文件夹"wildfire4"和"wildfire5"。若使用的是 Pro/E 5.0 版本,则将 Wildfire 5 文件夹下的两个配置文件"config. pro"和"config. win"复制到 Pro/E 的启动目录下(即 d:/Program Files/proe Wildfire 5.0/text 目录下,这里假设 Pro/E 5.0 安装在 D:/盘下),如图 1-20 和图 1-21 所示。到此,模架程序安装完毕。

图 1-18　安装完成界面

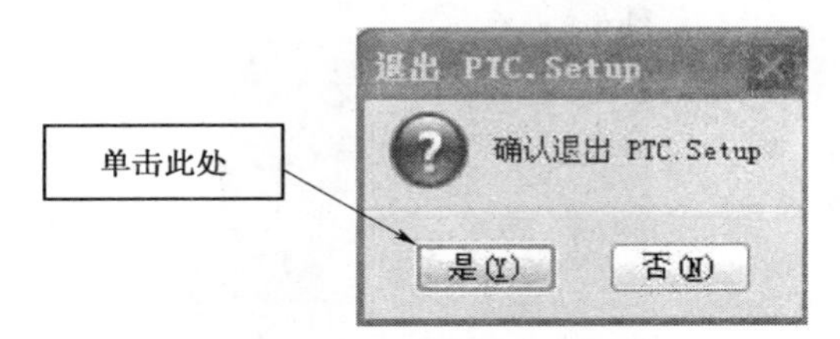

图 1-19　退出安装对话框

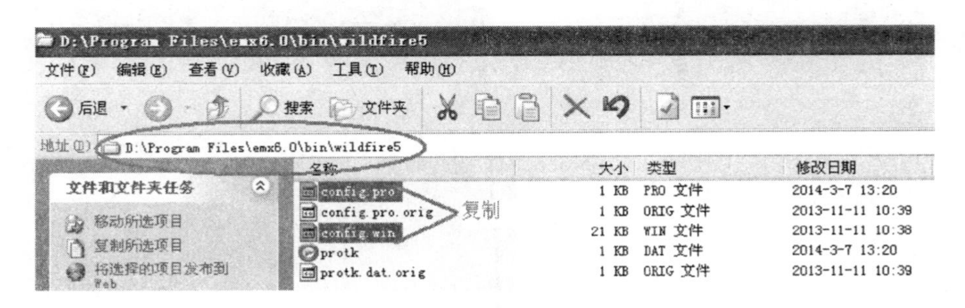

图 1-20　复制 EMX 中的两个配置文件

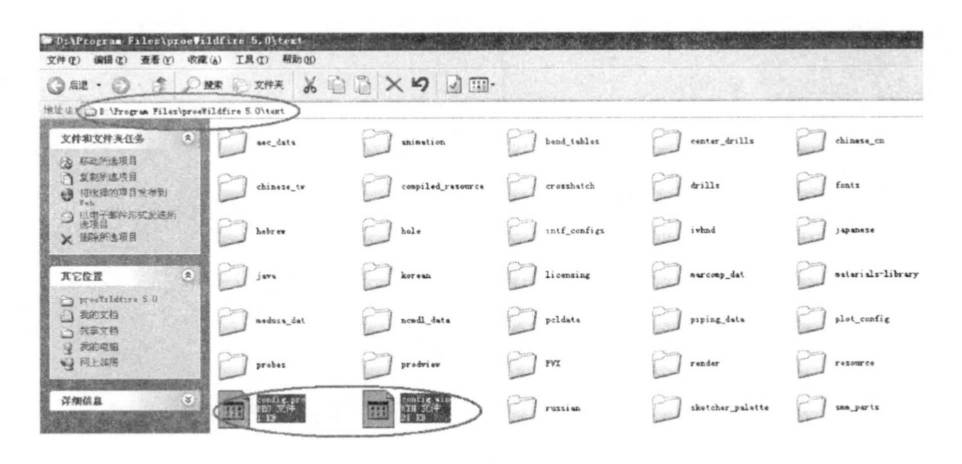

图 1-21　将 EMX 中的两个配置文件复制到 Pro/E 安装目录下

提示：若 Pro/E 程序安装在 D:/盘下，则两个配置文件完整的路径为 D:\program files\emx6.0\bin\wildfire5.0。若使用的是 Pro/E4.0，则请复制 D:\program files\emx6.0\bin\wildfire4.0 下的两个相应配置文件。

再次启动 Pro/E，即可看到 EMX 的功能图标出现在 Pro/E 应用程序的工具窗口中，同时在 Pro/E 应用程序的菜单条上会出现“EXM 6.0”的下拉菜单，如图 1-22 所示。

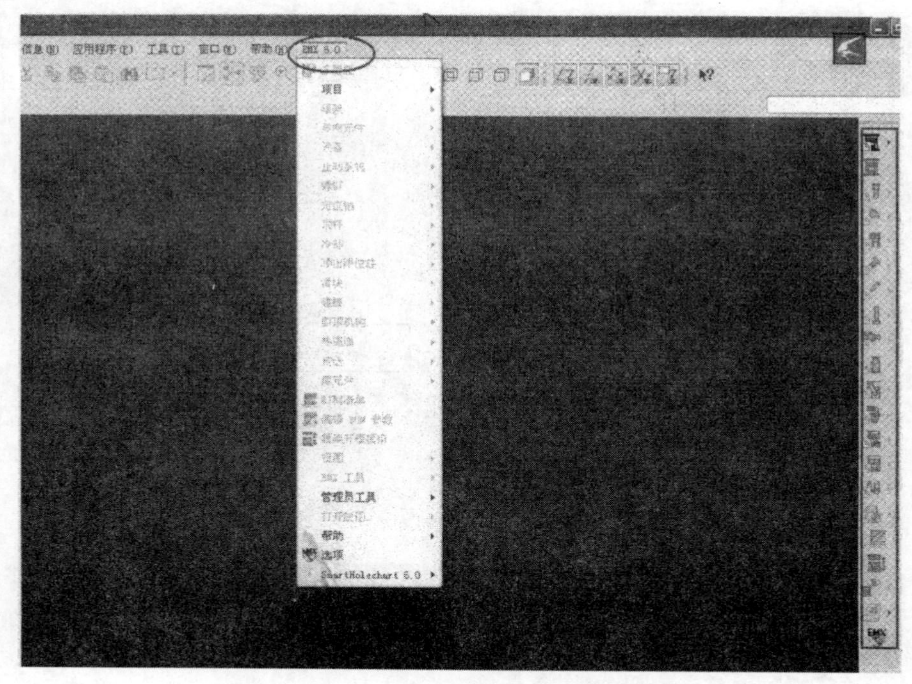

图 1-22　EMX 安装完成后的 Pro/E 程序界面

2 项目2 Pro/E塑料模具设计入门

本项目概述了CAD/CAE/CAM技术在注塑模具开发中的应用,重点介绍了Pro/E对注塑模具计算机辅助设计的重要影响。另外,对Pro/E的技术特点和塑料模具的有关知识做了简单介绍,并以日常生活中常用的“塑料碗”产品为例,介绍在Pro/E环境下进行模具设计的一般流程和方法,最后以框架图说明了企业注塑模具开发的一般流程和部门分工。

知识目标

(1) Pro/E软件的应用及发展。
(2) Pro/E软件的功能及特点。
(3) 常见注塑模具的结构组成。

能力目标

(1) 了解企业塑料模具开发的一般流程。
(2) 了解企业模具零件的中英文术语。
(3) 掌握Pro/E软件中塑料模具设计的基本方法和流程。

任务一 Pro/E塑料模具设计技术概述

1. Pro/E的应用及发展

塑料产品从设计到成型生产是一个十分复杂的过程。它包括塑料制品设计、模具结构设计、模具加工制造及模塑生产等几个主要过程,需要产品设计师、模具设计师、模具加工工艺师、模具钳工、质检员等共同努力完成,是一个设计、修改、再设计的反复迭代不断优化的过程。传统的塑料注射成型开发方法主要是“尝试法”,依据设计者有限的经验和近似的计算公式进行产品开发、工艺开发及模具设计。但是在实际注射成型生产中,塑料熔体的流动性能千差万别,制品和模具结构千变万化,成型工艺条件各不相同,仅凭有限的经验和简单的公式难以对这些因素做全面的考虑和处理,设计者经验的积累和公式的总结无法跟上塑料原料的发展和制品复杂程度及精度要求的提高。因此开发过程中需要反复试模和修模,导致生产周期长、模具费用高、产品质量难以保证等不利因素,对于成型大型制品和精密制品,问题更加突出。

21世纪制造加工业的竞争更加激烈,对注塑产品及模具设计制造提出了新的挑战。产品需求的多样性要求塑件设计的多品种、复杂化;市场的快速变化要求发展产品及模具的快速设计制造技术;全球性的经济竞争要求尽可能地降低产品成本、提高产品质量。创新、精密、复杂、高附加值已经成为注塑产品的发展方向,必须寻求高效、可靠、敏捷、柔性的注塑产品与模具设计制造系统。应用 CAD/CAE/CAM 技术从根本上改变了传统的产品开发和模具生产方式,大大提高了产品质量、缩短了产品开发周期、降低了生产成本,强有力地推动了模具行业的发展。

三维设计软件的出现给众多的模具设计人员提供了一个方便快捷的平台。Pro/E 是由美国 PTC 公司开发的三维实体模型设计系统,属于高端 CAD/CAE/CAM 软件,支持复杂产品的研发、模具设计和制造等多方面需求。Pro/E 自问世以来,已经被广泛应用于航空航天、电子、机械、汽车、家电、玩具等行业,经过多年的推广,模具设计"软件化"已经在我国模具企业中成为现实,目前,Pro/E 成为世界上最普及的三维 CAD/CAM 应用软件之一。与普通的二维设计软件不同,Pro/E 可以直接绘制出实体模型,因此具有直观性、快速性、仿真性等特点。Pro/E 的模具设计模块 MOLDESIGN、外挂模架功能 EMX(Expert Moldbase Extension)以及塑料顾问模块(Plastic Advisor)可以为模具设计者节省大量时间,这是用传统的二维设计软件所无法相比的。Pro/E 可使模具设计人员在最短的时间内完成模具设计、模具检验、模具装配和拆模等工作。

2. Pro/E 的核心技术特点

(1) 实体造型:曲面造型只能描述形体的表面信息,而实体造型能精确表达零件的全部属性(包括质量)。

(2) 基于特征:将某些具有代表性的平面几何形状定义为特征,并将其所有尺寸存为可变参数,进而形成实体,以此为基础来进行复杂几何形体的构造。

(3) 全尺寸约束:通过尺寸约束实现对几何形状的控制,造型必须以完整的尺寸参数为出发点,不能漏标尺寸(欠约束),也不能多标尺寸(过约束)。

(4) 尺寸驱动:通过修改尺寸数值来改变实体的几何形状。

(5) 全数据相关:工程中的数据全部来自同一数据库,整个设计过程的任意一处参数改动,都可以反应至整个设计过程的相关环节中。

任务二　塑料模具结构概述

塑料(Plastic)即"可塑性材料"的简称,塑料是以树脂为主要成分的高分子有机化合物。在一定的温度和压力下,塑料具有可塑性,可利用模具将其成型为具有一定几何形状和尺寸精度,且在常温下保持不变的塑料制件。

目前,塑料制品几乎已经进入一切工业部门以及人们生活的各个领域,如日常生活中的冰箱、洗衣机、笔记本、键盘、医用器具等;甚至在汽车、建筑、机械等行业出现了以塑代钢、以塑代有色金属的发展趋势。目前,国外汽车塑化的新趋势将由座椅、车灯、仪表板等普通装饰件逐步扩展到包括油箱、翼子板、风扇叶片等在内的功能结构件。

塑料成型方法很多,常见的主要有注射成型、挤出成型和吹塑成型等,其中,注射成型是最主要的塑料成型方法。注射模具则是注射成型的工艺装备,其结构一般由三大机构、五大系统组成。

1. 成型系统

成型系统是指构成型腔,直接与熔体相接触并成型塑料制件的模具零件。常见的有公模仁(凸模)、母模仁(凹模)、入子(小型芯,镶件)、滑块和斜销等零件。在公模和母模闭合后,成型零件即确定并保证了塑件的内部和外部轮廓及尺寸精度。

2. 浇注系统

浇注系统是指模具中由注射机喷嘴到型腔之间的进料通道,普通浇注系统一般由主流道、分流道、浇口和冷料穴组成。注塑机喷嘴中熔融的塑料经过主流道、分流道,最后通过浇口进入模具型腔,经过冷却固化后得到所需成品。

3. 脱模机构

在开模过程后期,将注射成型后的塑料制件及浇注系统凝料从模具中推出的机构称为脱模机构(或顶出系统)。顶出动作通常由安装在注射机上的顶杆或液压缸来完成,常见的顶出机构主要有推杆(顶杆)、推管(套筒)、推件板等。

4. 导向与定位机构

为保证上、下模合模顺畅,便于顶出平衡而对上下模或顶出机构进行正确定位和导向的零件称为导向与定位机构,常见的主要有对公、母模板模进行导向的导柱;对顶出机构进行导向的推板导柱(EGP);定、动模板间的锥面定位机构;公母模仁间的内模管位等。

5. 支撑系统

在成型较大制品时,由于两模脚之间的跨度较大,在较高的注射压力下公模板可能会发生弯曲变形,从而造成成型缺陷,为解决这一问题所增加的起支撑作用的零件称为支撑系统。如模脚、支撑柱(SP)、支撑块等。

6. 温控系统

模具的温度直接影响到塑件的成型质量和生产效率。所以模具上需要添加温度调节系统以达到理想的温度要求。温度调节系统根据不同的情况可以分为冷却系统和加热系统两种,对于大多数塑料来说,模具都需要冷却,在注射成型整个过程中,冷却占总周期的近一半时间,为提高生产效率,冷却效果非常重要;对于黏度高、流动性差的塑料,提高模温可以较好地改善其流动性,其模温应控制在80°~120°,对于这些模具,如果表面散热快,仅靠熔体的热量还不足以维持模具高温度的要求,因此模具还需要设置加热系统,以便在注射之前或注射时对模具进行加热,以保证模具正常的生产。

7. 排气系统

注塑模属于型腔模,型腔中有大量的空气,熔体快速进入型腔时,需要将这些空气及时排出。另外,当熔体在型腔内成型固化后开模时,制品与型腔之间会产生真空,空气必须及时进入。注塑模中将气体排出和引进的结构称为排气系统。为了将模腔内的气体顺利排出,通常在模具分型面处开设排气槽。对于小型制品,因排气量不大,可直接利用分型面进行排气,许多模具的推杆或型芯与模板的配合间隙均可起到排气作用,可不必另外开设排气系统。

8. 侧向分型与抽芯机构

当成品内侧或外侧带有侧孔、凹穴或凸台而在开模方向形成倒勾时,在成品被脱出模具之前必须先进行侧向分型或拔出侧向机构,常见的主要有斜销及滑块等。

塑料模具的一般结构组成及各模具零件的中英文名称对照如图2-1所示。

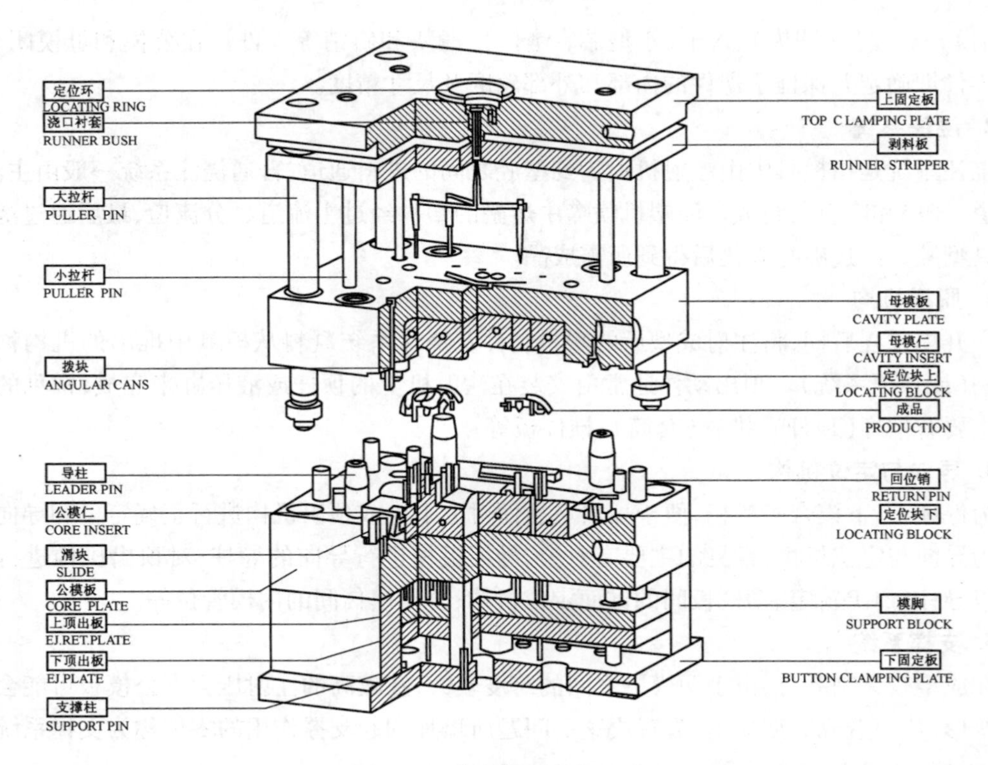

图 2-1 塑料模具结构组成

任务三 基于 Pro/E 的塑料模具设计入门

1. Pro/E 模具设计界面

图 2-2 所示为 Pro/E 5.0 模具设计工作界面。模具设计的有关命令位于窗口右侧的工具栏区及主菜单“编辑”和“插入”下的菜单命令，其具体功能及使用方法将在后续章节详细介绍。

2. Pro/E 注塑模具开发步骤和内容

(1) 塑件三维造型，以获取设计模型。

(2) 模具概念设计：初步确定型腔数目与排列方式、设置收缩、成型零件结构、浇注系统、模架类型、脱模抽芯方式、冷却系统及推出机构等设计。

(3) 模具 CAE 分析：进行塑料填充模拟分析，包括塑料流动、成型保压、冷却、变形等；模具开模动作模拟，如开/合模过程、顶出、运动干涉分析等；以及模具零件的有限元分析、模具成本估算等。

(4) 详细的模具设计：拆模、装配标准模架、浇注系统、冷却系统、侧抽芯机构、顶出系统等具体设计。

(5) 生成模具加工的 NC 代码。

(6) 生成模具工程图，包括装配图和非标件的零件图。

由于篇幅有限，模具设计流程中的“模具 CAE 分析”和“模具零件加工的 NC 代码”部分在书中省略。

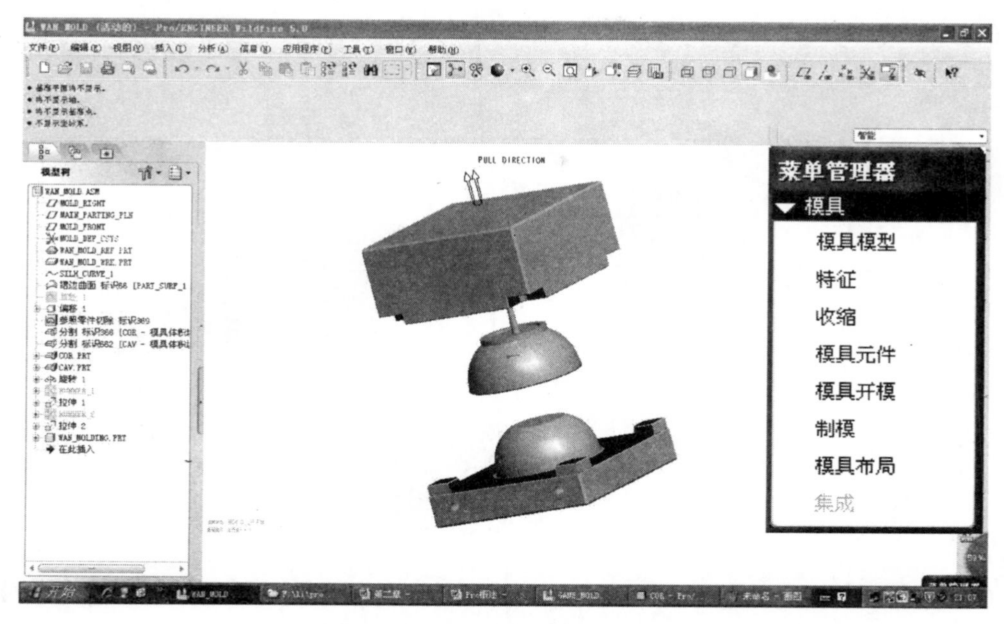

图 2-2　Pro/E 5.0 模具设计界面

3. Pro/E 注塑模具设计流程

下面通过日常生活中常用的实际生产案例(塑料碗)为例,介绍 Pro/E 注塑模具开发的基本流程。

(1) 单击模具工具条上的"定位参照零件"按钮,将欲开模的零件(设计模型)载入模具环境以生成参照模型,如图 2-3 所示。

(2) 单击模具工具条上的 "自动工件"按钮,以创建构成模具型腔的模坯,如图 2-4 所示。

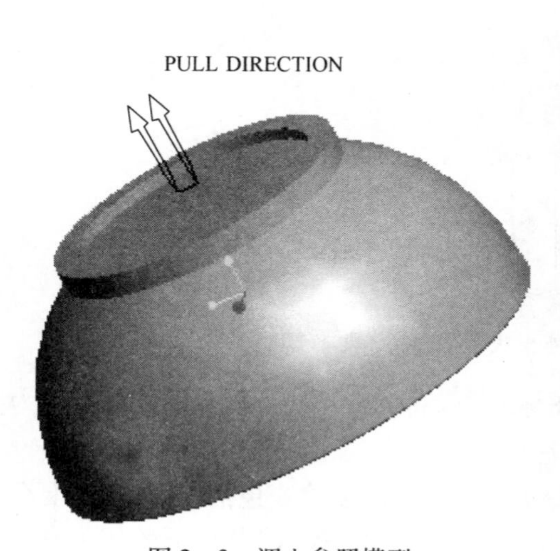

图 2-3　调入参照模型

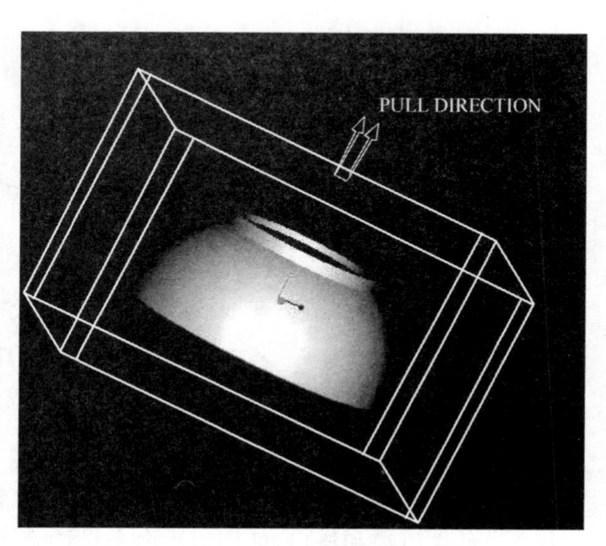

图 2-4　创建工件

(3) 单击模具工具条上的"按比例缩放"图标,进行产品收缩率的设置。

（4）单击模具工具条上的“分型面”图标，进行模具分型面的设计，如图 2-5 所示。

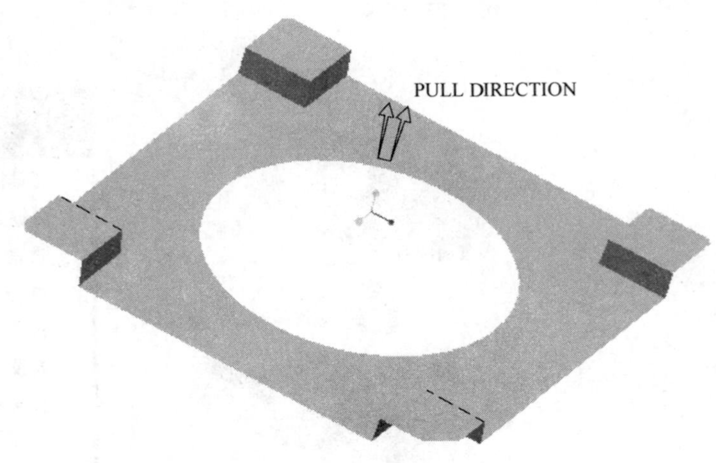

图 2-5　分型面设计

（5）单击模具工具条上的“体积块分割”图标，利用创建好的分型面将工件分割为模具体积块，如图 2-6 所示。

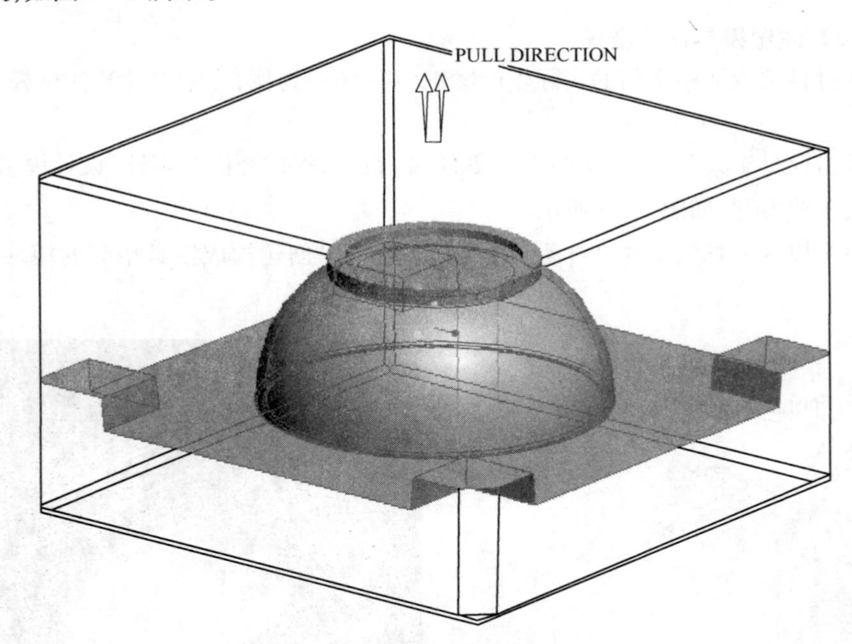

图 2-6　模具体积块分割

（6）单击模具工具条上的“创建模具元件”图标，将曲面形式的模具体积块抽取为实体形式的模具元件，以生成模具型腔组件，如图 2-7 所示。

（7）选择“模具菜单管理器”下的“特征”命令进行浇注系统创建。包括使用旋转、混合等命令设计主流道和浇口；使用流道命令设计分流道等。也可使用“插入”菜单下的相关命令来创建模具浇注系统，本案例中的大水口流道如图 2-8 所示。

（8）单击主菜单“插入”→“等高线”命令，根据实际需要，设计所需要的模具冷却水路。

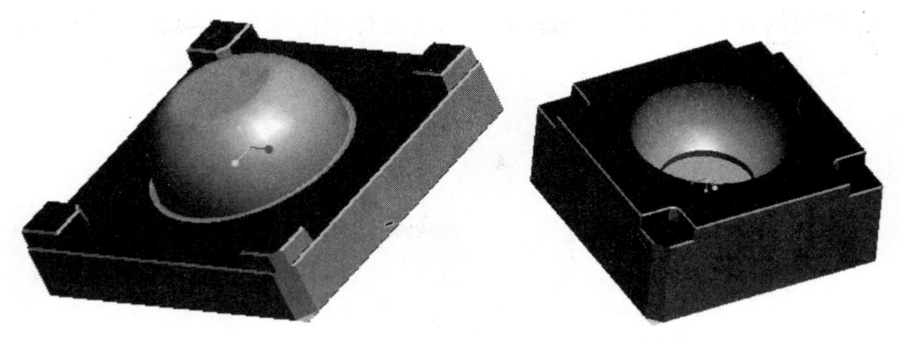

图 2-7　抽取模具元件

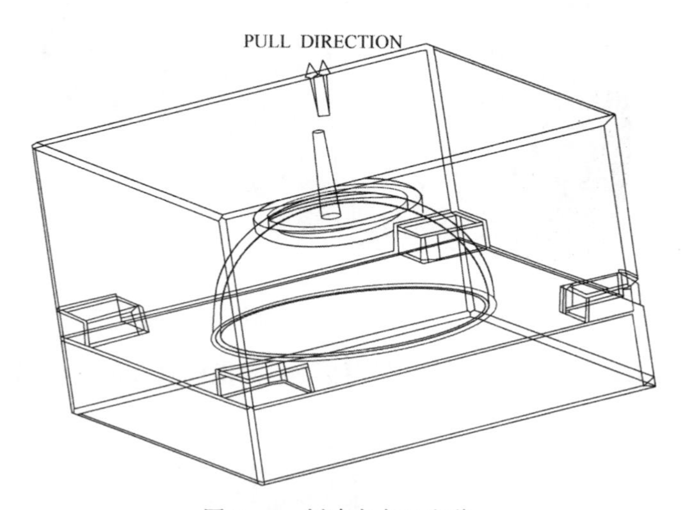

图 2-8　创建大水口流道

塑料碗的冷却水路设计结果如图 2-9 所示。

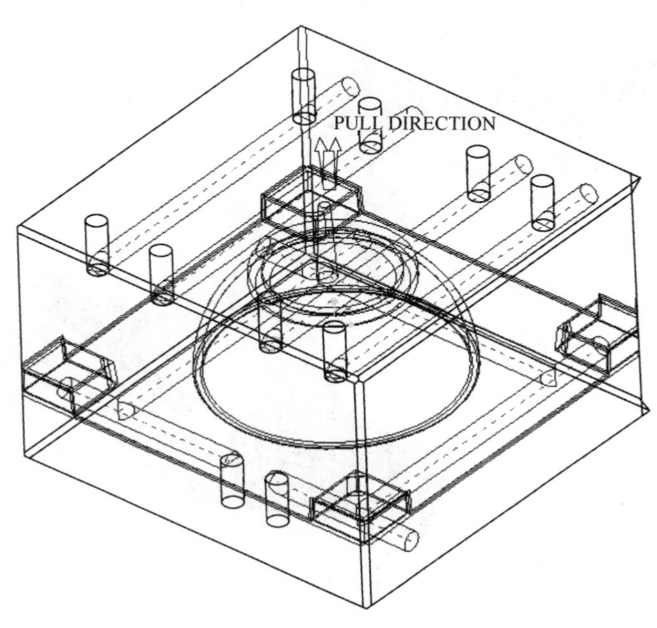

图 2-9　公、母模水路设计

（9）选择“模具菜单管理器”下的“制模”命令进行塑料填充，以创建成型零件，如图 2－10 所示。

图 2－10　生成制件

（10）单击模具工具条上的“模具开模”图标，模拟模具开模动作，如图 2－11 所示。

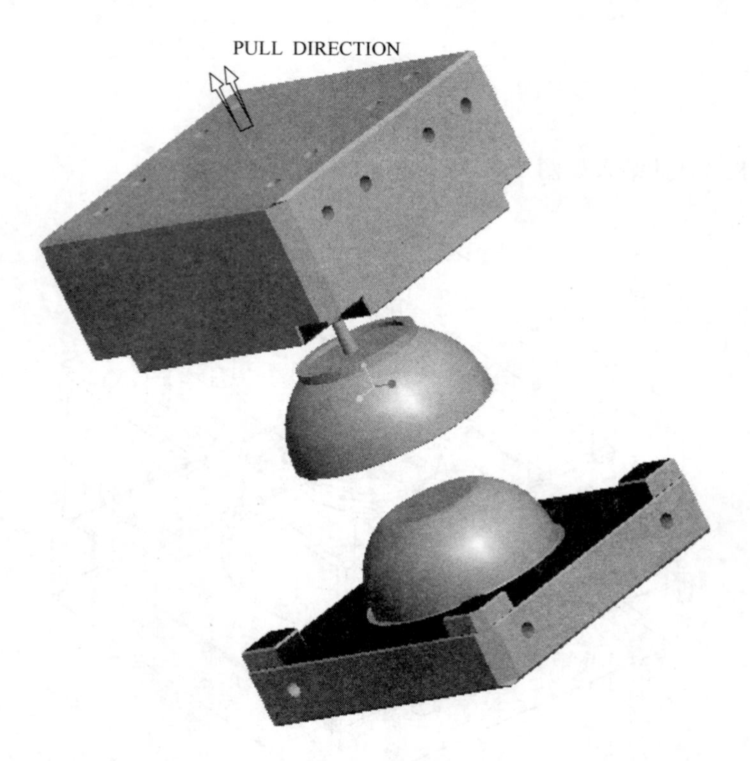

图 2－11　模具开模效果

任务四　Pro/E 中有关模具设计术语

1. 设计模型(Design Model)

在 Pro/E 的 MOLDESIGN 模块中,设计模型代表成型后的最终产品,它是所有模具操作的基础。设计模型必须是一个实体零件,在模具环境中,系统将复制设计模型的所有信息到参照模型,参照零件的特征、曲面及边等信息可被当做模具组件参考,并将创建一个参数关联到设计模型。

2. 参照模型(Reference Model)

参照模型是以添加到模具模型中的一个或多个设计模型为基础。参考模型是实际被装配到模具模型中的零件,由一个名为合并(Merge)的单一模型组成,这个合并特征保持着参考模型和设计模型间的参数关系。当创建多穴模具时,系统中每个穴都存在单独的参考模型,而且都参考到其它的设计模型。

3. 工件(Workpiece)

工件表示模具组件的全部体积。工件应包围所有的模穴、浇口、流道及凝料,它将被分割成一个或多个组件,工件可以是一个在零件模块中创建的零件,也可以直接在模具模块中创建。

4. 模具模型(Mold Model)

模具模型是一个组件,包含参考零件及工件,是以调回顶层组件(.mfg)来操作的模型。在装配模块中也有处理模具模型的选项,但模具模型必须先被调回。在模具模型被调回到装配模块之前,模具过程文件(.mfg)必须存放在工作区内存中。

5. 模具组件(Mold Assembly)

模具组件包含所有的参考零件、工件及任何其它的基础组件或夹具。所有的模具特征将创建在模具组件层,模具特征包含但不限于分模曲面、模具体积块、元件分割及修剪特征。模具组件可以被调回到装配模块,假如模具过程文件存在工作区的内存中。

6. 模具零件库(Mold base Libraries)

模具零件库提供标准模架及组件,这些零件及组件以一些知名模具企业的标准目录为基础,必须 Pro/LIBRARY 使用许可才可以使用。在数据库中的模具基础包含所有的标准平板组、顶出销、导柱、导套、定位板、定位环、浇口衬套、螺钉、销钉、弹簧、支撑柱、冷却水嘴、堵塞、密封环、开模器等。

任务五　企业塑料模具开发流程概述

图 2-12 所示为企业模具开发的一般程序和部门协作分工说明。此流程图可使读者对企业模具开发程序及企业各部门设置、部门分工、职责等有一个初步认识,模具专业的学生,也可以通过此图进一步了解模具企业相关岗位设置及相应岗位职业能力要求。

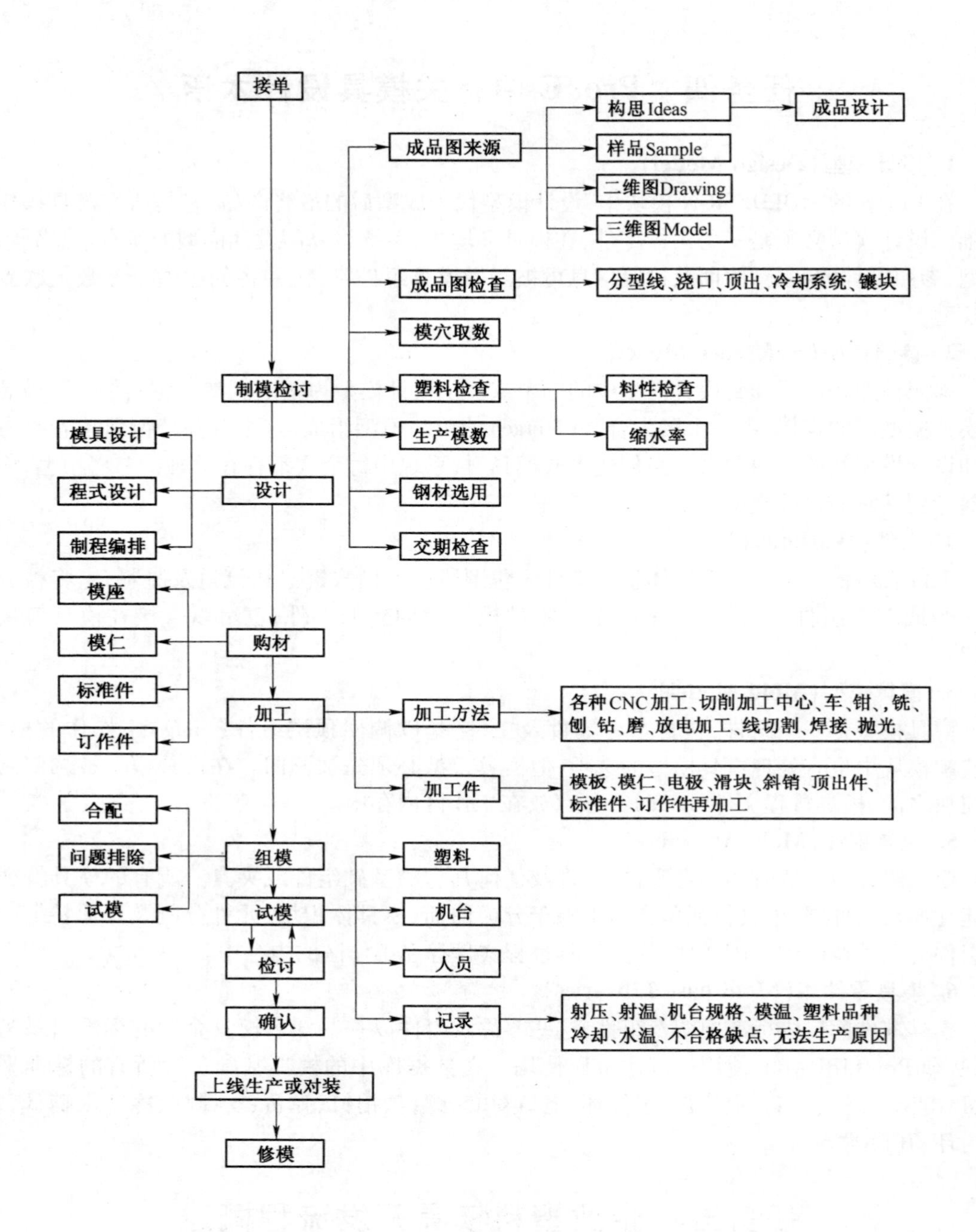

图 2-12　企业模具开发流程及管理

项目3　游戏机上面板模具设计

实际注塑生产中，大部分塑件都会带破孔特征。对于此类产品，在设计分型面时必须进行破孔修补，否则模具无法正常分模。创建带破孔特征分型面的方法很多，如复制、填充、拉伸、侧面影像+裙边等，而对于产品最大轮廓特征比较规则，且在垂直开模方向无间断台阶面的带破孔特征类产品，侧面影像+裙边是一种方便、高效的分型面设计方法。

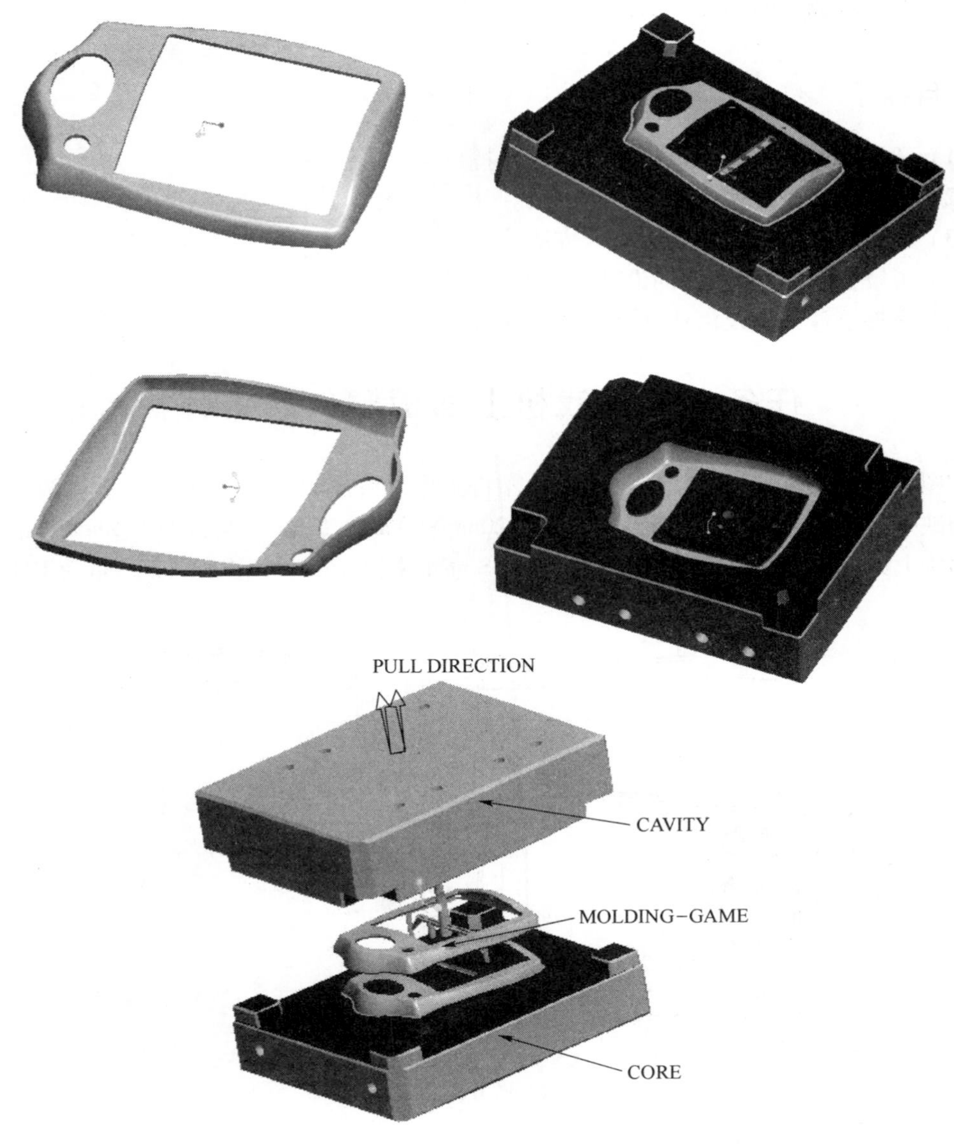

本项目以“游戏机上面板”为载体，介绍了其塑料模具CAD开发的流程和方法。分型面是注塑模具设计的重点也是难点，本项目介绍了如何通过“侧面影像+裙边”的方式创建分型面，重点介绍了对于分型面为曲面的零件，在设计分型面时如何在分型面边界处进行封胶距离设置。另外分析了如何在动、定模模仁上设计内模管位，以保证合模精度和制品成型精度。同时介绍了模具设计过程中常用的一些辅助工具（如特征遮蔽、模型线框显示、参照零件基准隐藏等）。

知识目标

（1）Pro/E 模具开发的一般流程。

（2）拉伸、扫描、混合、抽壳等实体建模工具的使用。

（3）裙边分型面的创建方法。

（4）潜伏式浇口的创建方法。

能力目标

（1）掌握曲面分型面的封胶处理方法及技巧。

（2）掌握内模管位的作用及设计方法。

（3）掌握破孔分型面的一般设计方法。

（4）了解公、母模仁水路的设计方法及合理形式。

（5）掌握浇注系统及潜伏式浇口的创建方法。

任务一　游戏机上面板塑件结构分析

如图3-1所示，该产品为薄壳类塑件，塑件整个外表面为外观面，不允许有飞边、浇口痕迹等成型缺陷。产品材料为ABS，整体尺寸为120mm×90mm×15mm，平均肉厚1.5mm，产品无倒勾，模具结构上无需采用侧向分型与抽芯机构，ABS缩水率为6/1000。该产品年产量为100万件。

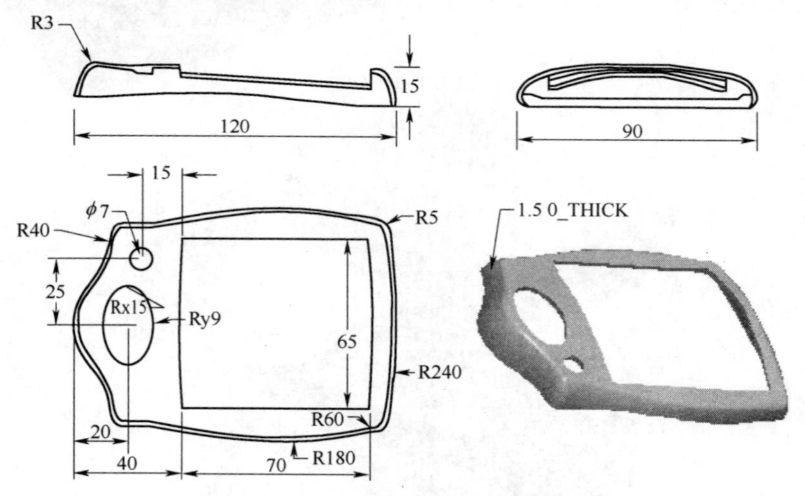

图3-1　游戏机上面板塑件

任务二　产品成型方案论证

该模具结构上采用两板模，由于外观要求，采用一模一穴，潜伏式进胶方式，分型面设置在成品底边最大轮廓处。由于产品底面为曲面，为方便模仁加工及封胶，设计分型面时将曲面自然延伸 5 ~10mm 进行封胶，然后转成平面分型面。为方便主流道加工，将主流道处的分型面通过拉伸合并方式由曲面改为平面，如图 3-2 所示。流道凝料采用圆顶杆顶出，进浇点潜到小推杆上，小推杆直径为 ϕ 2.5mm，其余顶杆布置在成品各角落。

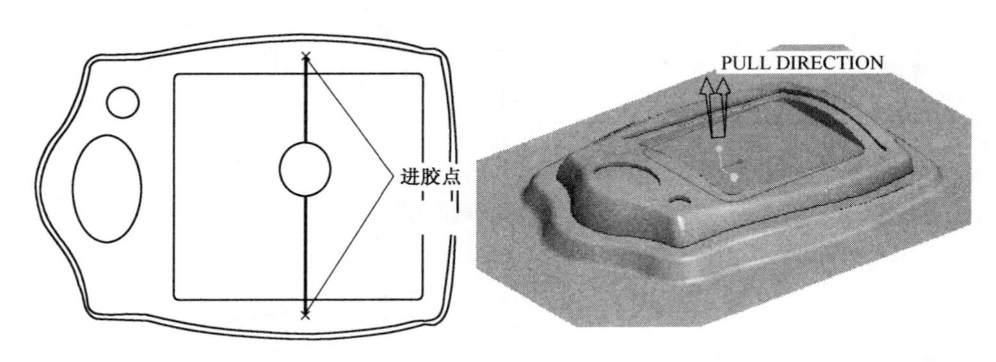

图 3-2　浇口位置及流道分型面设计

任务三　游戏机上面板塑件造型

为方便操作及对模型文件进行管理，在模具设计开始之前，首先要先建立一个项目的专用文件夹，并在该文件夹下为游戏机面板的三维模型建立专用的子文件夹。

进入 Pro/E 应用程序界面后，选择“文件”→“设置工作目录”菜单命令，将新建的文件夹设置为当前工作目录。新建一个模型文件，“类型”选择“零件”，“子类型”选择“实体”，将“名称”改为“game”，去掉“使用缺省模板”选项前的复选勾，单击“确定”按钮。在“新建文件”选项中选择“mmns_part_solid”模板，采用公制单位进行实体造型，单击“确定”按钮进入零件设计环境。

提示：① 每次新建文件之前养成设置工作目录的好习惯，避免文件存放位置混乱。

② 新建对话框中“缺省”选项前的复选框选中，表示采用英制单位；去掉复选勾表示采用公制单位，(1 英寸 = 25.4mm)，要保证相关模型文件单位的统一性。

③ 文件名只能输入英文字母、汉语拼音、阿拉伯数字和一些带下划线的名称等，不能输入汉字和一些特殊字符，如“/、、、。、?、< >”等。

④ 在 Pro/E 中若直接关闭当前文件，且 Pro/E 程序没有关闭，则被关闭的文件信息仍然保留于内存中。再创建新文件时，即使被关闭的文件没有被保存，若输入文件名称与之前关闭的文件名称相同，就会出现图 3-3 所示的“错误”对话框，表示此名称不能使用，可通过“文件→拭除→不显示”命令将内存中的信息拭除。

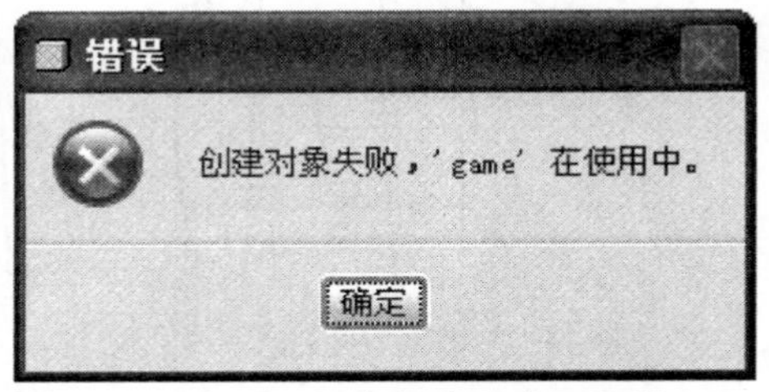

图 3-3　“文件名创建失败”对话框

1. 混合方式生成主体特征

选择主菜单栏"插入"→"混合"→"伸出项"命令，利用"平行"混合方法创建塑件主体特征。将属性设置为"直"，选择 RIGHT 基准平面为草绘平面进行混合截面的绘制；绘制混合截面 1 草图后，按住鼠标右键，在弹出的快捷菜单中选择"切换剖面"，继续绘制混合截面 2 的草图，草图截面及相关尺寸如图 3－4 所示，单击"✔"按钮完成草绘，输入混合深度为 120，完成后如图 3－5 所示。

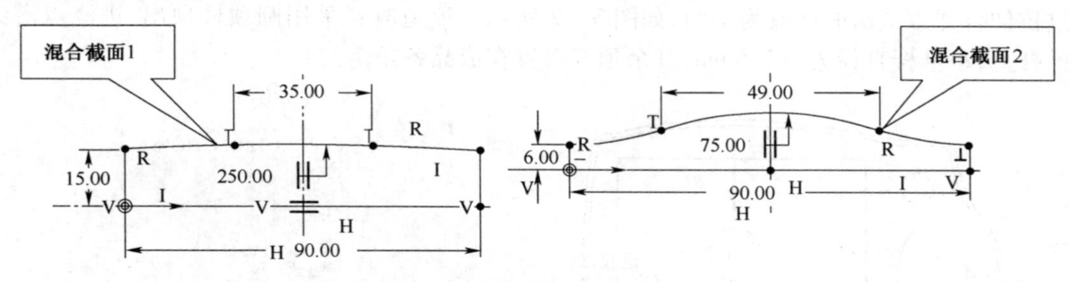

图 3－4　混合截面草图

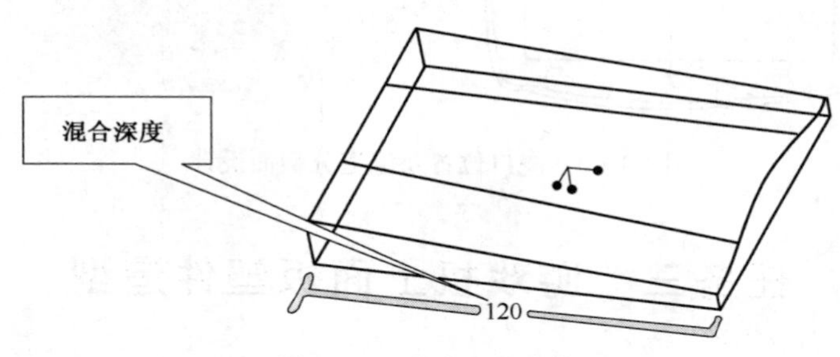

图 3－5　混合生成实体

2. 扫描方式对混合特征进一步编辑

（1）通过扫描切除方式对外形做进一步编辑。选择主菜单"插入"→"扫描"→"切口"命令，弹出"剪切：扫描"对话框，在"扫描轨迹定义（Trajectory）"菜单管理器中选择："草绘轨迹（Sketch Traj）"选项，草绘平面选择 FRONT 平面，定好方向和视图参照后进入草绘界面，绘制扫描轨迹线，单击"✔"按钮，系统自动切换到"绘制扫描截面"界面，草绘结果如图 3－6 所示，单击"✔"按钮，确定切除材料方向后单击"确定"按钮，完成游戏机面板左侧特征编辑。

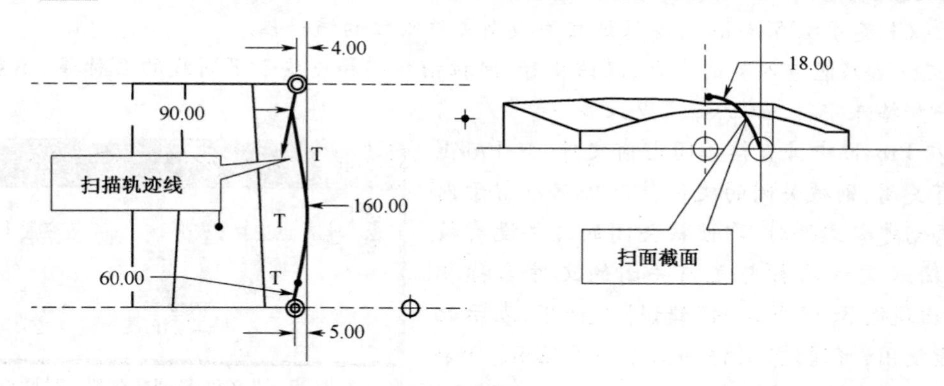

图 3－6　扫描轨迹和截面绘制

(2) 利用镜像命令完成右侧特征编辑。在模型树下将待镜像特征(即上步生成的“切剪”特征)选中,选择工具条中的“镜像” 按钮 ,选择 TOP 面为镜像平面,完成特征镜像。扫描和镜像结果如图 3-7 所示。

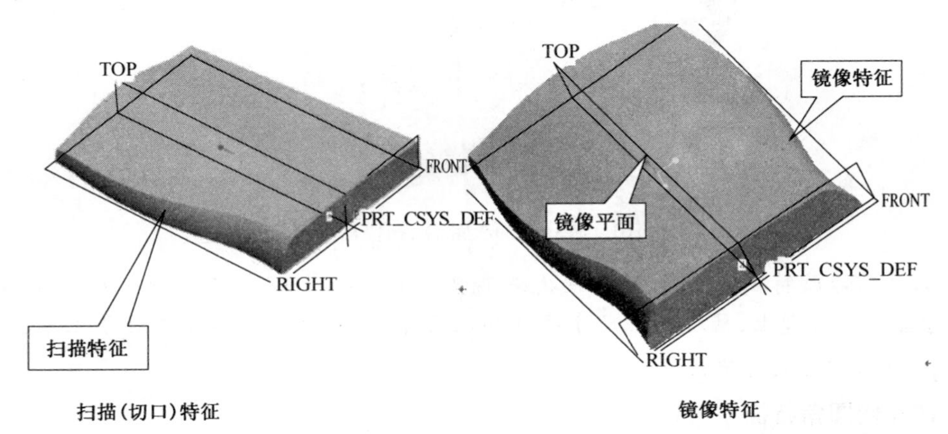

图 3-7 游戏机面板侧面特征编辑

提示:使用镜像命令时,需确保待镜像特征在模型树下处于被选择状态,否则镜像命令不能使用。被镜像特征可以在模型树中选取,也可在绘图窗口中选择。

(3) 重复上一步骤,对游戏机面板前、后侧面特征进行编辑。扫描轨迹、截面草绘图如图 3-8 和图 3-9 所示。通过混合和扫描切口命令生成的游戏机面板特征结果如图 3-10 所示。

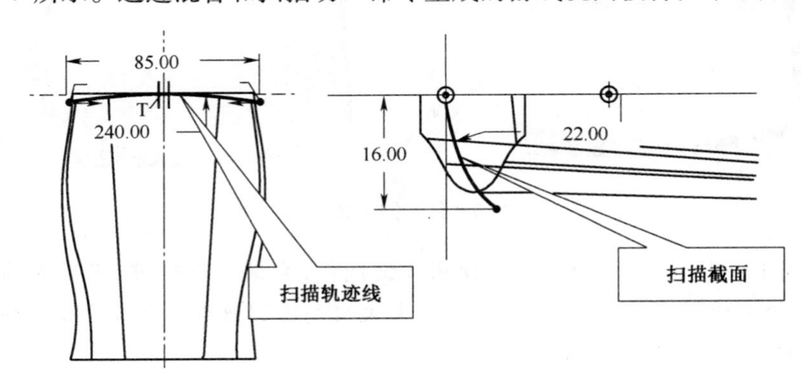

图 3-8 游戏机面板后侧面特征编辑

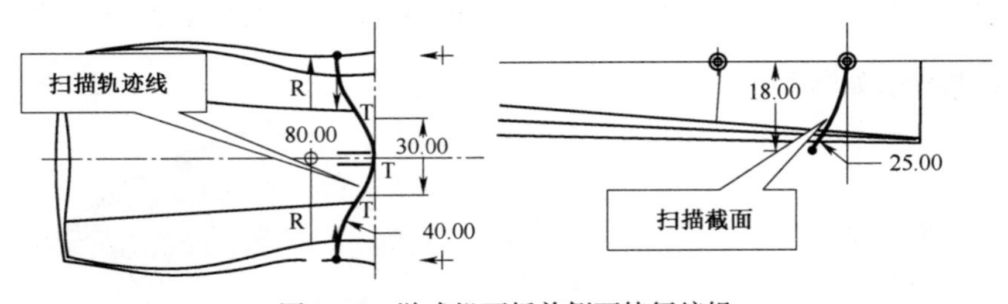

图 3-9 游戏机面板前侧面特征编辑

提示:① 在模型创建过程中,若某一特征创建错误需要编辑修改时,可随时通过在模型树上左键选中该特征,单击鼠标右键,在快捷菜单中选择“编辑定义”命令重新返回命令上滑面板进行特征修改。

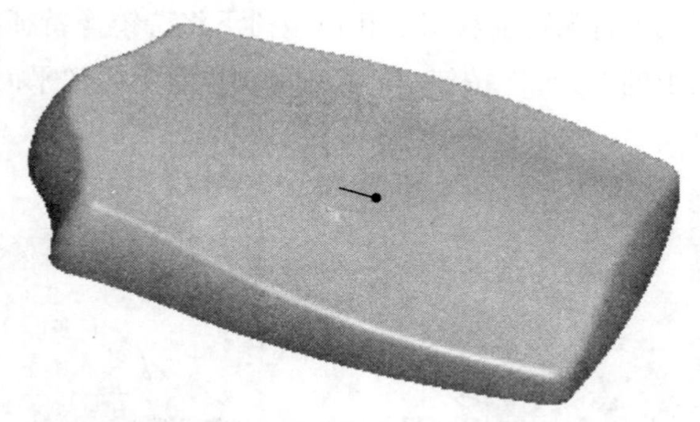

图 3-10　游戏机面板混合、扫描后生成结果

② 若只需修改特征尺寸时，可在快捷菜单中选择“编辑”或“动态编辑”命令，当前特征的有关尺寸显示在模型上，鼠标双击尺寸修改相应尺寸值，修改完成后在工具条上单击“再生”图标，即可完成尺寸修改。

3. 建立倒圆角特征

单击“倒圆角(Fillt)”按钮，弹出“倒圆角”上滑面板，选择要倒圆角的边，输入相应的圆角半径，单击“✔”按钮(或按鼠标中键)完成特征编辑，如图 3-11 所示。

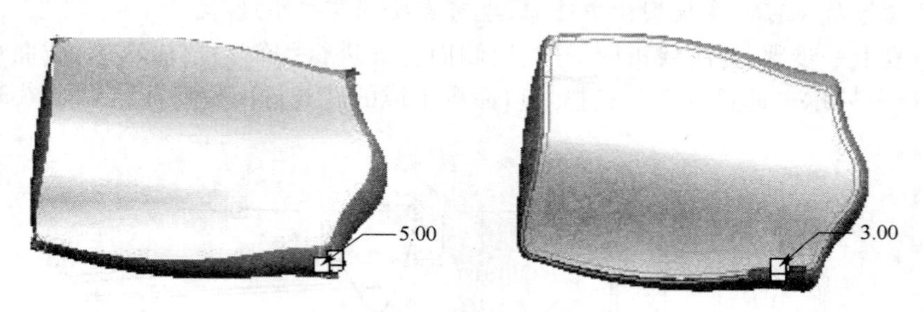

图 3-11　倒圆角特征

提示：使用 Pro/E 应用程序时，必须使用三键鼠标，左键为选择键；中键为确认键；右键为快捷菜单键。经常使用中键进行确认操作，可大大提高绘图效率。在没有说明情况下，本书中有关“选择”和“单击”操作均为左键执行。

4. 利用抽壳命令生成壳体

单击“抽壳(Shell)”按钮，选择游戏机面板的底面作为移除表面，输入厚度为 1.5，单击“✔”按钮完成，如图 3-12 所示。

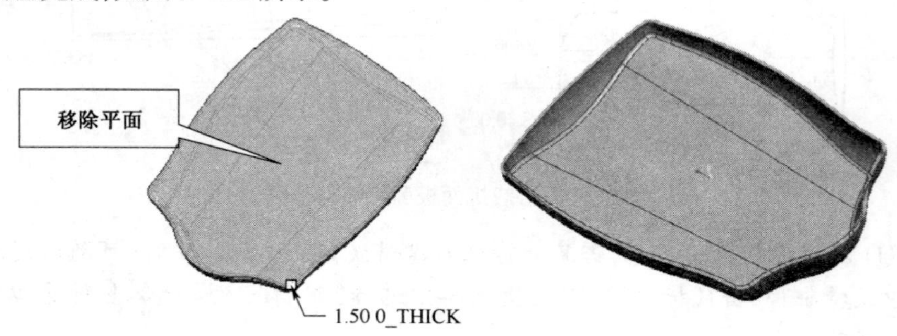

图 3-12　抽壳结果

5. 利用拉伸去除材料的方式生成底部曲面轮廓

选择“拉伸(Extrude)”按钮，弹出如图 3-13 所示上滑面板，单击“去除材料”按钮，在绘图区按住鼠标右键不放，弹出快捷菜单，选择“定义内部草绘”命令，选择 TOP 面为草绘平面，FRONT 面为参考平面后进入草绘界面，绘制图 3-14 所示截面，单击“✔”按钮，选择双向对称拉伸方式去除材料，输入“100”作为拉伸深度。拉伸结果如图 3-15 所示。

图 3-13 拉伸上滑面板

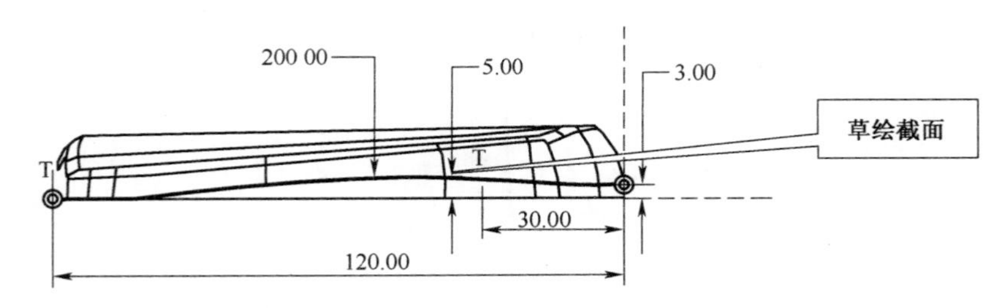

图 3-14 拉伸草绘截面

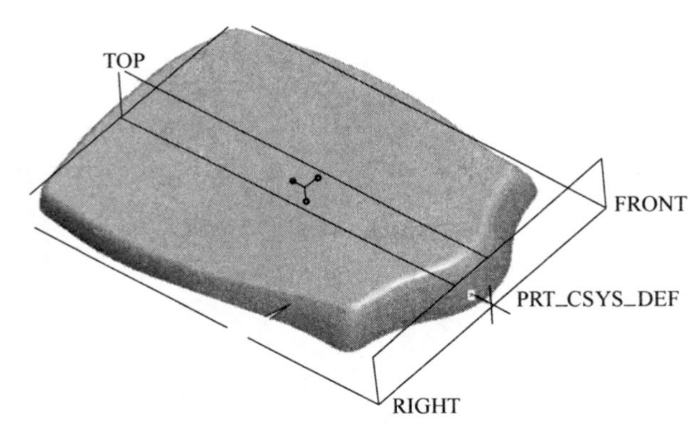

图 3-15 底部拉伸除料

6. 拉伸去除材料生成壳件顶部破孔

采用与步骤(5)同样的方法，通过拉伸除料生成游戏机面板顶部的破孔。结果如图 3-16 所示。

7. 建立拔模特征

为了使制品顺利脱模，需要对游戏机面板顶部的破孔设置拔模角度。单击“拔模(Draft)”按钮，弹出如图 3-17 所示上滑面板，单击“参照”选项，在列表框中选择顶部的方孔为拔模曲面，FRONT 面为拔模枢轴和拖拉方向，输入拔模角度为 3 度，单击“✔”按钮完成拔模特征。

用同样的方法完成游戏机面板顶部的椭圆孔和圆孔的拔模处理。拔模具结果如图 3-18 所示。

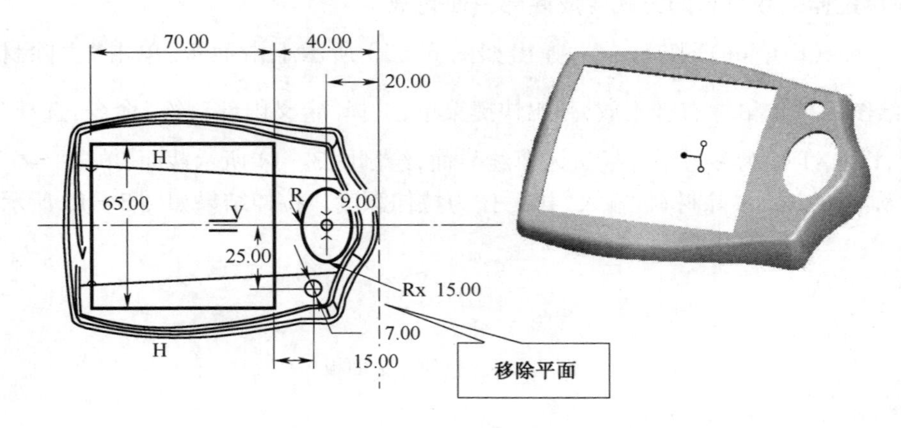

图 3－16　顶部破孔草绘截面及生成结果

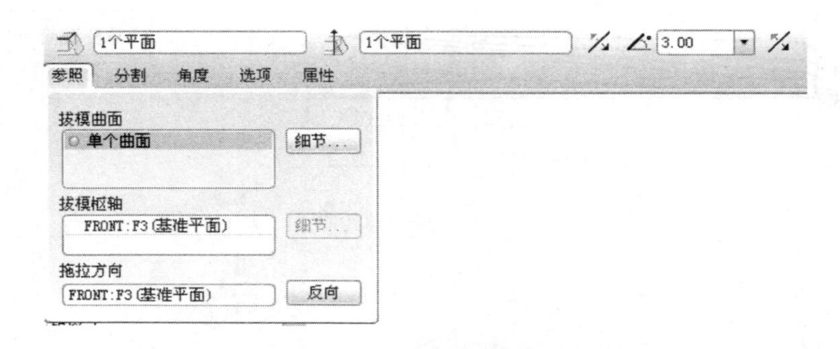

图 3－17　拔模上滑面板

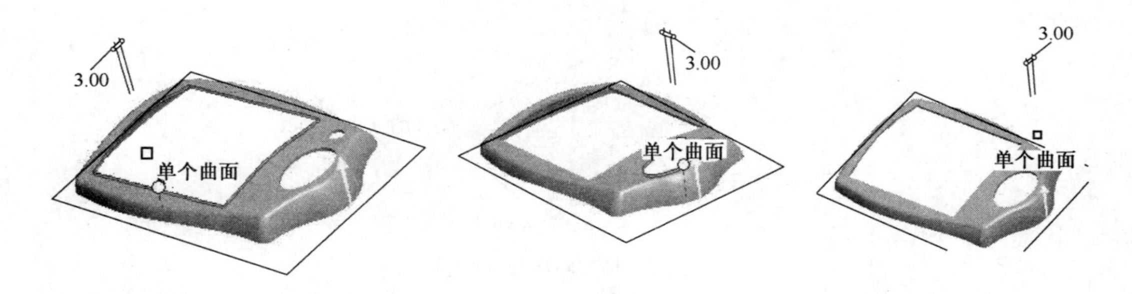

图 3－18　顶部破孔拔模

提示:①“拔模参照”对话框中,拔模枢轴可以是平面也可以是在拔模曲面上的曲线,当选择平面时,枢轴平面与拔模曲面的交线作为拔模枢轴。

② 拔模角度通常为-30°~30°。

③ 选择多个拔模曲面时需按住 Crtl 键进行多选。

8. 建立倒圆角特征

对图 3－19 所示方孔的四个边角倒圆角,以避免模具结构上出现清角,利于模具加工和产品成型。至此游戏机面板塑件造型全部完成,单击“保存”按钮对设计结果文件进行保存,完成的游戏机面板塑件三维模型如图 3－20 所示。此时查看工作目录中的文件夹,将看到已建立的游戏机面板模型文件“game. prt”。

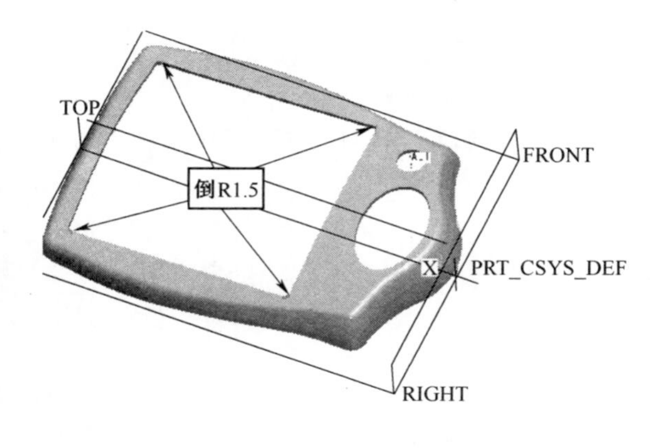

图 3－19　边角倒圆角

图 3－20　游戏机面板的三维模型

提示：(1) Pro/E 中创建的实体零件的默认后缀名为 . prt。

(2) 在模型设计过程中要养成经常保存的习惯，但每保存一次，系统都会生成一个模型当前的最新版本，这无形中占用内存资源，降低模型的生成和运行速度。可通过“文件”→“删除旧版本”命令进行模型旧版本的删除，也可以选择主菜单“窗口”→“打开系统窗口“命令，进入 DOS 环境，输入“purge”命令删除旧版本，但要谨慎操作，确保保留的是自己需要的文件版本。

(3) 拭除和删除命令的区别：拭除是将模型文件从内存中清除，其仍存在硬盘上；而删除是将模型文件从硬盘上彻底清除，回收站也找不回来，应谨慎使用。

任务四　游戏机面板模具设计

1. 设置工作目录

为“游戏机面板” 的模具设计建立专用的文件夹，并将之前创建好的模型文件“game. prt”复制到当前模具文件夹中。

进入 Pro/E 应用程序界面后，选择“文件”→“设置工作目录”菜单命令，将新建的模具设计专用文件夹设置为当前工作目录。

2. 绝对精度设置

为保证制品精度，一般在进行模具设计前要先设置模型绝对精度。选择主菜单“工具“→“选项”命令，弹出“选项”对话框。在“选项”文本框中输入“enable_absolute_accuracy”后回车，然后在“选项”对话框中的“值”下拉列表框中选择“yes”选项，单击“添加/更改”按钮，如图 3－21 所示。单击“应用”及“关闭”按钮完成模型绝对精度的设置。

提示：(1) Pro/E 系统的精度有绝对精度和相对精度两种形式，系统默认为相对精度。精度的有效值范围是 0. 01～0. 0001，默认值是 0. 0012。

(2) 以下两种情况需要考虑使用绝对精度：两个零件使用相交法生成新零件时，两个源零件要兼容就必须具有相同的绝对精度；为制造和模具设计准备设计模型时，为避免破面等问题需要设置绝对精度；要使导入的几何和目标零件相适合，例如在一个很大的零件上添加一个非常小的特征。

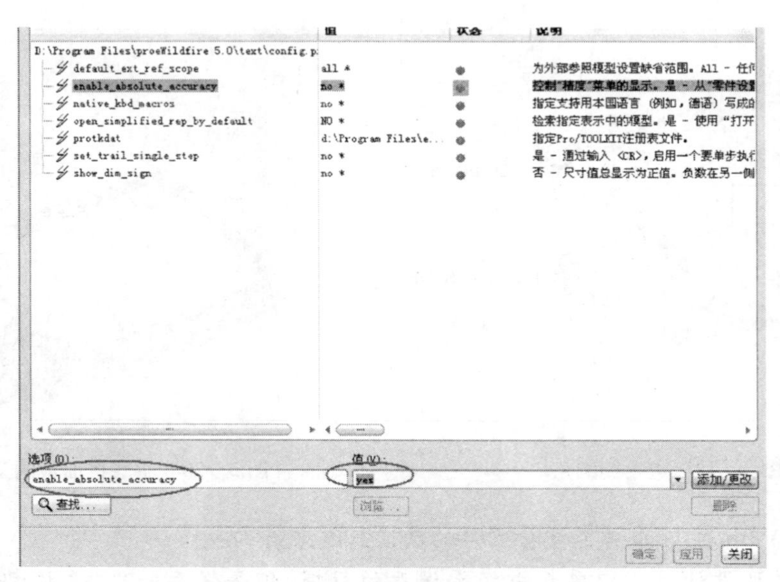

图 3-21　模型绝对精度设置

3. 创建模具文件

设置好工作目录后,新建一个模具文件,类型为“制造(Manufacturing)”,子类型为“模具型腔(Mold Cavity)”,将名称改为“game_mold”,取消选中“使用默认模板(Use default template)”复选框,并单击对话框中的“确定”按钮。

进入“新建文件夹选项(New File Options)”对话框,选择模板类型为“mmns_mfg_mold”,并单击“确定”按钮。界面如图 3-22 所示。

图 3-22　新建模具文件

4. 调入参照模型并进行布局

(1) 进入模具设计模块窗口后,直接单击模具工具条中的“定位参照零件(Locate RefPart)”按钮,弹出“布局(Layout)”对话框,并同时打开模具文件所在的工作目录(即 step1 中设置好的工作目录),选择参照零件 game. part,单击“打开”按钮,弹出“布局”对话框和“创建参照模型”对话框,如图 3-23 所示。

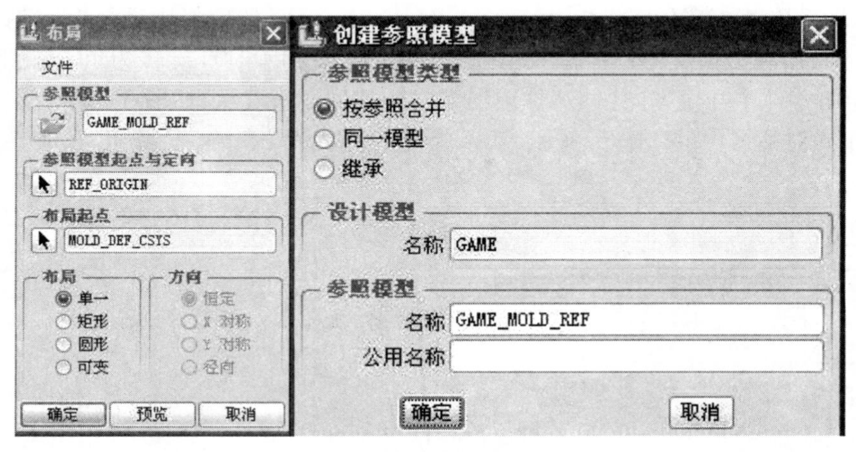

图 3-23　参照模型布局

提示:① 由于步骤(1)中已经设置好模具文件工作目录,所以创建参照零件时,系统直接打开该文件夹路径。

② 开始模具设计前,要先将设计好的模型文件“game. prt”复制到新建的模具专用文件夹下,这样,模具设计过程中生成的所有文件将统一存放在该文件夹下。

③ 也可通过选择模具菜单管理器中的“模具模型”→“装配”→“参照模型”命令调入参照模型。

(2) 在“创建参照模型(Create Reference Model)”对话框中,保持系统默认的“参照模型”选项组中的“按参照合并(Merge By Reference)”单选按钮,接受系统默认的参照模型名称“GAME_MOLD_REF”,单击“确定”按钮,返回布局对话框。此时,“布局”对话框中的“参照模型起点与定向”选项组中显示参照模型的坐标系,如图 3-24 所示。

(3) 单击“预览”按钮,零件显示在工作窗口,如图 3-25 所示。拖动浮动框中的参照模型,观察 Z 轴方向,若 Z 轴方向没有指向开模方向,则单击布局对话框中的“参照模型起点与定向(Ref Model Origin and Orient)”箭头按钮,在出现的“菜单管理器”中选择“动态(Dynamic)”坐标类型。

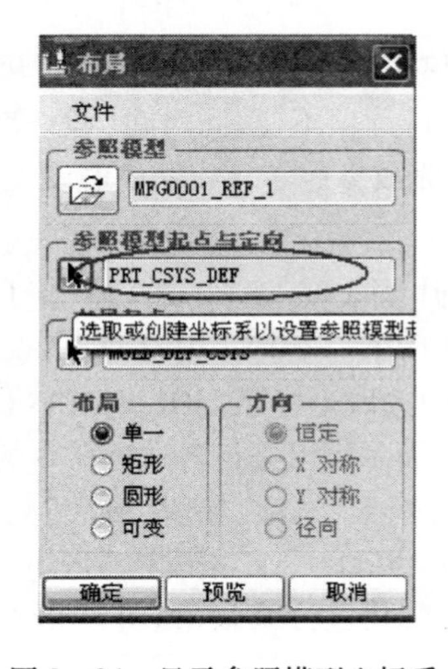

图 3-24　显示参照模型坐标系

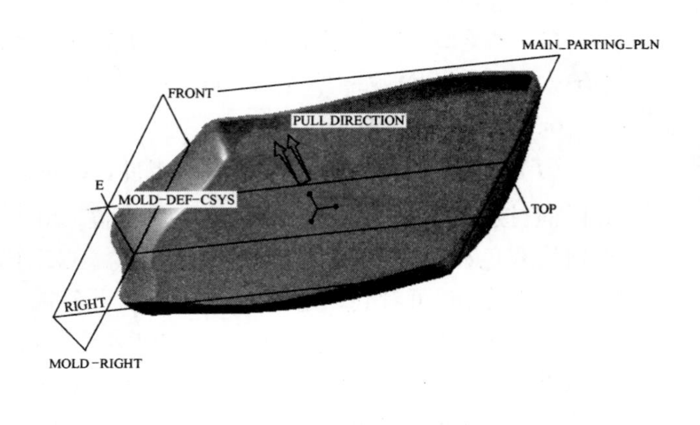

图 3-25　浮动参照模型

在“坐标系移动/定向(Coordinate System Move/Orient)”选项栏中选择“旋转(Rotate)”按钮,并选择 X 轴,在数值文本框中输入相应的角度(绕 X 轴顺时针旋转为负,反之为正),使得 Z 轴正向指向零件主开模方向(即塑件顶出方向),按回车键确认,如图 3 - 26 所示。

单击布局对话框中的“预览”按钮,新布局再生完成,单击“确定”按钮,完成参照零件的布局设置。

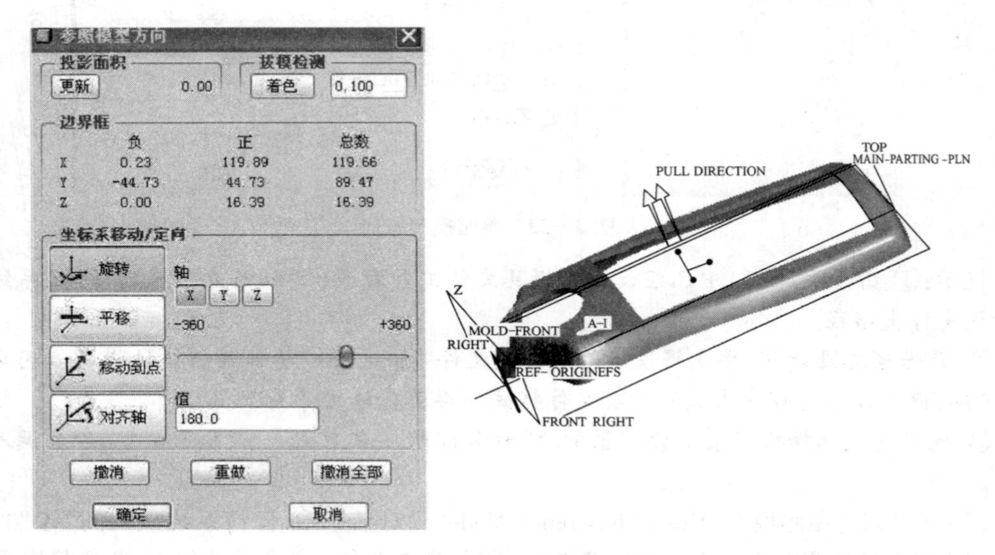

图 3 - 26 参照模型方向设置

提示:① 一般情况下,在调入参照模型之前可将制品的开模方向调整到模具坐标系的 Z 轴方向;也可调入参照模型后在布局对话框中通过“动态”选项方式进行调整。

② 最好将主开模方向设置为 Z 轴正方向,以便于模具布局及模架装配。

5. 设置参照零件收缩率

(1) 选择模具工具条中的“按比例缩放(Shrinkage By Scale)”图标,弹出“按比例收缩”对话框,如图 3 - 27 所示。接受 “公式”选项组中默认的“1+S”选项,然后单击“坐标系”选项组中的“ ”按钮,在工作窗口中选取零件的坐标系“PRT_CSYS_DEF”作为零件缩放的原点。

(2) “类型” 选项组中的复选框默认为选中状态,保持选项不变,同时在“收缩率”文本框中输入材料(ABS)收缩率为 0.006,然后单击“√”按钮,完成参照零件收缩率的设置。

6. 创建毛坯工件

(1) 选择模具工具条中的“自动工件(Automatic Work piece)”按钮,弹出“自动工件”对话框,接受“工件名”文本框中的默认设置,如图 3 - 28 所示。此时,“模具原点”选项组下各选项均灰色显示,表示这些选项不能选取。在工作窗口中选取坐标系 MOLD_DEF_CSYS 作为模具原点,此时可看到“模具原点”选项组下各选项加亮,表示可以进行各选项命令的设置。

(2) 单击“形状”选项组中的下拉列表框,选择“标准矩形”选项,保留“单位”列表框中的默认设置(mm)。在“偏移”选项组中“统一偏距(Uniform Offsets)”文本框中输入 30,此时看到整体尺寸(Overall Dimensions)中 X、Y、Z 的数值为小数,对其进行调整,如图 3 - 29 所示。单击“确定”按钮,完成毛坯工件的设计。

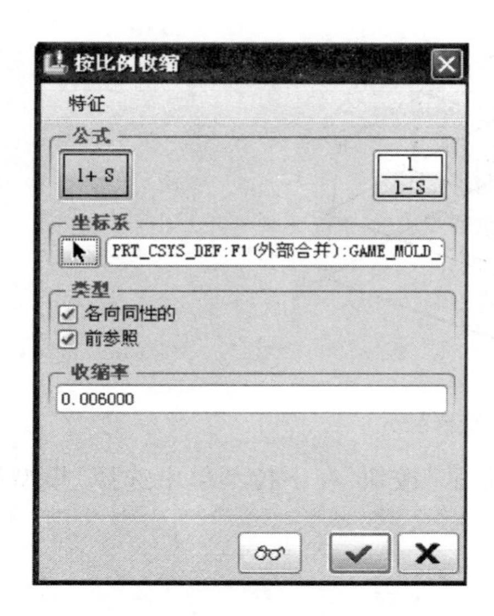

图 3－27　“按比例收缩”对话框

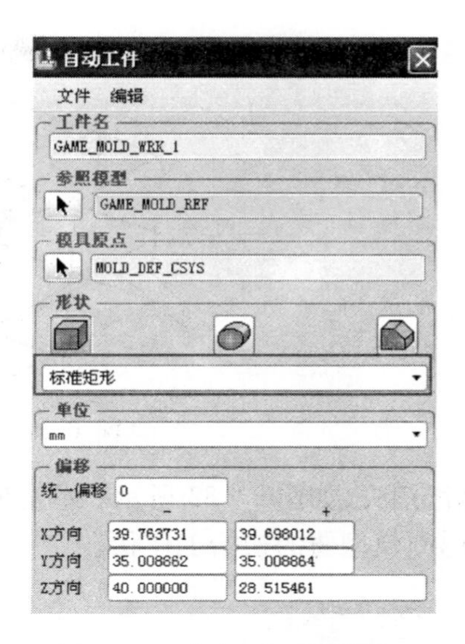

图 3－28　“毛坯”工件设计

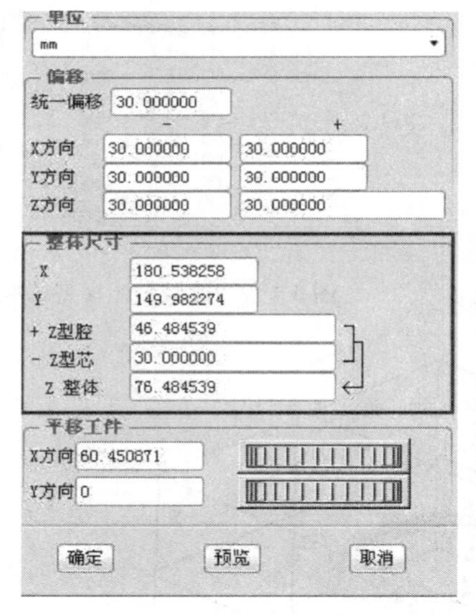

毛坯整体尺寸默认值

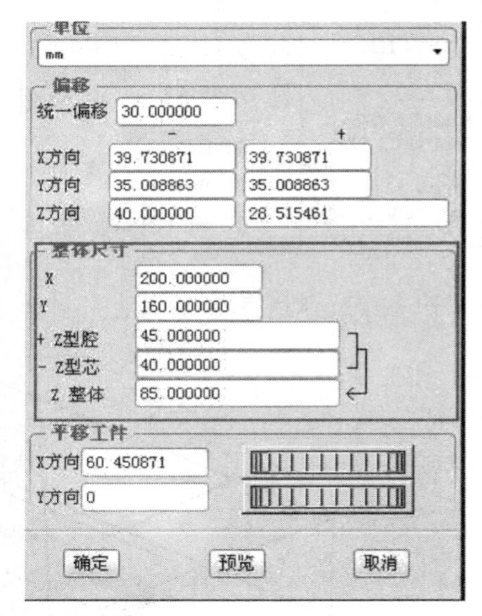

毛坯尺寸调整值

图 3－29　毛坯整体尺寸调整

（3）为了便于在设计过程中查看及编辑模具内部结构，可将工件以线框方式显示。首先在工作窗口选中工件，选择主菜单“视图”→显示样式→“线框”命令，完成工件的显示设置，如图 3－30 所示。

（4）由图 3－30 可以看到，工件毛坯创建完成后，参照模型的基准面及基准轴和毛坯工件的基准面及基准轴混在一起，这将给下一步的模具分型工作带来不便。因此，在进行下一步设计工作之前，先介绍如何遮蔽参照模型自身的基准。

单击模型树中的“显示”按钮，在下拉菜单中选择“层树”命令，如图 3－31 所示。选择列表框中的“GAME_MOLD_REF. PRT”，如图 3－32 所示，按住 Crtl 键依次选取参照模型的基准面和基准轴，单击鼠标右键，在弹出的快捷菜单中选择“隐藏”命令，此时，工作窗口中参照模

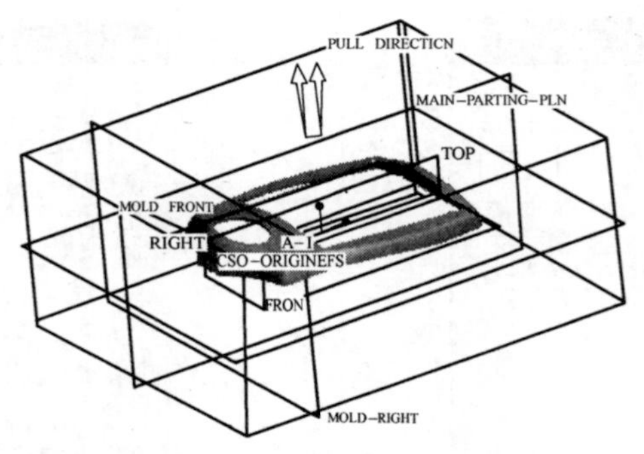

图 3-30　创建好的工件(线框显示)

型的基准消失,如图 3-33 所示。单击模型树下的“显示”按钮,在下拉菜单中选择“模型树”命令,返回模型树的初始工作状态。

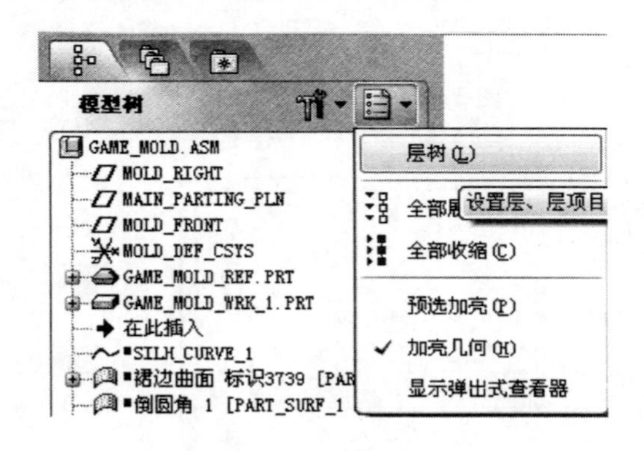

图 3-31　显示层树

图 3-32　遮蔽参照模型基准

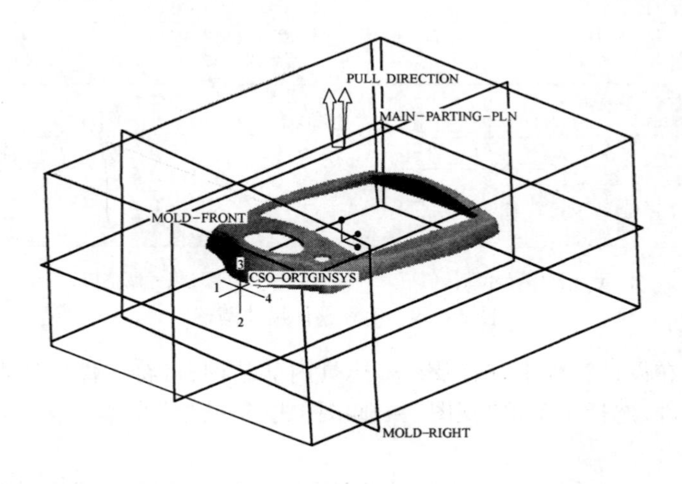

图 3-33　遮蔽后的效果图

提示:① 将零件改为线框显示方式时,首先在工作窗口将待编辑零件选中,否则,“视图”菜单中“显示样式”菜单项为灰色。

② 模具标准化在模具开发过程中具有重要意义。为便于模仁设计加工及实现标准化,企业中一般将公/母模仁的长、宽、高等外形尺寸取 0 和 5 为尾数的整数。

③ 若在 Pro/E 应用程序中同时打开多个模型文件，不同模型文件间的切换可通过“窗口”→“激活”菜单命令来实现。

7. 创建分型面

分型面的创建方法很多，本实例中的游戏机面板为形状较规则的壳件，模具上不涉及侧抽芯结构，塑件顶部有多个破孔，且塑件没有完全拔模，因此采用“侧面影像+裙边”方式进行分型面的创建比较方便。

1）以棱线方式创建分型线

单击模具工具条中的“侧面影像曲线（Silhouette Curve）”按钮，系统弹出“侧面影像”对话框，如图 3－34 所示。在弹出的对话框中单击“预览”按钮，结果如图 3－35 所示，单击“确定”按钮完成分型线的创建。

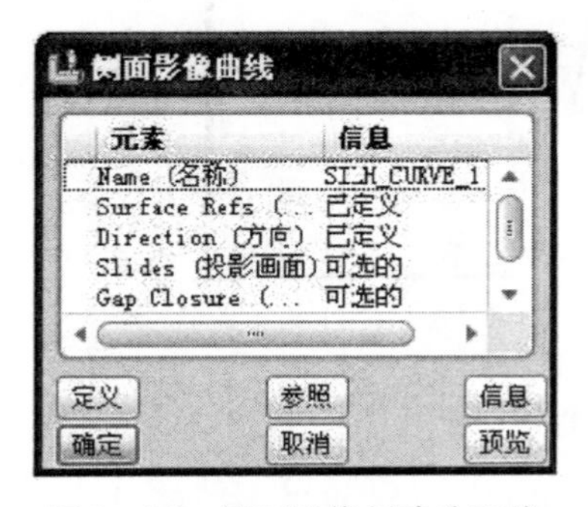

图 3－34 侧面影像创建分型线

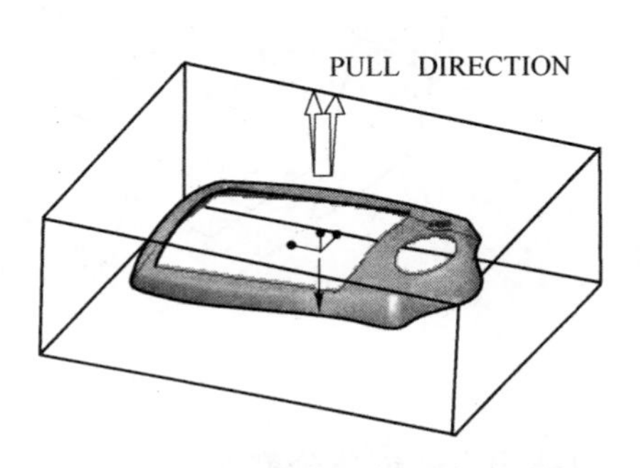

图 3－35 侧面影像创建分型线

提示：① 模具设计过程中有关命令的选取，既可通过单击模具工具条上的相关命令图标进入命令环境，也可通过单击“模具菜单管理器”中的瀑布菜单项进行操作，如图 3－36 所示。

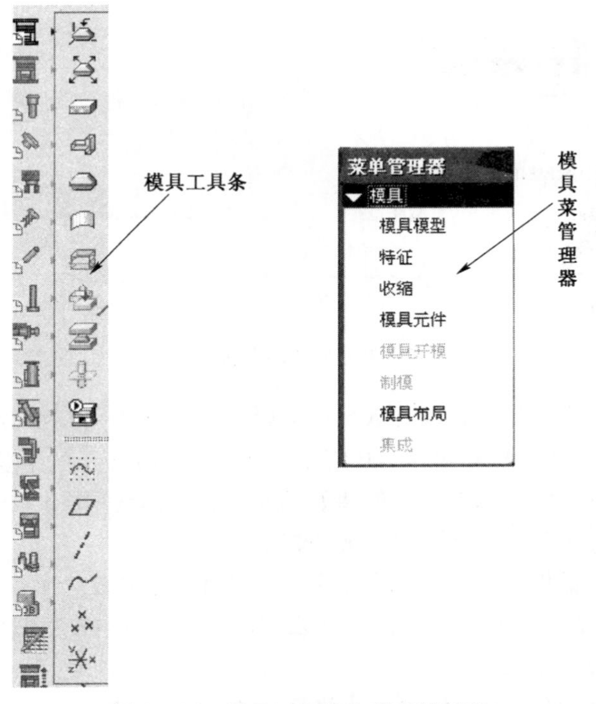

图 3－36 模具工具条和菜单管理器

② 单击“侧面影像”对话框中的预览按钮后，若不是所需要的影像线，则双击“元素”列表中的“方向”选项，调整光源的投影“方向”选项；另外，还可双击“环选取”选项，在弹出的“环选取”对话框中进行环和链的选择及排除等操作，如图 3-37(b)所示，以得到所需要的侧面影像结果。

③ 环选取对话框中当前选中的环在模型上加亮显示，如图 3-37(a)所示。

④ 侧面影像生成的轮廓线一般包括数个封闭的内环和外环。内环用于封闭分型面上的孔，外环用于延拓曲面边界到要分割工件的边界。

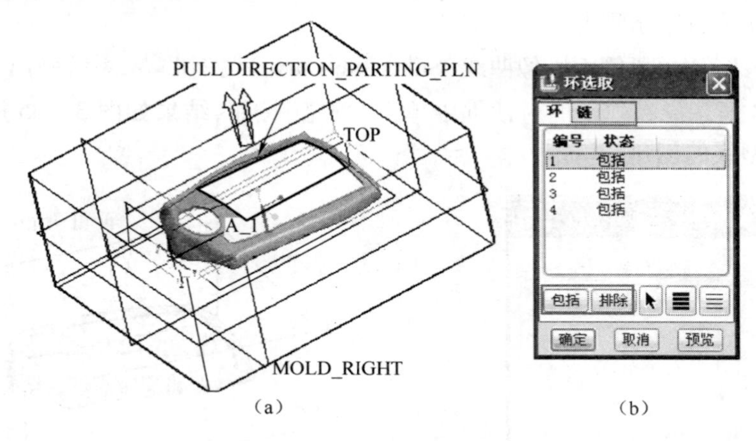

(a) (b)

图 3-37 光源方向和环选取

2）以裙边方式创建分型面

（1）选择模具工具条上的“分型面工具(Create Parting Surf)”按钮，然后在工作窗口空白区域按住鼠标右键不放，在弹出的快捷菜单中选取“属性(Properties)”，输入分型面名称为“main_surf”，单击“确定”按钮，如图 3-38 所示。

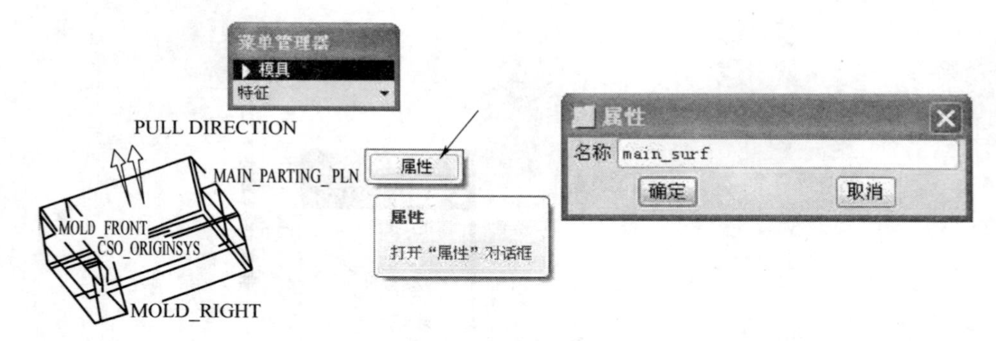

图 3-38 分型面名称编辑

（2）选择模具工具条上的“裙边曲面(Skirt Surface)”按钮，系统弹出“裙边曲面”对话框及“链”下拉菜单，如图 3-39 和图 3-40 所示。在图 3-40 所示的下拉菜单中选择“特征曲线”菜单命令，在工作窗口中选择上一步创建好的侧面影像曲线（图 3-35 中的加亮曲线），影像曲线由蓝色变成红色代表选中，单击“完成”按钮。

单击“裙边曲面”对话框的“预览”按钮，发现分型面创建失败。

提示：① 创建好的影像曲线特征会显示在左侧的模型树窗口中，因此，“菜单管理器”中的“特征曲线”也可在模型树中选取。

② 创建裙边曲面时，必须将工件的遮蔽状态取消，否则模具工具条中的“裙边曲面”命令

不可用。

③ 裙边曲面对话框中各元素前的“>”表示处于当前编辑状态的元素。

④ 裙边曲面对话框中单击“预览”按钮后若没生成裙边特征，则说明裙边分型面创建失败。此时，可双击“裙边曲面”对话框中的“延伸”选项，通过改变影像曲线延伸方向来进行编辑。

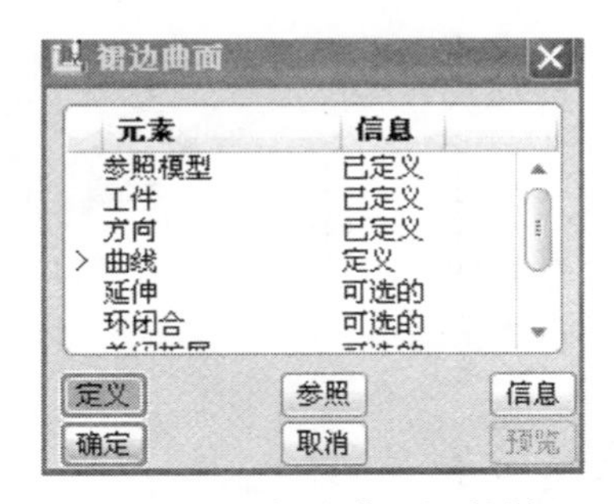

图 3-39 “裙边曲面”对话框

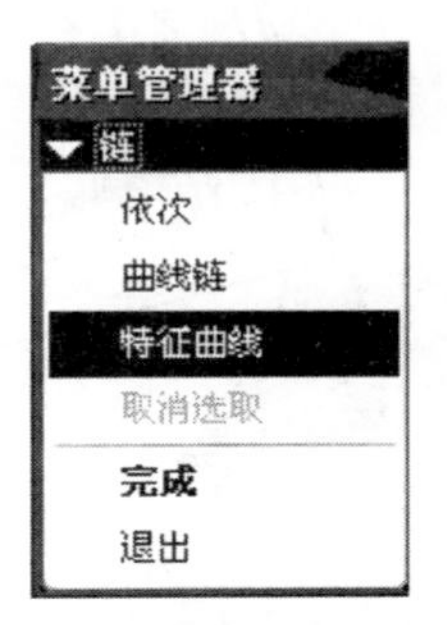

图 3-40 侧面影像曲线选取菜单

(3) 在“裙边曲面”对话框中选择“延伸(Extension)”选项，单击“定义”按钮，弹出如图 3-41 所示的“延伸控制(Extension Control)”对话框。

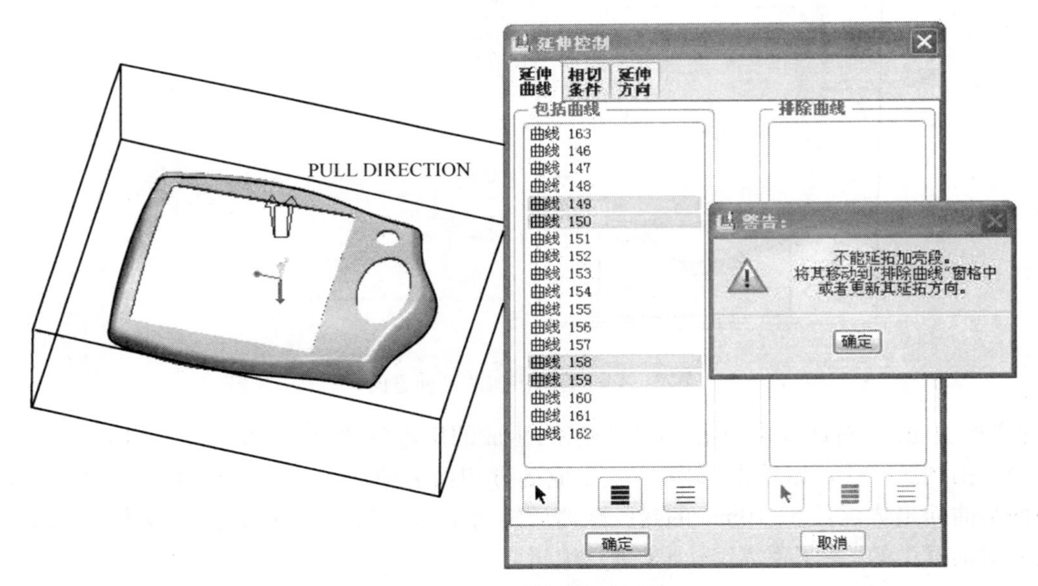

图 3-41 “延伸控制”对话框

系统弹出“警告(Warning)”提示框，提示加亮曲线不能延拓，要求排除加亮曲线或者更新其延拓方向。此设计实例中将不排除任何曲线，切换到“延伸方向(Extension Directions)”选项卡，可发现在图 3-42 所示区域箭头指示的延伸方向不完全正确，从而影响了裙边曲面的生成。

(4) 单击“添加”按钮，通过“自定义点集和延伸方向”的方法对某些延伸方向错误的点进行编辑。用鼠标框选(也可按住 Crtl 键进行多选)需要自定义为相同延伸方向的点，单击“完成”按钮，选择与正确延伸方向成法向的平面，确认延伸方向，单击“确定”按钮，新点集定义完成，重复此操作，最终调整后如图 3-43 所示，单击“确定”按钮返回裙边曲面对话框。

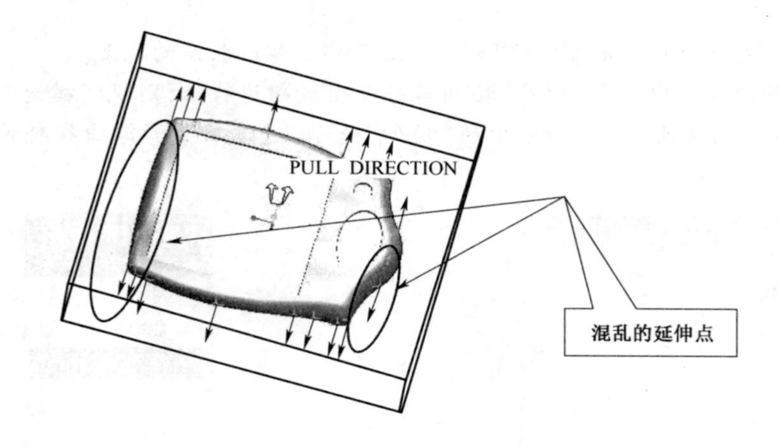

图 3-42　错误的延伸方向

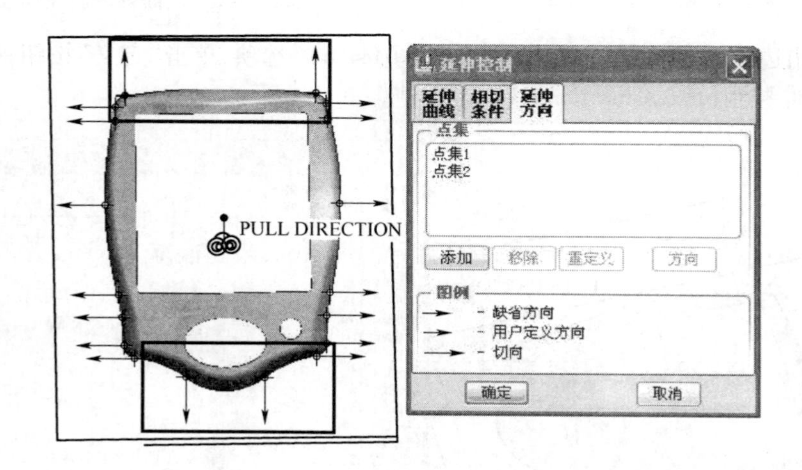

图 3-43　编辑错误的延伸方向

在“裙边曲面”对话框中单击“预览”按钮，生成的裙边分型面效果如图 3-44 所示。

（5）由图 3-44 可以看出，裙边方式生成的分型面为曲面，为便于模仁加工和封胶，应将分型面沿曲面走势延长 5~10mm 的封胶距离后转为平面，同时将擦破面斜度放大。可通过裙边曲面对话框中的“关闭距离”选项来进行编辑。

在“裙边曲面”对话框中选择“关闭扩展”选项，单击“定义”按钮，弹出“关闭延拓”菜单，选择“关闭距离”选项，输入 8，单击“✓”按钮，返回“裙边曲面”对话框。接下来定义“关闭平面”选项，将“MAIN_PARTING_PLN”向下偏移 5mm，创建一个基准平面，并在“加入删除参照”对话框中选择此基准平面，单击“菜单管理器”中的“完成返回”按钮，返回“裙边曲面”对话框。最后定义“拔模角度”选项，使公、母模仁在封胶处形成较大的擦破面，在“拔模角度”文本框中输入 30，单击“✓”按钮，返回“裙边曲面”对话框，单击“预览”按钮，分型面重新生成，结果如图 3-45 所示。最后，单击“确定”按钮。

（6）为便于模仁加工，将封胶外缘面倒 $R3$ 的圆角，倒圆角前后的效果如图 3-46 所示。

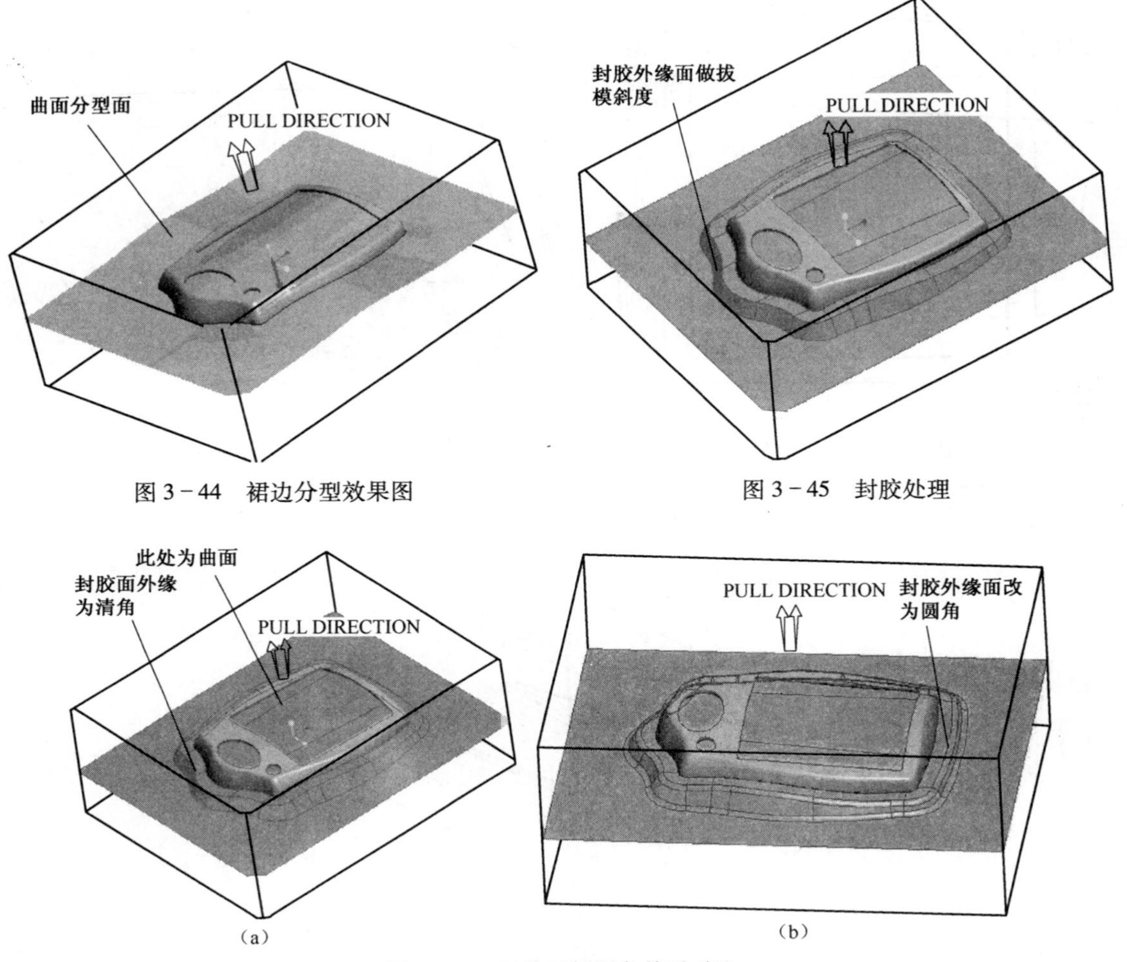

图 3-44 裙边分型效果图

图 3-45 封胶处理

(a)

(b)

图 3-46 封胶面倒圆角前后对比

(7) 继续分型面的创建操作。由图 3-46(a)可以看出，创建裙边分型面后，在游戏机面板顶部的方孔处，其分型面继承制件特征为曲面形式，而该制品模具的流道设计在方孔处，势必给模仁加工带来很大的难度。因此，需要修改此处的分型面，使其变成平面形式。

单击模具工具条中的“分型面”按钮，选择命令，以毛坯顶面为草绘平面，绘制如图 3-47 所示的草图，向下拉伸 38mm，单击“”按钮完成拉伸分型面创建。

(8) 合并裙边分型面和拉伸分型面。首先保证裙边分型面和拉伸分型面都处于选中状态下，单击工具条中的"合并(Merge)"按钮，调整合并方向，使合并结果符合实际需要。合并后的分型面如图 3-48 所示。

提示：① 选择合并命令的时候，要注意曲面的选择顺序，否则“合并“命令图标将发灰而无法使用。

② 步骤第(7)中拉伸曲面高度为 38mm 的依据是：创建工件时，设计型腔部分厚度为 45mm，同时结合制品的高度 15mm 估算而来。

(9) 对合并所生成分型面的方孔侧面做拔模处理，如图 3-49 所示。

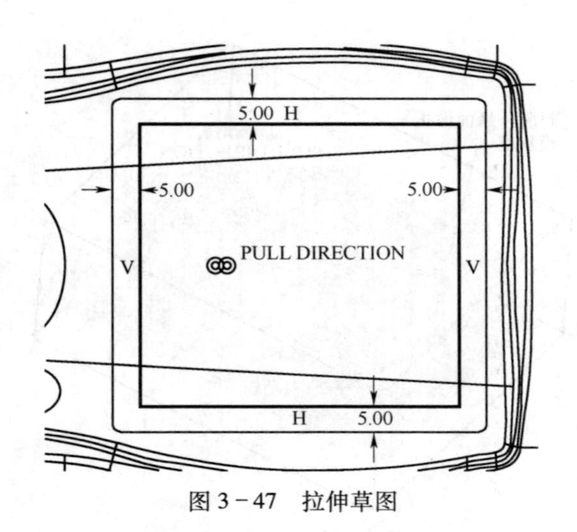

图 3-47　拉伸草图

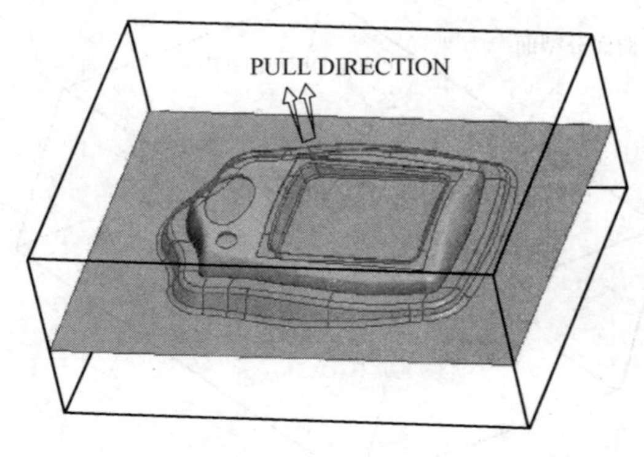

图 3-48　合并后的分型面

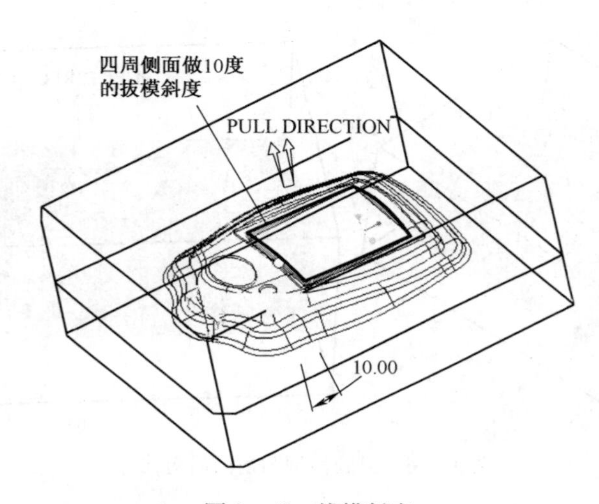

图 3-49　拔模斜度

（10）对合并后分型面的方孔侧面倒圆角。单击主菜单“插入”→“倒圆角”，弹出上滑面板，选择要倒圆角的边，输入相应的圆角半径。此处对方孔侧面四个角分别倒 *R*5 的圆角，并对方孔上下表面周边倒 *R*0.2 的圆角。单击“✔”按钮完成特征编辑，如图 3-50 所示。最后分型面的效果如图 3-51 所示。

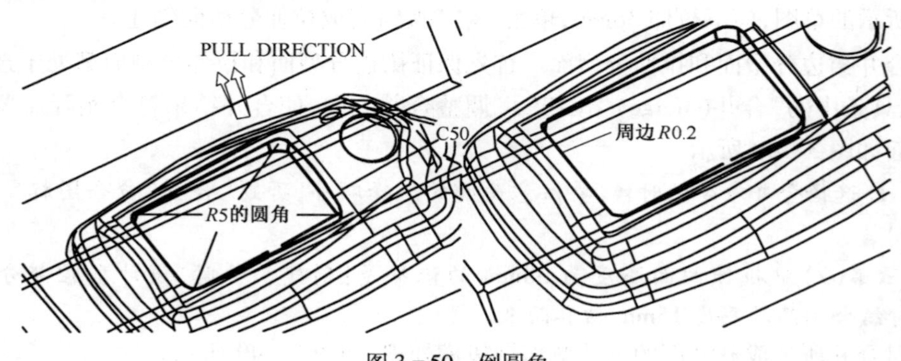

图 3-50　倒圆角

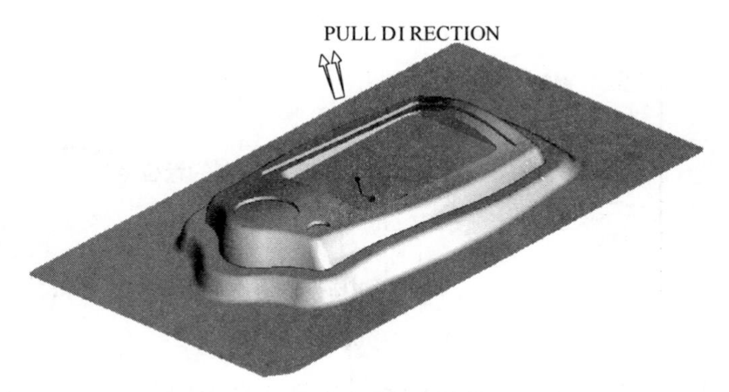

图 3-51 合并编辑后的分型面

(11) 创建斜度定位凸台(内模管位)。为了提高合模精度和成型精度,对动、定模仁进行精确定位,可在动/定模型芯和型腔上加工斜度凸台,方法如下:

① 单击模具工具条上的"草绘"图标,在合并后的分型面上绘制如图 3-52(a)所示的草绘截面,截面局部放大图如图 3-52(b)所示,完成后单击" "按钮退出草绘。

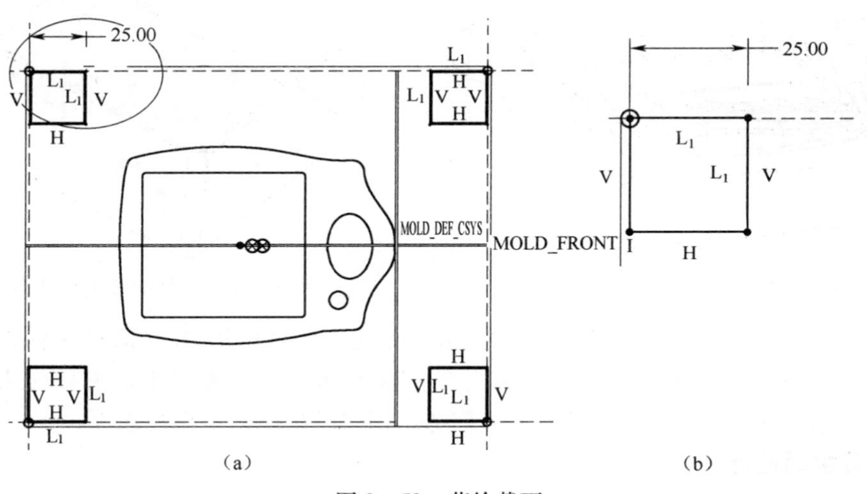

图 3-52 草绘截面

② 返回工作窗口后,在分型面处于选中状态下,单击主菜单"编辑"→"偏移"命令,系统弹出"偏移"上滑面板。选中"具有拔模特征"选项图标,进行内模管位的创建及参数设置,如图 3-53 和图 3-54 所示,完成后的管位如图 3-55 所示。

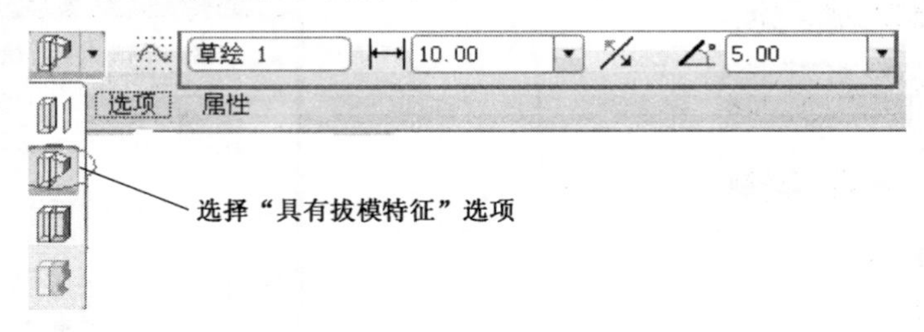

图 3-53 偏移选项设置对话框 1

③ 鼠标左键选择模型树上的"工件毛坯"(选中会加亮显示),单击鼠标右键在快捷菜单中

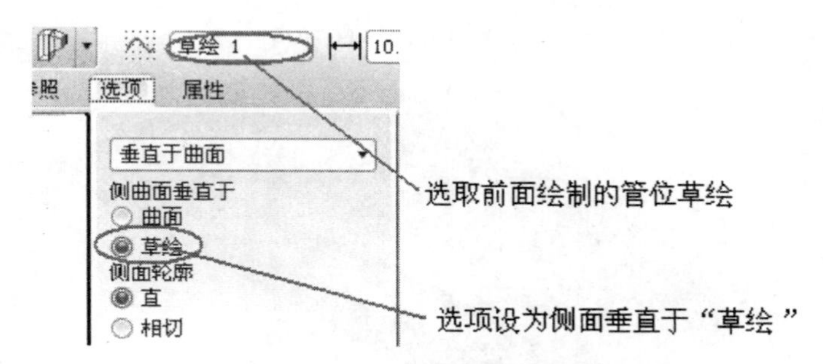

图 3-54　偏移选项设置对话框 2

选择"激活"命令,使毛坯零件处于可编辑状态。选择主菜单"插入"→"倒角"→"边倒角"命令,分别对毛坯倒基准角及外轮廓边倒角,基准角为 C8,其余外轮廓边为 C2,如图 3-56 所示。

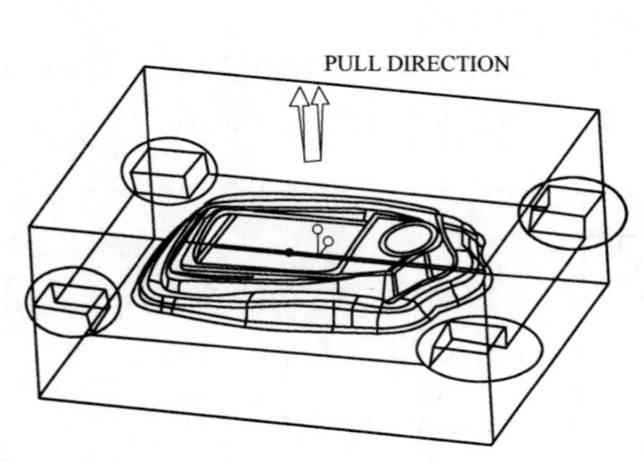

图 3-55　内模管位创建

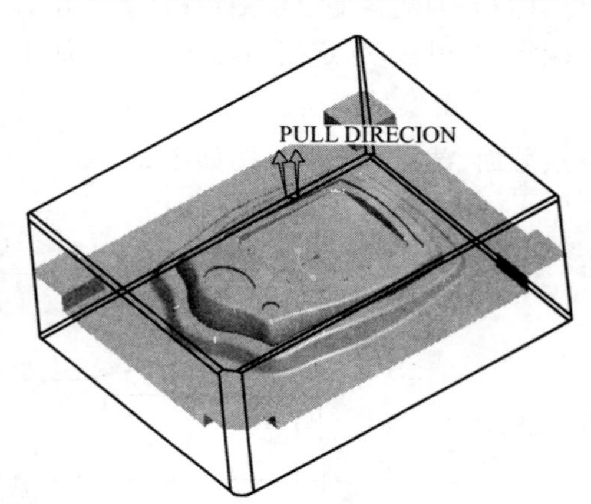

图 3-56　工件倒基准角及边倒角

提示:① 使用"编辑"→"偏移"命令时,必须先选中偏移对象,否则偏移命令不可使用。

② 打开工件进行编辑时,可以看到在"工件"零件窗口的模型树上没有任何基准显示,如果需要,可通过主菜单"插入"→"模型基准""基准平面"命令创建模型基准。

8. 以分型面进行拆模

(1) 单击模具工具条中的"体积块分割(Mold Volume Split)"按钮,"菜单管理器"如图 3-57 所示。选择"两个体积块(Two Volumes)"→"所有工件(All Wrkpcs)"→"完成"菜单,弹出"分割"对话框,如图 3-58 所示。

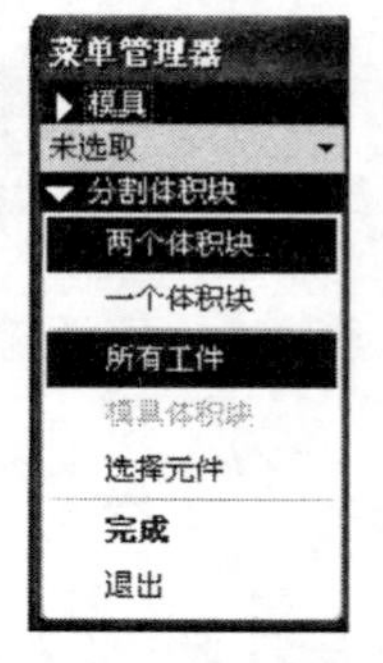

图 3-57　菜单管理器

图 3-58　"分割"对话框

(2) 将鼠标指针移到裙边分型面处,系统会自动以红色标识显示裙边分型面,选中裙边分型面,如图 3-59 所示。单击“选取”对话框中的“确定”按钮,返回“分割”对话框,再单击“确定”按钮完成模具体积块的分割。

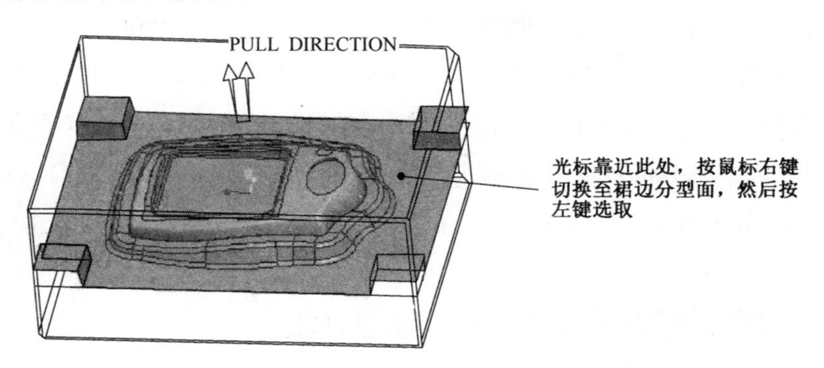

图 3-59 选择分型面

(3) 在弹出的“属性(Properties)”对话框的“名称”文本框中输入“core”做为型芯体积块的名称,单击“着色(Shade)”按钮,即可见如图 3-60(b)所示的型芯体积块。

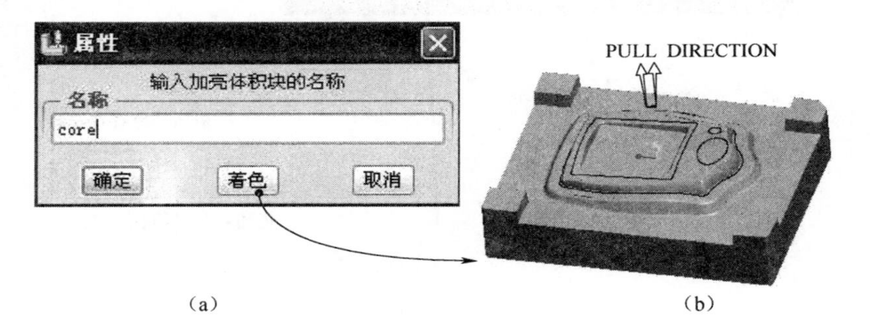

图 3-60 型芯体积块

(4) 单击“确定”按钮后再次弹出“属性”对话框,如图 3-61 所示。在“名称”文本框中输入“cavity”做为型腔体积块的名称,单击“着色”按钮,即可见如图 3-61(b)所示的型腔体积块,单击“确定”按钮,完成模具体积块的分割。

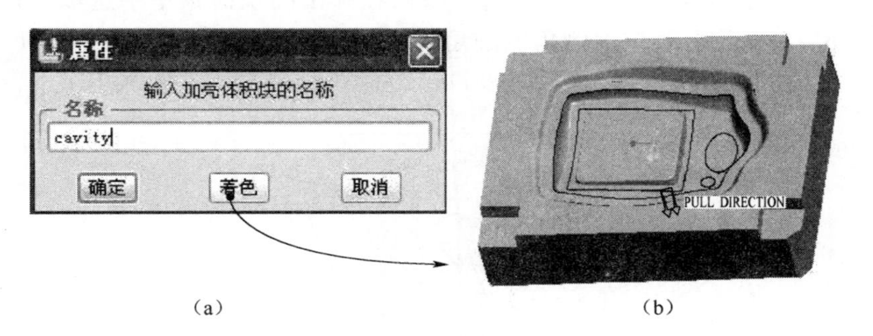

图 3-61 型腔体积块

提示:① 在“属性”对话框中当前体积块会在窗口以加亮方式显示,若观察不清楚,可通过单击“着色”按钮观察当前体积块,以便对体积块进行正确命名。

② 由“体积块分割”方式生成的是模具元件的曲面特征,而不是实体特征,要通过“抽取

模具元件”工具进一步生成实体形式的模具零件。

9. 抽取模具元件

抽取模具元件就是将通过分割方式所生成的只有体积但无质量的三维曲面体积块变成Pro/E中能进行加工和后处理的模具实体零件。

(1) 单击模具工具条中的“创建模具元件(Create Mold Component)”按钮，弹出如图3-62所示的“创建模具元件”对话框。单击对话框中的“全选”图标，选取所有的体积块，在对话框中单击“高级(Advanced)”下拉箭头，选中图标，然后单击 “复制自(Copy From)”图标，选择mmns_part_solid.prt模板所在的路径，单击“打开”按钮，然后单击“确定”按钮完成模具元件的生成。

图3-62 “创建模具元件”对话框

(2) 对型腔进行后处理。为便于合模，并防止模具外立面的尖角在使用过程中造成操作者刮伤等现象，应对模仁周边倒角，并对型腔管位局部倒圆角做避空处理。在模型树上选中型腔特征“CAVITY”(会加亮显示)，单击鼠标右键，在弹出的快捷菜单中选取 “打开” 命令，进入零件编辑环境。对型腔管位内侧角倒圆角 *R*5；并对型腔上表面周边倒角 *C*1，结果如图3-63所示。

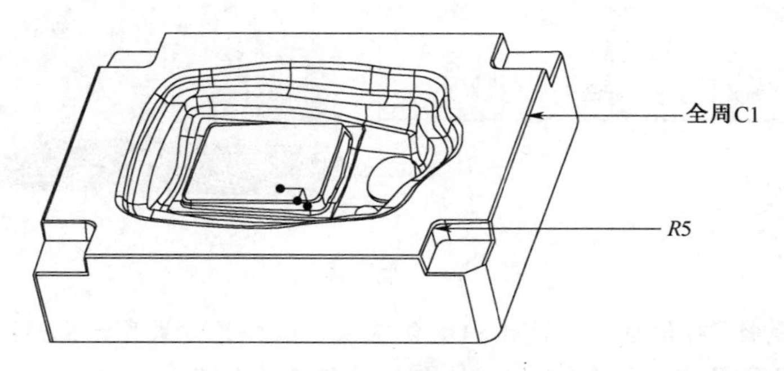

图3-63 型腔倒角处理

（3）对型芯进行后处理。为防止合模过程中出现擦破，需将型芯管位侧面做避空处理。在模型树上选中型芯特征“CORE”（会加亮显示），单击鼠标右键，在弹出的快捷菜单中选取“打开”命令，进入零件编辑环境。

单击工具条中的“拉伸”命令图标，切除凸台外侧面，以防止其与母模板擦破。选择管位凸台上表面作为草绘平面，绘制如图 3-64 所示的截面，拉伸切除到模仁上表面。

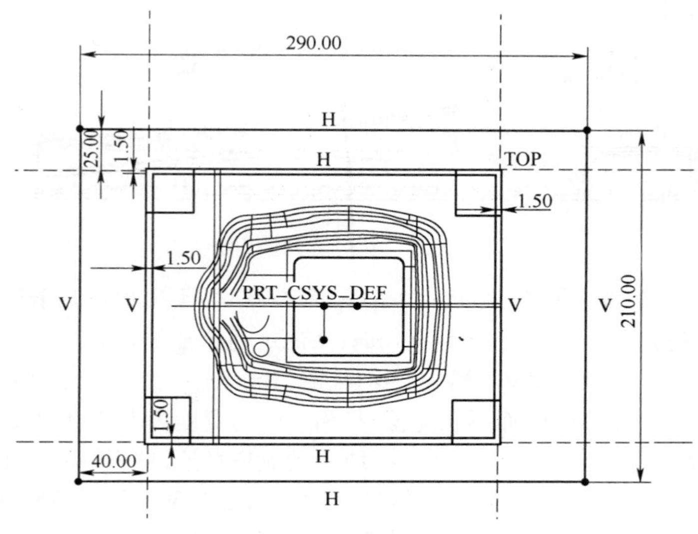

图 3-64　管位避空草绘

对型芯上与型腔 *R*5 处配合的管位侧面倒 C5 的角进行避空；将型芯管位上表面周边倒 C1 的角；同时对型芯上表面周边倒角 C1，结果如图 3-65 所示。

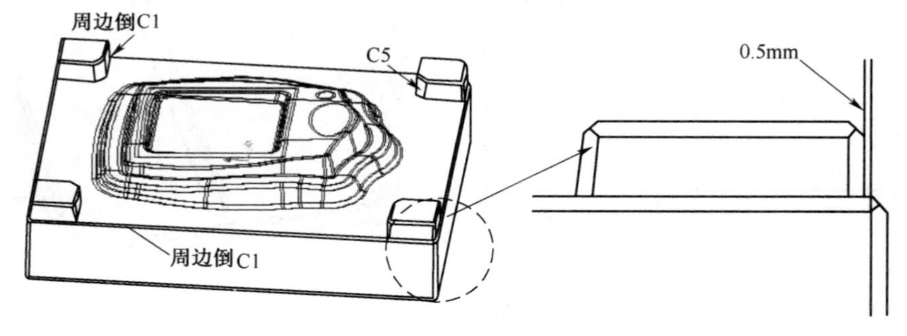

图 3-65　型芯倒角处理

10. 创建浇注系统

浇注系统是熔体进入模具型腔的通道，由主流道、分流道、浇口和冷料井组成。由于制品的整个外表面为外观面，产品上不允许有飞边、浇口痕迹等成型缺陷，因此，为保证制品的表面质量和外观效果，采用潜伏式浇口的流道设计。

（1）创建主流道。选取主菜单“插入”→“旋转”，按住鼠标右键，在快捷菜单中选取“定义内部草绘”选项，选取“MOLD_FRONT”为草绘平面，“MOLD_RIGHT”为参照平面进入草绘模式。绘制如图 3-66 所示截面，单击“ ✔ ”按钮完成草绘，再单击上滑面板的“✔”按钮，完成主流道的创建。

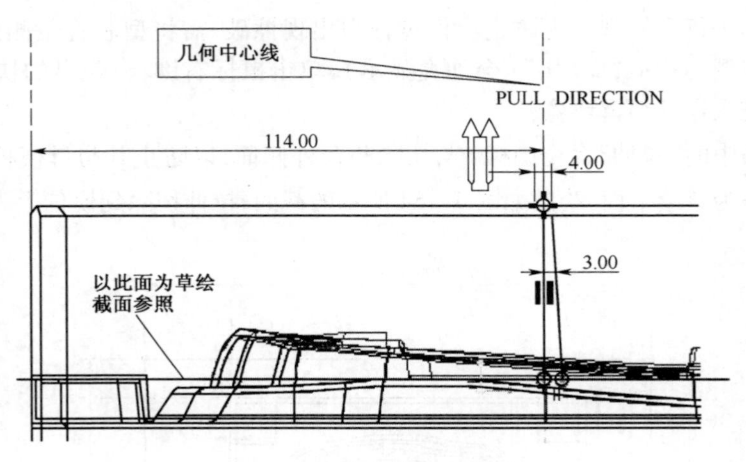

图 3-66　主流道草绘截面

提示：主流道一般为圆形截面，可通过“旋转”命令创建，主流道与注射机射嘴连接端的直径 R 与射嘴直径 r 的关系为：$R=r+(0.5\sim1)\mathrm{mm}$；主流道的锥度 $\alpha=1\sim3°$。

（2）创建分流道。选取主菜单“插入”→“流道(Runner)”命令，“形状(Shape)”选择“梯形(Trapezoid)”，以设置流道的断面形状为梯形，输入流道宽度为 5，深度为 2，侧角度为 15，拐角半径为 0.5，在分型面上绘制如图 3-67(a)所示的流道草绘，单击“完成”按钮。在“相交元件(Intersected Comps)”中选择“CORE”型芯部分，然后单击“确定”，返回流道对话框后再次单击“确定”按钮，完成分流道的创建，完成结果如图 3-67(b)所示。

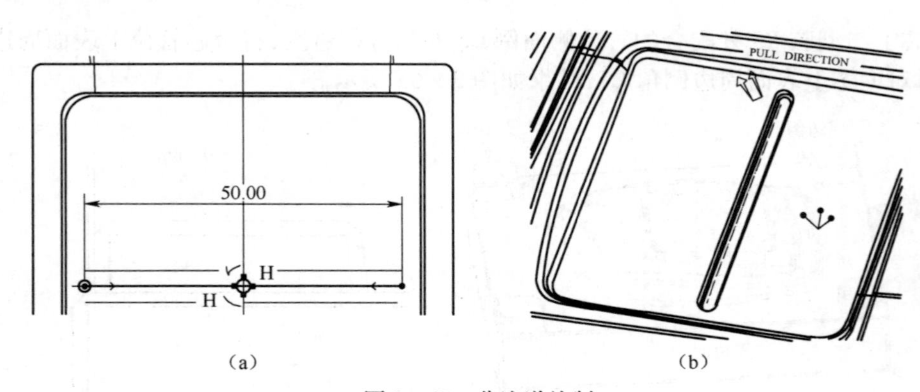

(a)　(b)

图 3-67　分流道绘制

提示：圆形截面流道虽然热量损失和压力损失较小，但由于流道必须在公、母模上各分一半，给模具加工、装配带来一定困难。因此，企业中一般多采用梯形截面流道。

（3）创建主流道冷料穴。在模型树上选中特征“CORE”(加亮显示)，单击鼠标右键，在弹出的快捷菜单中选择“激活”命令。单击主菜单“插入”→“拉伸”命令，选取“MAIN_PARTING_PIN”为草绘平面，草绘直径为 $\Phi6$ 的圆，拉伸切除深度 7，此处注意拉伸除料的方向背向分型面，另外绘制 $\Phi6$ 的草绘截面时要注意圆心捕捉在分流道的对称中心处，如图 3-68(a)所示。单击上滑面板的 ✔ ”按钮，完成冷料穴的初步创建。对冷料穴侧面向外拔模 5°，底部倒圆角 0.5，结果如图 3-68(b)所示。

（4）创建两侧进胶位。首先创建参考平面，单击工具条上的“基准平面(Datum Plane)”图

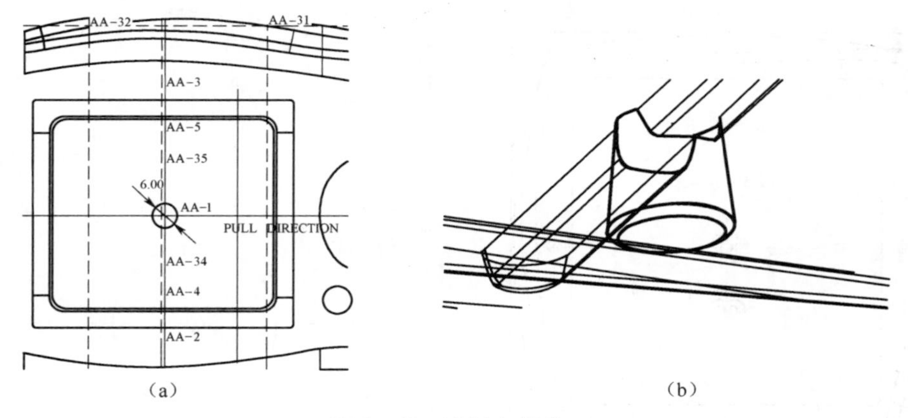

图 3-68　冷料穴创建

标▱,弹出基准平面窗口,在模型上分别选取分流道的中心和型芯的一个外表面为参照(注意多选按住 Crtl 键),并正确设置参照的约束类型,如图 3-69 所示。

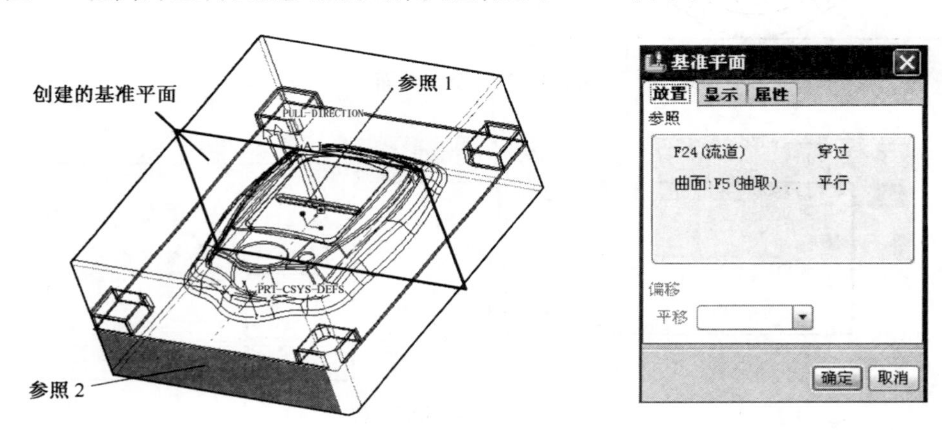

图 3-69　创建基准平面

选择主菜单的“插入”→“拉伸”命令,在工作窗口按住鼠标右键,在快捷菜单中选取“定义内部草绘”命令,选取 MAIN_PARTING_PIN 为草绘平面,进入草绘模式,绘制如图 3-70 所示截面,单击“✔”按钮完成草绘。

单击拉伸功能上滑面板上的“选项”标签,向上一侧拉伸方式选择“穿透”,向下一侧拉伸方式选择“盲孔”,深度为 10,“相交”选项中取消“自动更新”,在相交模型列表框中删除工件毛坯和型腔,只留下型芯“CORE”与拉伸特征相交,如图 3-71 所示。单击“✔”按钮完成,结果如图 3-72 所示。

提示:在创建浇注系统时,根据需要确定流道特征是否需要与模具元件相交,可通过设置“相交”标签下的“自动更新”选项来编辑。不需要相交的元件可在特征对象名上单击鼠标右键选择“移除”即可。

(5) 创建浇口。选取主菜单的“插入”→“旋转”命令,在工作窗口按住鼠标右键,在快捷菜单中选取“定义内部草绘”命令,选取图 3-70 中所创建的基准平面为草绘平面,进入草绘环境,绘制如图 3-73 所示截面,草绘截面尺寸局部放大如图 3-73(b)所示。单击“✔”按

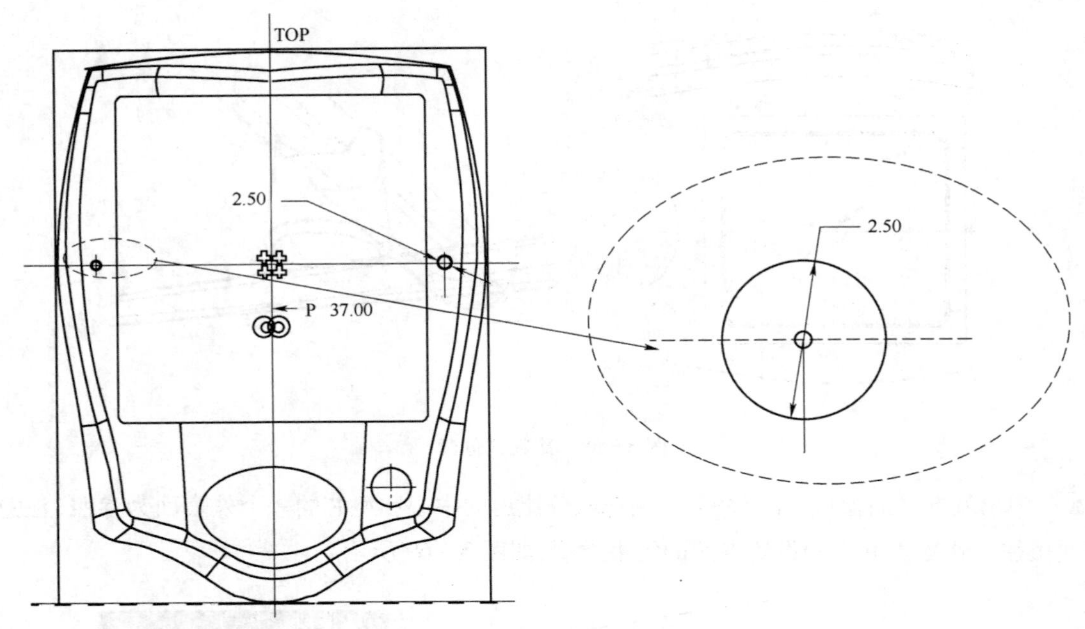

图 3-70　草绘截面

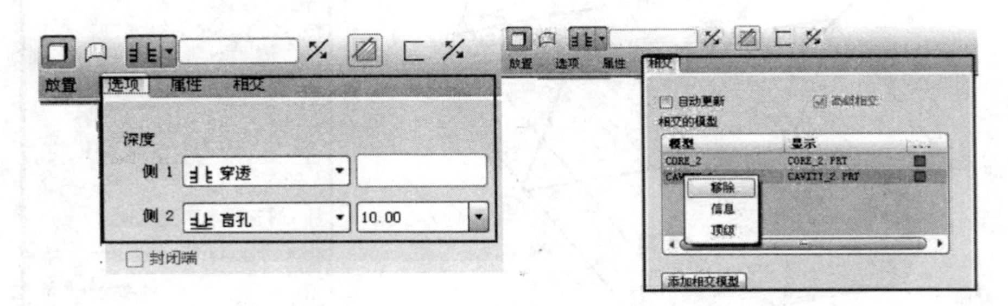

图 3-71　拉伸选项设置

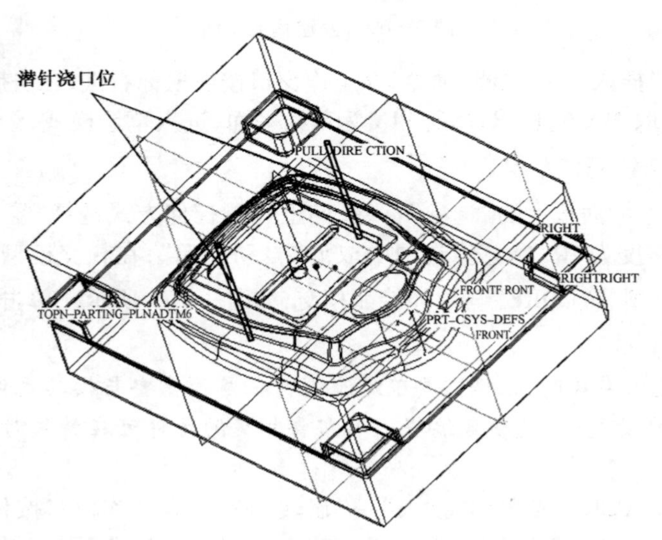

图 3-72　拉伸潜针浇口位

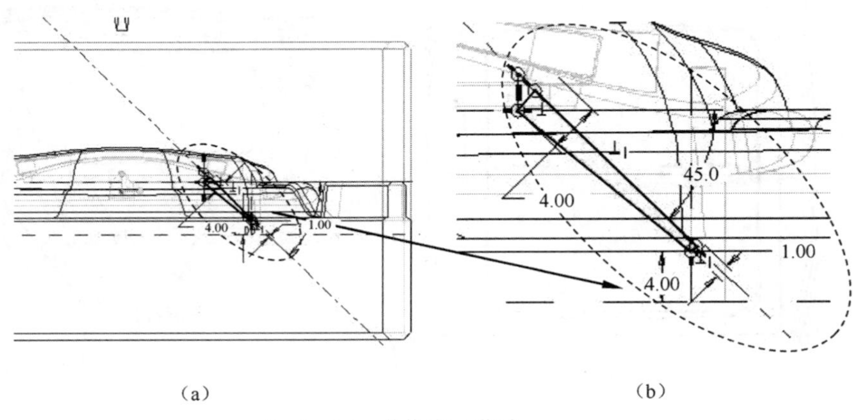

（a）　　　　　　　　　　（b）

图 3－73　潜伏浇口草绘

钮完成草绘。

在上滑面板中接受系统默认的旋转角度值 360，“相交”选项中取消“自动更新”，删除“工件毛坯”和“型腔”特征，只留下“型芯”模型与旋转特征相交，单击“ ”按钮完成浇口的创建。用同样的方法完成另一侧潜伏式浇口的创建（也可以用镜像命令）。完成后的潜伏浇口特征如图 3－74 所示。

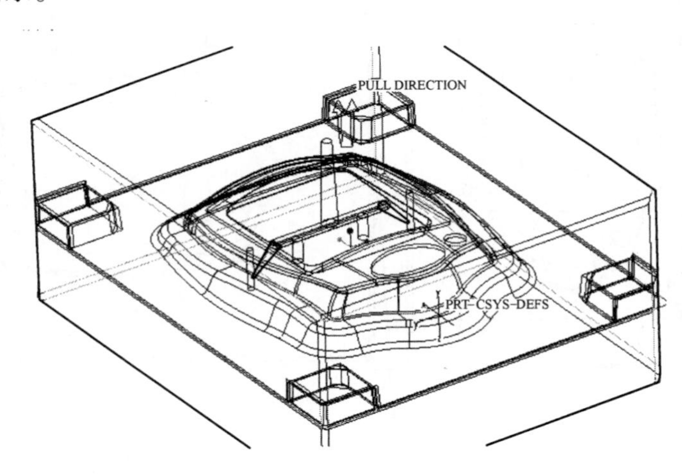

图 3－74　潜伏浇口特征

（6）创建抓料井。选取主菜单的“插入”→“拉伸”命令，在工作窗口按住鼠标右键，在快捷菜单中选取“定义内部草绘”命令，选取分流道上表面为草绘平面，绘制如图 3－75（a）所示圆形截面，直径为 4，拉伸切除深度为 12，拉伸方向背向成型面，单击“ ”按钮完成草绘，对抓料井进行拔模，此处不再赘述。至此浇注系统创建完成，如图 3－75（b）所示。

11. 创建冷却水路

（1）创建公模水路。选取主菜单“插入”→“等高线”命令，确定冷却水路的直径为 8，单击基准特征工具栏上的“基准平面”图标 ，选择公模仁底面为参考，向成型面方向偏移 20，以此平面作为公模冷却水路的草绘平面。绘制如图 3－76（a）所示截面，单击“ ”按钮，在

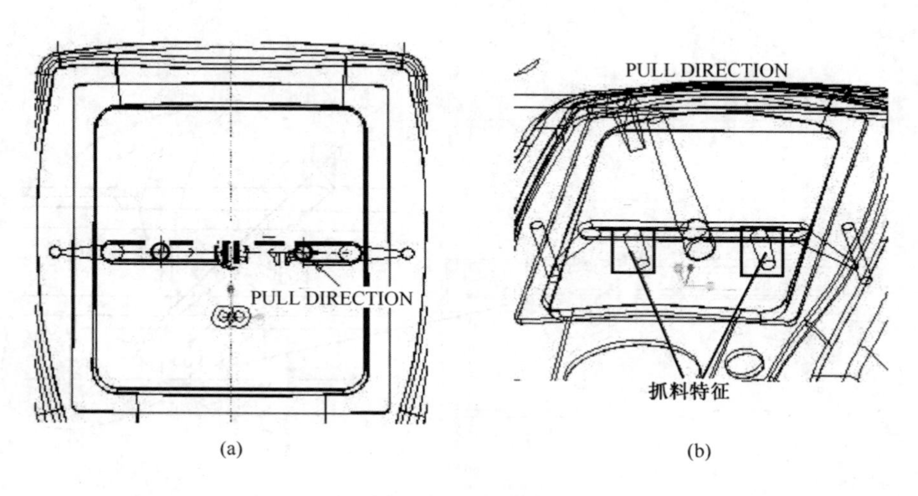

图 3－75　抓料井

“相交元件”对话框中单击“自动添加”，保留型芯部分，然后单击“确定”按钮，返回等高线对话框再次单击“确定”按钮，公模水路创建完成。以公模仁底面为草绘平面，拉伸切除直径为 8 的圆，使得水路进出口与公模板连通，草绘图如图 3－76(b)所示。

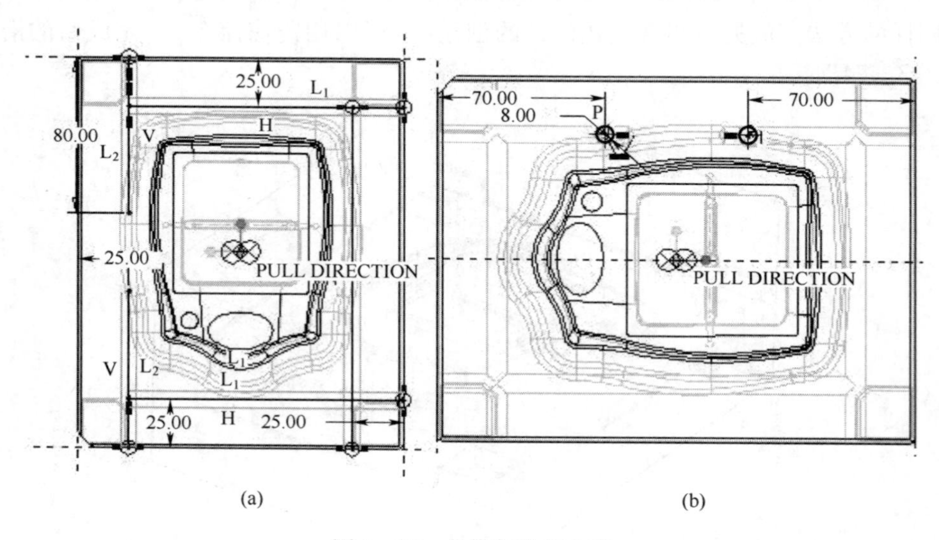

图 3－76　公模仁冷却水路

(2) 创建母模水路。用同样的方法创建出母模仁的水路。选择主菜单“插入”→“等高线”命令，确定冷却水路的直径为 8，单击基准特征工具栏的“基准平面”图标，选择母模仁底面为参考平面，向成型面偏移 15，以此平面作为母模冷却水路的草绘平面。绘制如图 3－77(a)所示截面，单击“✔”按钮，在“相交元件”对话框中单击“自动添加”，保留型腔部分，然后单击“确定”按钮，返回等高线对话框，再单击“确定”按钮，母模水路创建完成。以母模仁底面为草绘平面，拉伸切除直径为 8 的圆，使得水路进出口与母模板连通，草绘截面如图 3－77(b)所示。

12. 生成制件

选择“模具(MOLD)”瀑布菜单下的“制模(Molding)”菜单项，单击“创建(Create)”命令

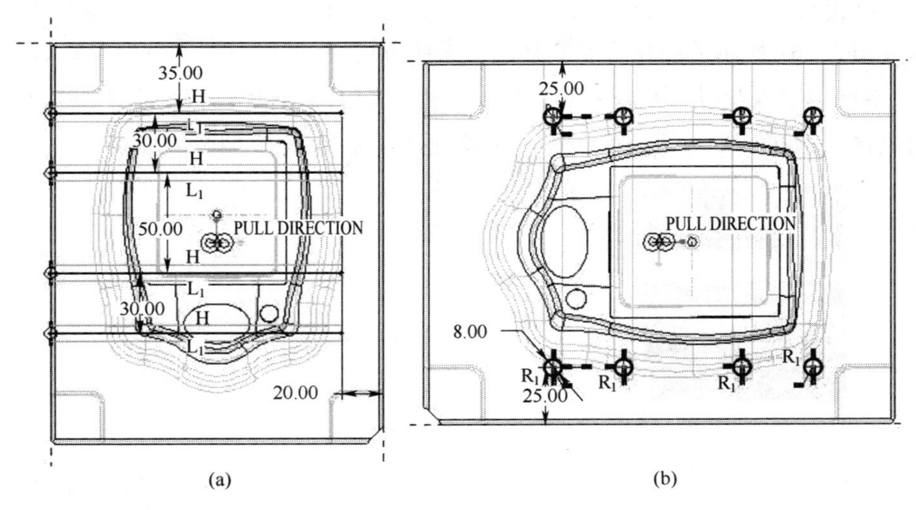

图 3-77 母模仁冷却水路

后，输入成型件名称“molding-game”，单击“✔”按钮完成铸模件生成。

提示：有时候在制模时提示“不能相交带有特征的零件，创建失败。”这时候需要适当增加模型的精度值。可选取主菜单“文件”→“属性”命令，在“模型属性”对话框中更改材料的“精度值”，单击“再生模型”，关闭对话框后重新制模。

13. 模拟模具开模过程

（1）在进行模具开模之前，一般要将工件、参照模型及分型面等一一进行遮蔽。这样在开模后，工作窗口中将仅显示型芯、型腔及铸模制品。单击工具栏中的“遮蔽/取消遮蔽”图标，选择要遮蔽的选项后单击“遮蔽（Blank）”按钮，然后单击“关闭”按钮，如图 3-78 所示。

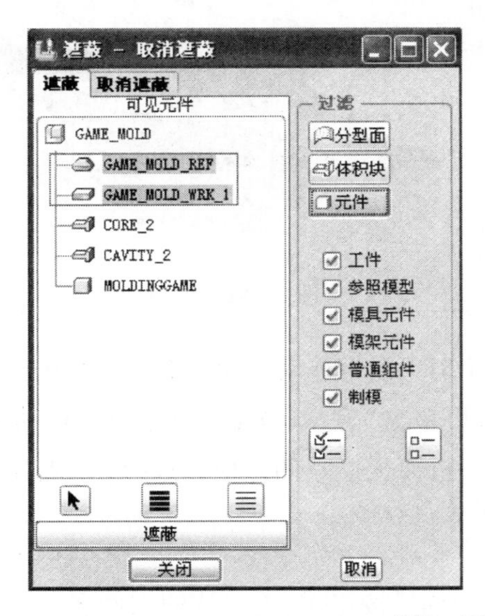

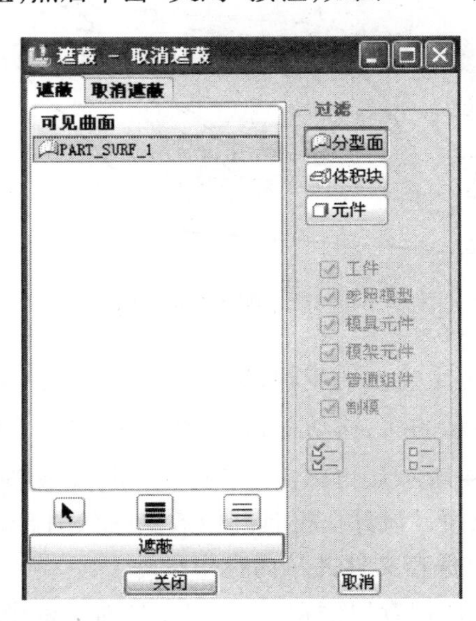

图 3-78 遮蔽对话框

（2）选择模具工具条上的“模具开模（Mold Open）”图标。在级联菜单中选择“定义间距（Define Step）”→“定义移动（Define Move）”菜单命令，如图 3-79 所示。

(3) 选择模型树中的“CAVITY 元件”,单击如图 3-80 所示的“选取”对话框中的“确定”按钮。选择图 3-81 所示的面作为型腔移动的参照方向,在工作窗口上方的“输入沿指定方向的位移”文本框中输入 80 作为移动距离,单击“✔”按钮,然后单击“完成”按钮,工作窗口中的型腔向上移动,如图 3-82 所示。选择“完成/返回”命令,完成型腔的移动。

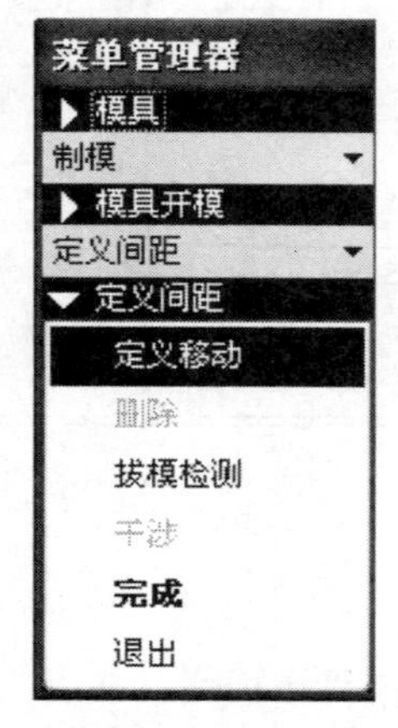

图 3-79 定义移动

图 3-80 “选取”对话框

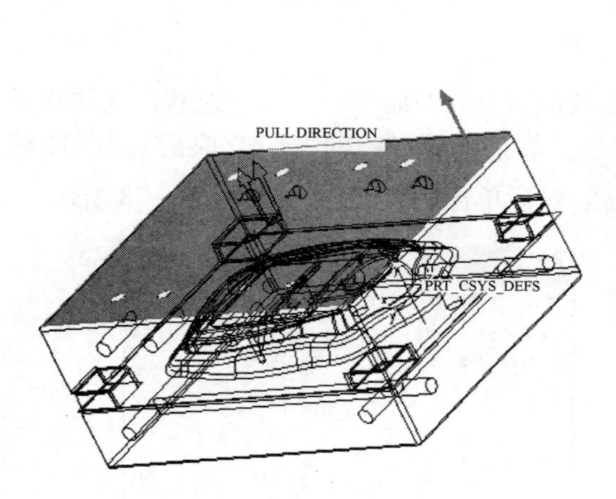

图 3-81 定义型腔移动方向

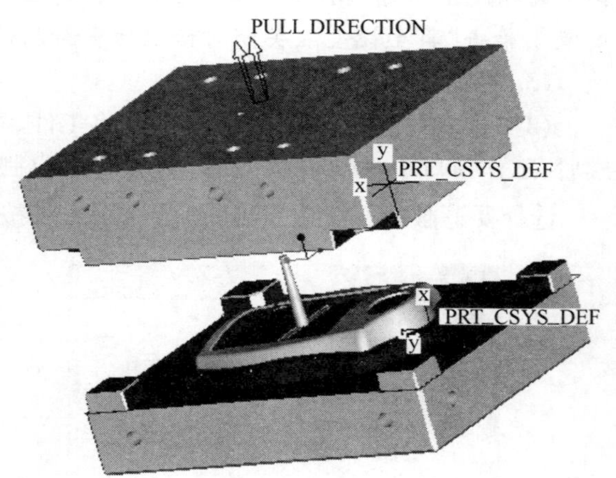

图 3-82 型腔开模

(4) 重复上述步骤,选择模型树中的“型芯 CORE”作为移动对象,移动参照方向选择图 3-83 所示的面,移动距离为 100,单击“✔”按钮,再单击“完成”按钮,型芯向下移动 100,如图 3-84 所示。再单击“完成”按钮,完成整个游戏机面板模具的开模。选择“完成/退出”命令,完成模具设计。模具开模效果图如图 3-85 所示。

14. 保存文件并从内存中拭除

单击“保存”图标,在出现的对话框中单击“确定”按钮,接受默认的文件名。选择主菜单“文件”→“拭除(Erase)”命令,选择“不显示”命令,以将零件从内存中拭除。选择主菜单“文件”→“删除旧版本”命令,将游戏机面板模具设计过程中的所有旧版本文件从硬盘中删除。

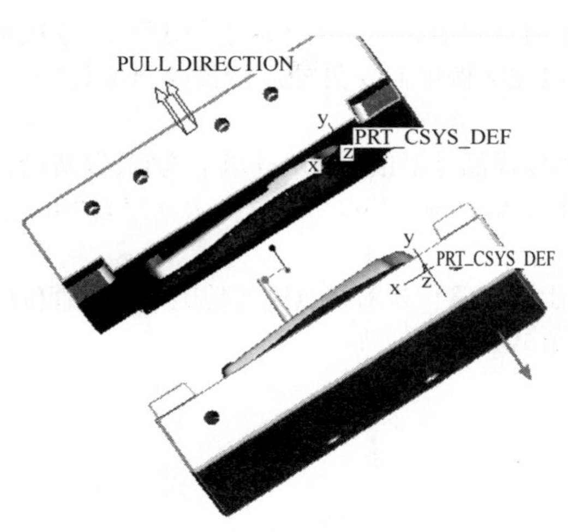

图 3-83　定义型芯移动参照方向

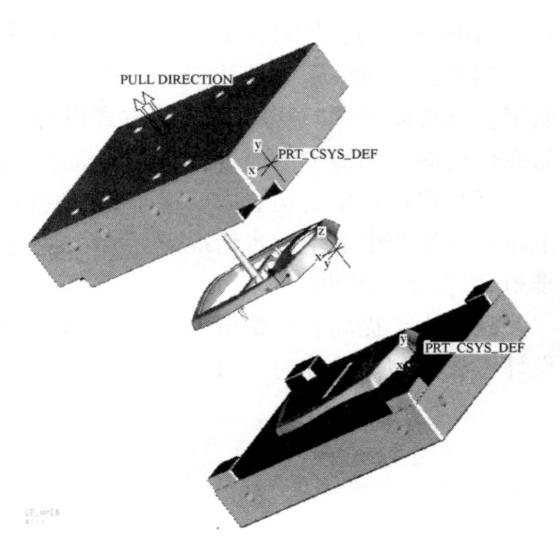

图 3-84　型芯开模

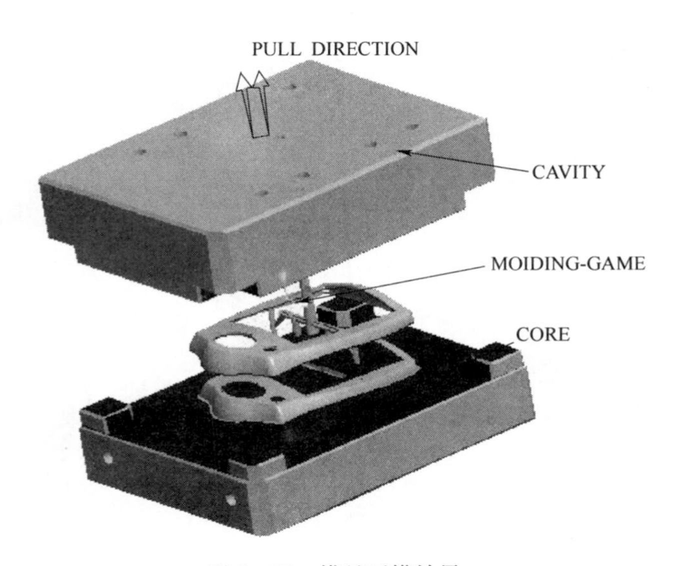

图 3-85　模具开模效果

提示：查看之前建立的模具专用文件夹，可以发现系统自动生成以下几个文件：game. prt，game_mold_ref. prt，game_mold_wrk. prt，core. prt，cavity. prt，game_mold. asm 以及 molding-game. prt，分别表示模型原文件、模具参照模型文件、工件毛坯、型芯零件、型腔零件、模具装配体及铸模零件。

技术总结：

（1）此成品为中空件且外表面要求光滑，考虑模具成本，采用两板模潜伏式进胶方式，模具会有一点偏心，但在允许的范围内。

（2）分流道尽量设计在平面上，本例中要通过合并曲面的方式把破孔处曲面转为平面，以便于流道加工。

（3）当分型面为曲面时，为避免飞边及错位等现象，设计分型面时一定要注意在分型面边界处设计封胶距离。所谓的封胶距离是指按照分型线曲率进行延伸，保证封胶沿曲面走向延长 5~10mm 的封胶距离后转为平面,擦破面做斜度处理。

(4) 关于封胶距离的处理,本案例中采用的是通过裙边曲面功能中的"关闭距离"选项来确定。也可以选用"草绘边界"的方式进行封胶,但此案例中需要另外进行拔模斜度处理,因为在裙边曲面功能中的斜度拔模枢轴选择不恰当。

(5) 在模仁中走运水的情况下,毛坯备料大小以成品外形偏距 30mm 以上为宜,以防设计水路后在生产中发生破水情况,水路距成品表面距离在 15mm 左右,公、母模水路尽量"井"字排布,以防制品翘曲。

(6) 为了提高合模精度,可通过在动、定模仁上设计管位来对模具进行精确定位。管位的设计可在分型面设计时通过拉伸、偏移、合并曲面方式生成。

4 项目4　笔记本电源盖滑锁模具设计

斜销是当成品上有倒勾特征，致使公、母模仁无法直接成型、脱模时所采用的一种侧抽机构。一般来讲，模具设计中，能用外滑块时不用斜销；能用斜销时不用内滑块。斜销具有成型、顶出的作用，甚至还可以起到排气作用。本案例中的"笔记本电源滑锁"产品采用斜销可使模具结构大为简化。

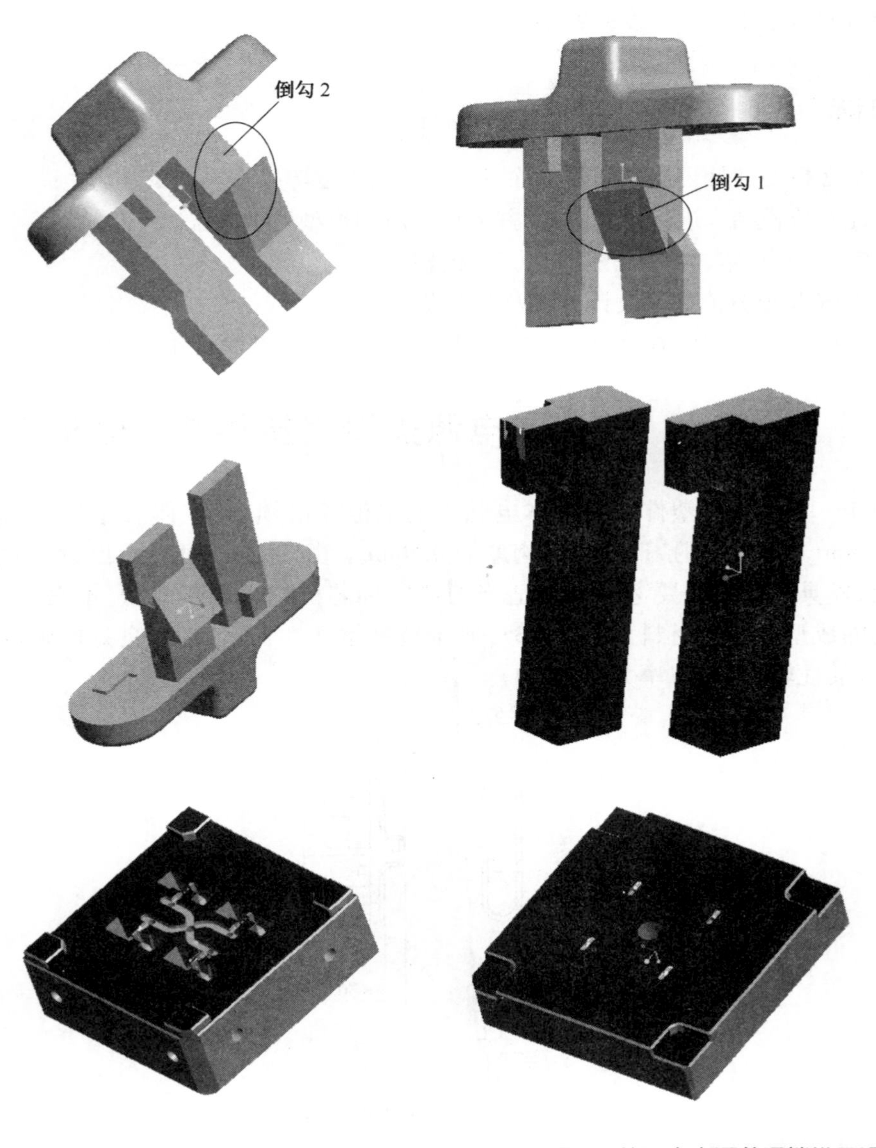

本项目以"笔记本电源滑锁盖"为载体,介绍了在三维软件环境中其模具 CAD 的设计方法和过程。重点介绍了产品上有倒勾特征的一模多穴模具设计方法,使读者了解斜销的设计和创建过程,并对采用一模多穴布置方式下的模具分型面设计方法和操作技巧有一个初步的认识和了解。通过此案例使读者了解中性格式模型文件的前处理方法,同时介绍了模具设计过程中常用的一些辅助工具(如半径测量、直径测量、拔模分析、圆角去除和恢复等)。

知识目标

(1) 中性格式模型文件的前处理方法。
(2) 模具"几何"和"测量"分析工具的使用。
(3) 一模多穴的模具设计方法。
(4) 塑件上倒勾特征在模具设计中的处理方法。
(5) 有效减小主流道长度的方法。

能力目标

(1) 掌握模型前处理中的圆角去除、拔模、圆角恢复等操作方法及技巧。
(2) 能对拔模结果进行正确分析,并采用相应的模型处理方法。
(3) 掌握一模多穴分型面的创建方法和技巧。
(4) 了解 X 形分流道的设计方法及参数设置。
(5) 掌握斜销的创建方法和有关参数设计。

任务一 笔记本电源盖滑锁塑件结构分析

如图 4-1 所示,该塑件为笔记本电脑上的电池盖滑锁,其整体尺寸为 9.50 mm×2.60 mm×6.50mm(长×宽×高),产品平均肉厚为 0.9mm。由图 4-2 可以看出,产品结构上存在两个倒勾,模具设计时需要考虑采用适当的侧向抽芯机构来进行成型,本案例中采用斜销进行倒勾的成型。制品材料为 PC+ABS,属于玻纤增强性材料,具有良好的强度和韧性,且耐高温,流动性较好,缩水率为 3/1000。

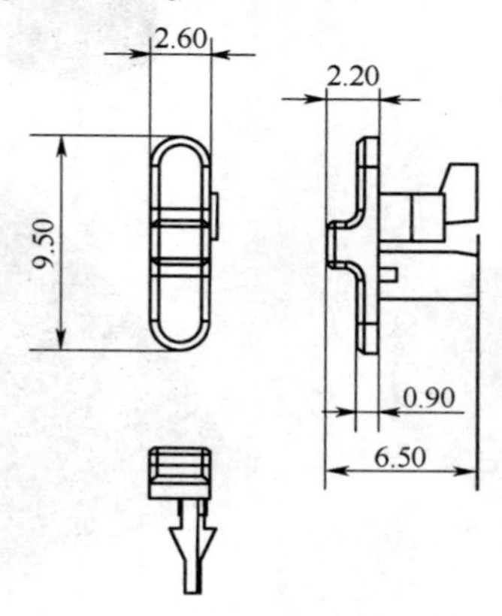

图 4-1 笔记本电源盖滑锁

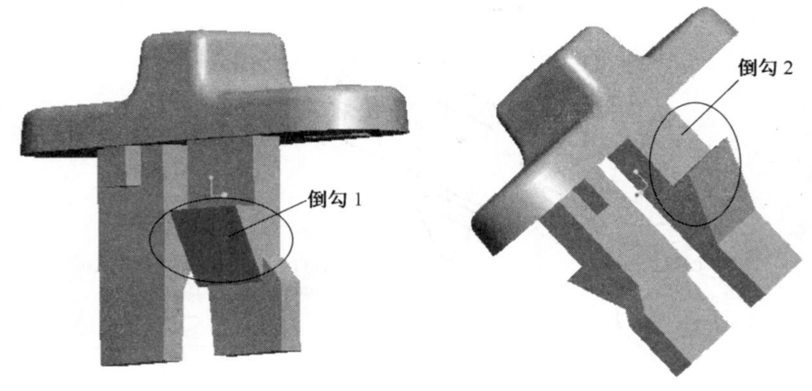

图 4-2　制件上的两处倒勾

提示:PC+ABS 材料有多个牌号,缩水率需根据具体牌号、材料商提供的缩水率范围,再结合实践经验值确定。

任务二　产品成型方案论证

1. PL 线设计

模具结构采用两板模形式,由于产品尺寸较小且生产批量大,故采用一模四穴的多穴结构进行成型。分型线(Parting Ling,PL)示意图如图 4-3 所示,两处倒勾采用斜销退出,斜销分布如图 4-4 所示,流道采用圆顶杆顶出。

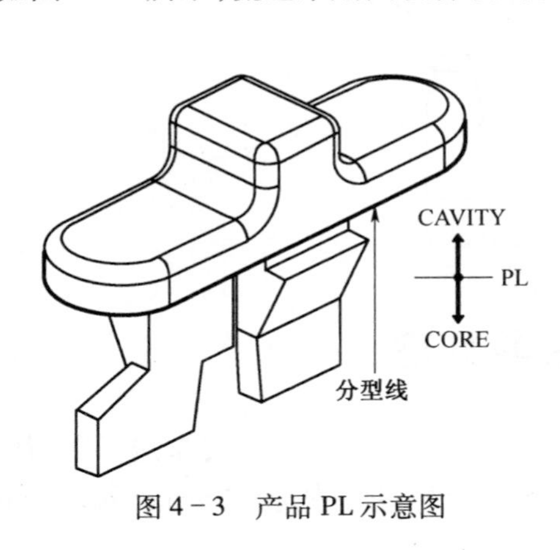

图 4-3　产品 PL 示意图

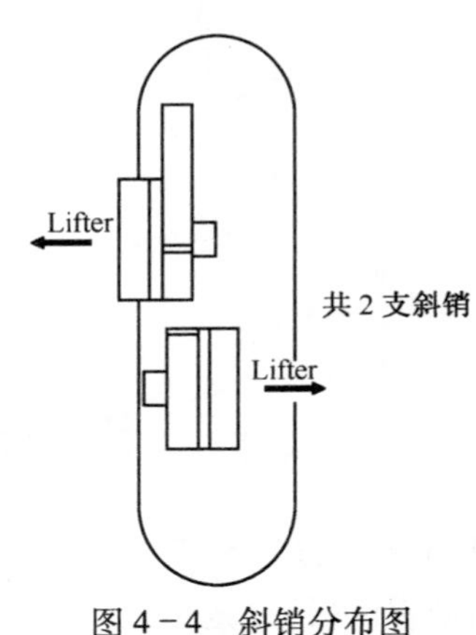

图 4-4　斜销分布图

2. 拔模处理

一般在模型处理时多采用减胶拔模,本案例中为减小由于拔模引起的产品尺寸变化,采用图 4-5 所示"中平线"为拔模枢轴,这样,中平线以下特征为加胶拔模,外观脱模角示意及建议处理方式如图 4-5 所示。

3. 进胶方式布置

该产品为内构滑动件,采用一模多穴的成型方式,流道设计上采用侧浇口搭接方式进胶,滑动件塑料制品侧边搭接进胶时需偷肉 0.2~0.3mm 的深度,以便在修剪料头后不影响产品的滑动性能,进胶位置及偷肉方式如图 4-6 所示。

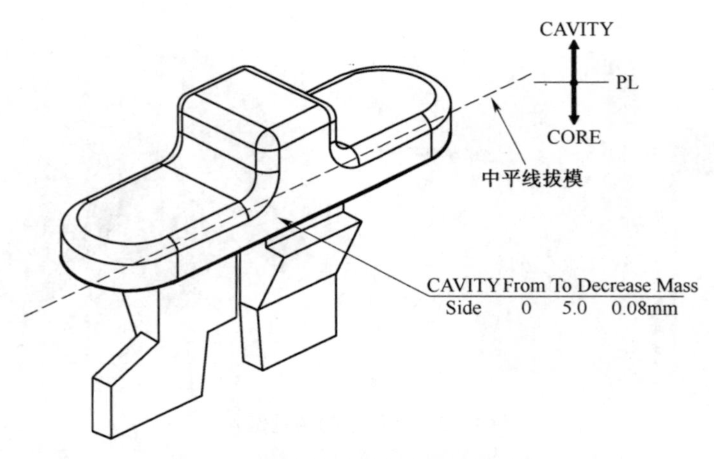

图 4-5 产品外观脱模角示意及建议图

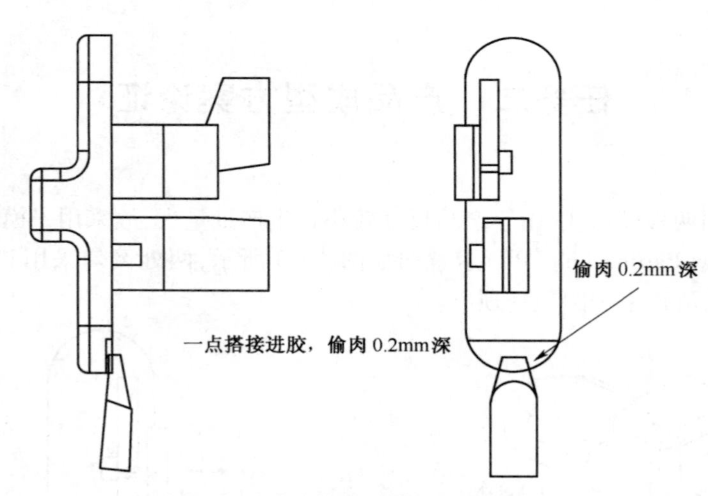

图 4-6 进胶位置及偷肉方式示意图

任务三 模型前期处理

启动 Pro/E 并设置好工作目录后，新建一个文件，类型选择“零件”，子类型选择“实体”，去掉“使用缺省模板”复选框，单击“确定”按钮。在“新建文件选项”中选择“mmns_part_solid”模板，单击“确定”按钮进入零件设计环境，如图 4-7 和图 4-8 所示。

1. 调入中性格式文件

在菜单栏中选择“插入”→“共享数据”→“自文件”命令，弹出“打开”对话框，选择原始模型文件（后缀名为 stp 或 igs 的中性文件），单击“打开”按钮，弹出“选择实体选项和放置”对话框，单击“确定”按钮，调入中性格式模型。若需使用指定模板，则单击“细节”按钮，在弹出的“当前配置文件”对话框中勾选“使用模板”复选项，调入中性格式模型。如图 4-9 所示。

提示：中性格式文件可以直接打开，也可以使用三维模型数据导入的方式调入，企业中为了使用公司内部的通用模板，一般多采用以“插入/共享数据”的方式调入模型。

图 4-7　新建文件

图 4-8　模板选项

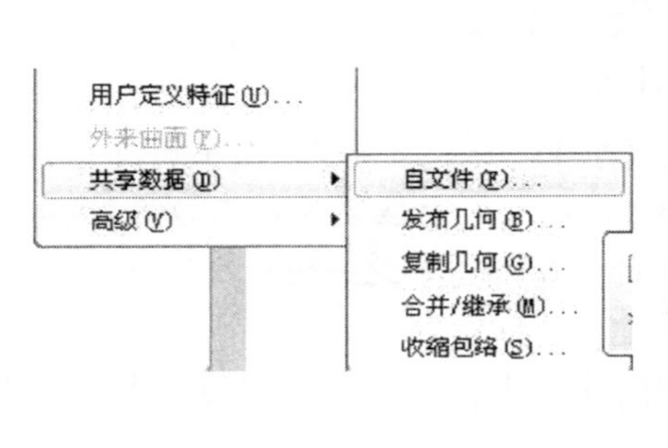

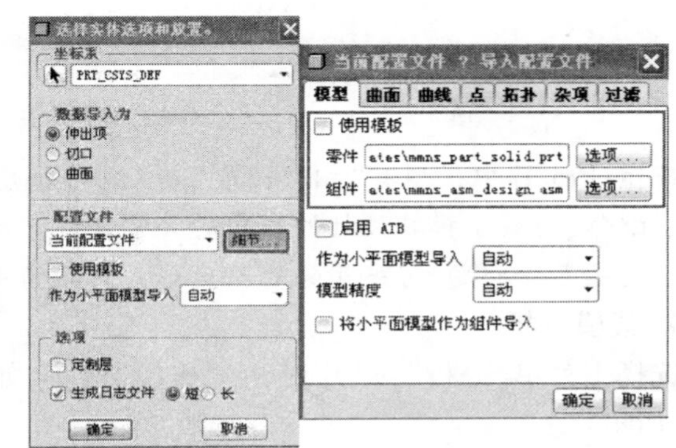

图 4-9　插入共享数据模型

2. 设置绝对精度选项

选择主菜单“工具”→“选项”命令，弹出“选项”对话框，修改 Pro/E 默认的“config”设置。在选项查找框中输入“enable_absolute_accuracy”，并将其值改为“yes”，单击“添加/更改”命令，单击“确定”按钮，从而完成添加绝对精度设置选项，如图 4-10 所示。

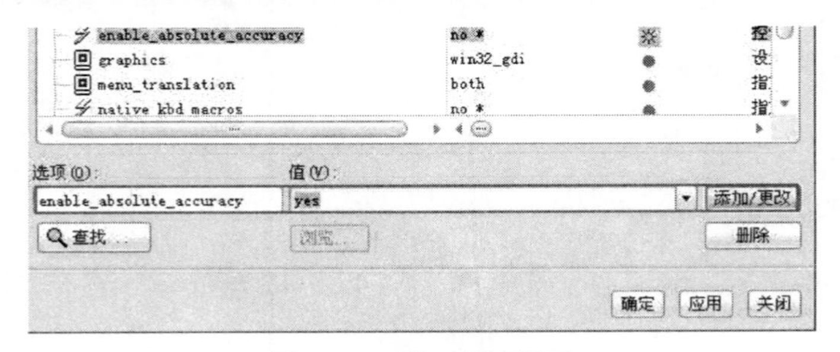

图 4-10　绝对精度设置

3. 修改模型的绝对精度

选择主菜单“文件”→“属性”命令，弹出如图 4-11 所示的“模型属性”对话框，在精度选项中单击“更改”按钮，弹出如图 4-12 所示的“精度”对话框，修改绝对精度值为 0.001，单击

“再生模型”按钮，完成模型绝对精度设置。

图 4－11　模型属性

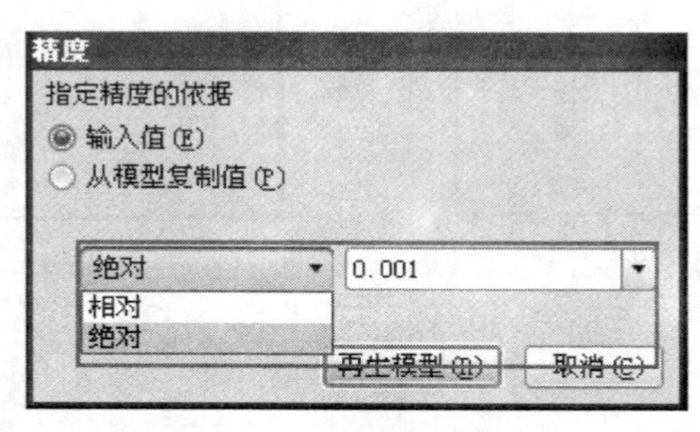

图 4－12　精度对话框

提示：Pro/E 中模型有“相对精度”和“绝对精度”两种精度设置形式，由于模具设计文件属于装配体，为减小模具设计过程中的异常错误产生，如导入的中性文件烂面较多，或分型面设计中的破面等问题，可采用绝对精度形式对模具中的各零件进行统一的精度设置。

4. 拔模分析

选择主菜单“分析”→“几何”→“拔模”命令，如图 4－13 所示，弹出“斜度”对话框，如图 4－14 所示。

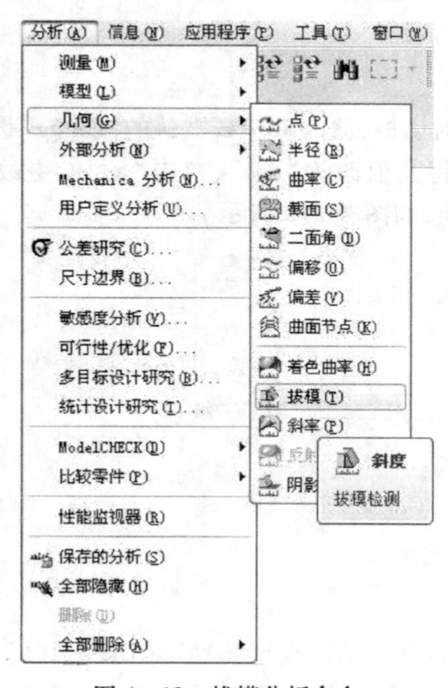

图 4－13　拔模分析命令

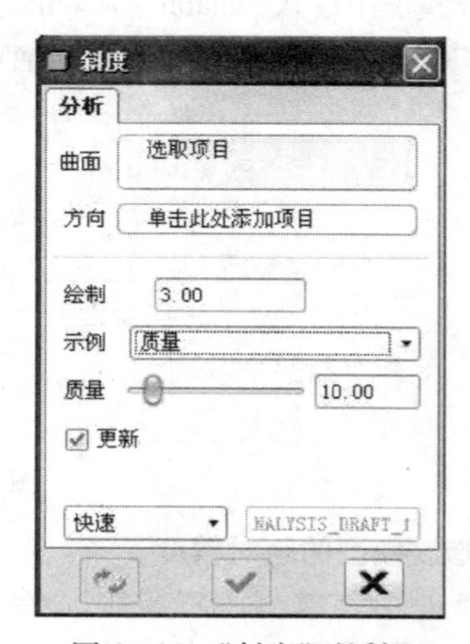

图 4－14　“斜度”对话框

单击 Pro/E 窗口右上角“过滤器”中的下拉箭头，在列表框中选择“实体几何”选项，如图 4－15 所示。将鼠标移到绘图区，选择零件模型作为“拔模分析曲面”，在“斜度”对话框中单击“方向”选项，选择零件外观底平面作为方向参照，如图 4－16 所示。

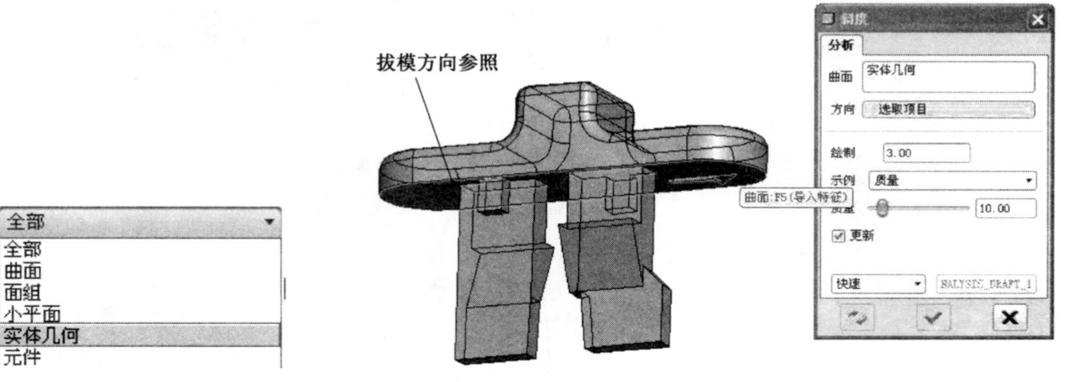

图 4－15　过滤器　　　　图 4－16　拔模方向参照

此时，在零件中将以不同颜色显示分析结果，同时系统弹出“颜色比例”时话框，单击对话框底部的“”按钮，展开“颜色”对话框，单击相应颜色按钮，弹出“颜色编辑器”管理窗口，通过拖动颜色滚轮来调节拔模颜色，以便于查看模型拔模情况，如图 4－17 所示。单击 “切换工具提示的显示”图标，方便实时查看特征的脱模斜度，分析结果如图 4－18 所示。由图可以看出 PL 线以上模型的侧面拔模斜度为 0°，根据前述产品成型方案论证结果，此处建议拔模角度为 5°，因此需要对模型进行拔模处理。

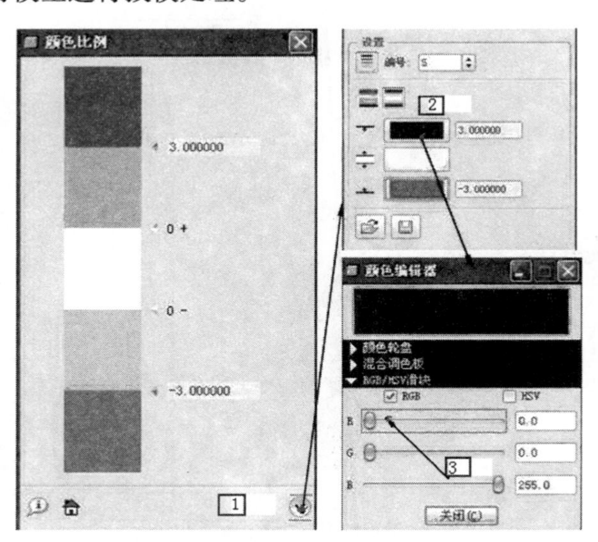

图 4－17　拔模分析颜色调节

5. 圆角移除、拔模及圆角恢复

（1）分析待移除圆角半径。在对上述零度面进行拔模处理前，应先将涉及到拔模特征的圆角去除，去除圆角前可先测量其半径值，以便在拔模后恢复其圆角特征。选择主菜单“分析”→“几何”→“半径”命令，如图 4－19 所示，系统弹出“半径”对话框，用鼠标在绘图区选择

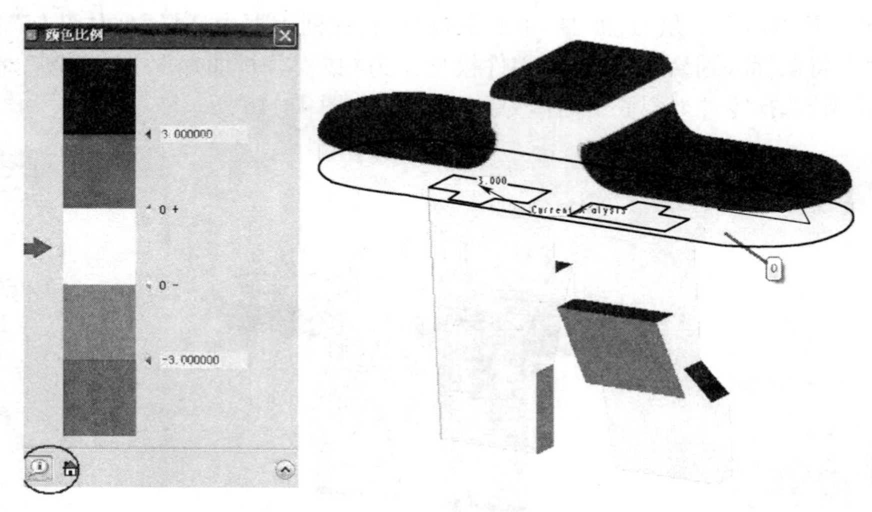

图 4-18　拔模分析结果

要测量的模型特征,其半径值在对话框中显示出来,如图 4-20 和图 4-21 所示。

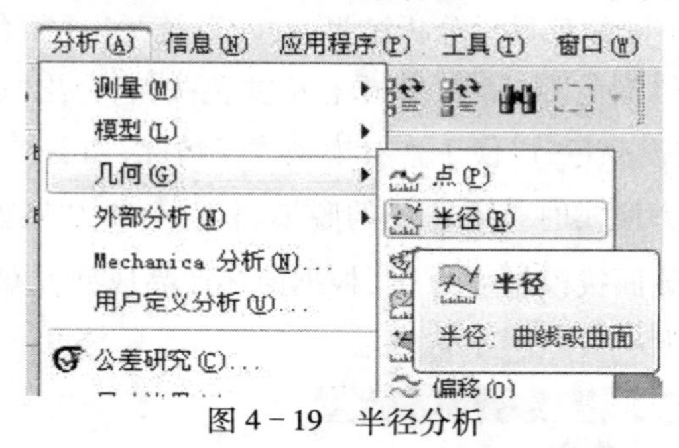

图 4-19　半径分析

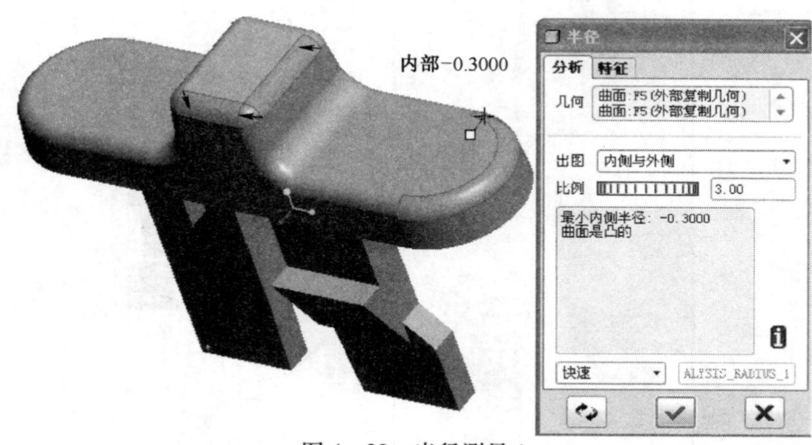

图 4-20　半径测量 1

提示:在进行圆角半径值的测量分析时,为便于圆角特征选取,可将"过滤器"中的选项设置为"曲面"。

(2)移除圆角特征。关闭"半径测量"对话框,选中图 4-22 所示模型圆角特征,选择主菜单"编辑"→"移除"命令,"曲面集"选项被激活,按住 Ctrl 键,依次选择图 4-23 所示曲面集,单击"移除"对话框中的"✔"按钮,完成圆角的移除。

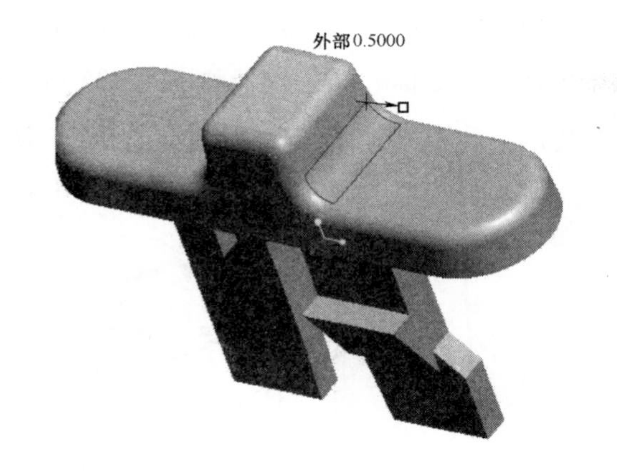

图 4-21　半径测量 2

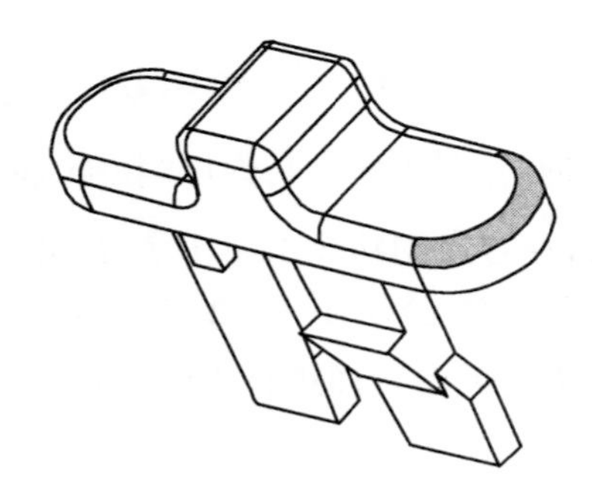

图 4-22　圆角面选取

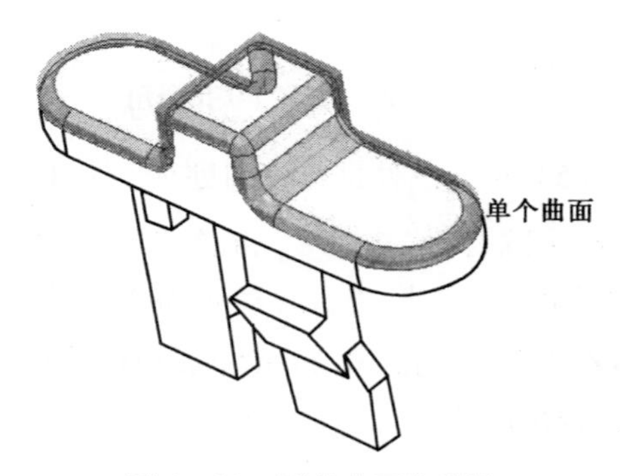

图 4-23　圆角曲面集移除

提示:进行移除操作时,要先在绘图区选中对象,否则移除命令不可用。

(3) 对移除圆角后的模型特征进行拔模。单击工具条上的"拔模"图标,系统弹出"拔模"对话框。选择要拔模的曲面,单击"拔模枢轴"选项,选择相应的拔模枢轴,确定拖动方向,输入拔模角度,单击"✔"按钮,如图 4-24 所示。

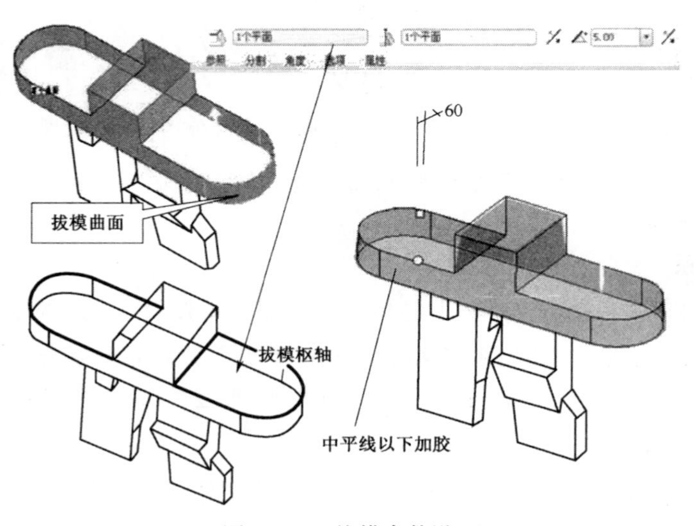

图 4-24　拔模参数设置

提示：此处做拔模处理时需要注意材料的添加移除方向，避免产品出现倒扣。

(4) 恢复圆角特征。单击工具条上的倒圆角图标，先选择如图 4-25 所示的边，圆角半径值输入 0.5，单击“✔”按钮完成倒圆角。重复“倒圆角”命令，选择如图 4-26 所示“边”特征，半径值输入 0.3，单击“✔”按钮。

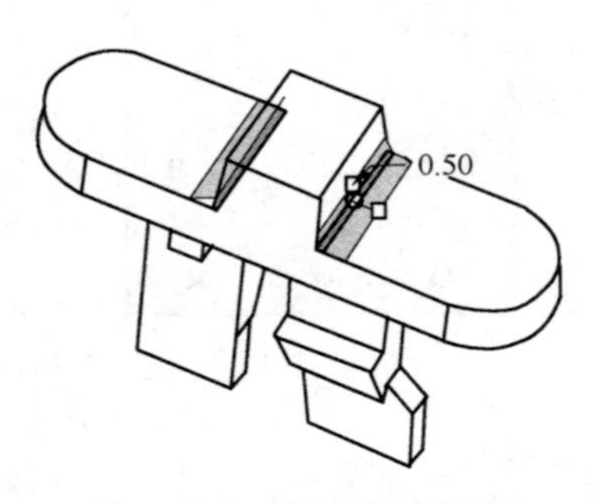

图 4-25　恢复 *R*0.5 圆角

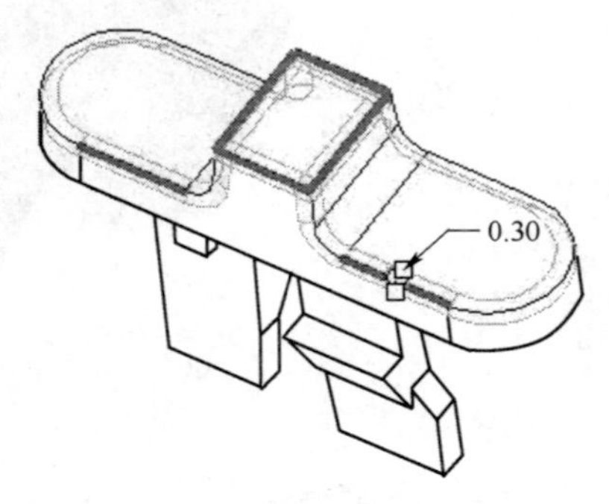

图 4-26　恢复 *R*0.3 圆角

(5) 对浇口处进行偷肉处理。在工具条上单击“拉伸”工具图标，弹出“拉伸”对话框，单击“去除材料”按钮，在绘图区按住鼠标右键不放，在弹出的功能菜单中选择“定义内部草绘”命令。选择产品滑动底面作为草绘平面进入草绘界面，绘制图 4-27 所示截面，单击“✔”按钮，切除 0.2mm 完成拉伸特征的创建。对偷肉后的台阶面进行 10°的拔模处理，以便设置进胶位置。完成结果如图 4-28 所示。

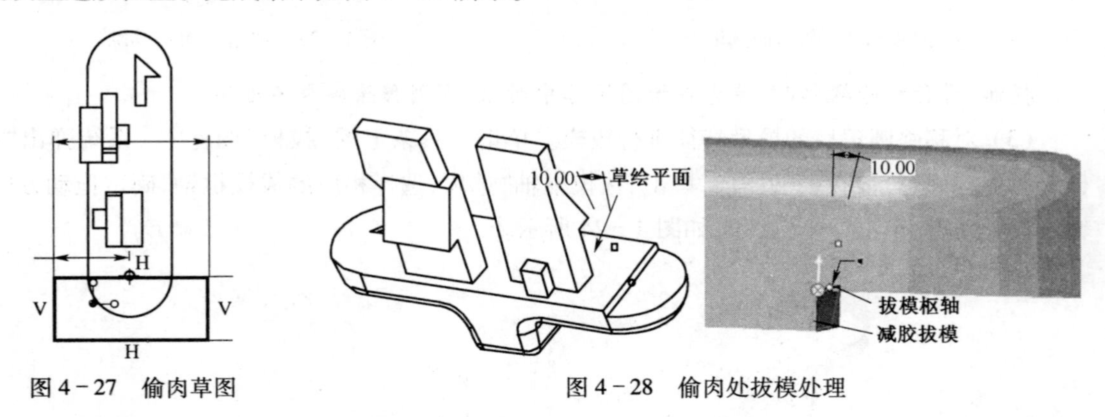

图 4-27　偷肉草图

图 4-28　偷肉处拔模处理

提示：此处做拔模处理时采用减胶拔模，需注意“拔模枢轴”和“材料添加移除方向”的设置，避免产品出现倒扣。

6. 建立坐标系

(1) 创建草绘参照。单击工具栏上的“草绘”按钮，弹出“草绘”对话框，在绘图区选取产品滑动底面作为草绘平面，如图 4-29 所示。在“草绘”对话框中单击“草绘”按钮(或按鼠标中键)，进入草图绘制环境。绘制如图 4-30 所示通过产品对称中心的两条垂线，单击“✔”按钮完成草绘。

(2) 创建参照坐标系。单击工具条中的“坐标系”按钮，弹出“坐标系”对话框。按住 Ctrl 键选取图 4-30 中绘制的两条草绘线作为坐标系的 X、Y 轴参照，单击“确定”按钮完成坐标系的创建,如图 4 - 31 所示。单击“保存”按钮保存创建结果(名称为默认的 prt0001)。

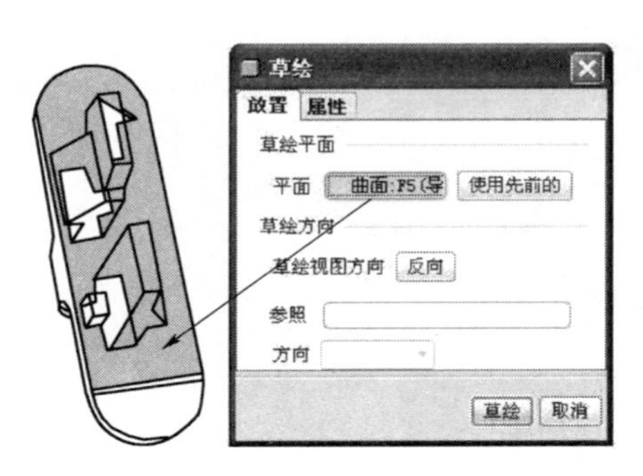

图 4 - 29 “草绘”对话框

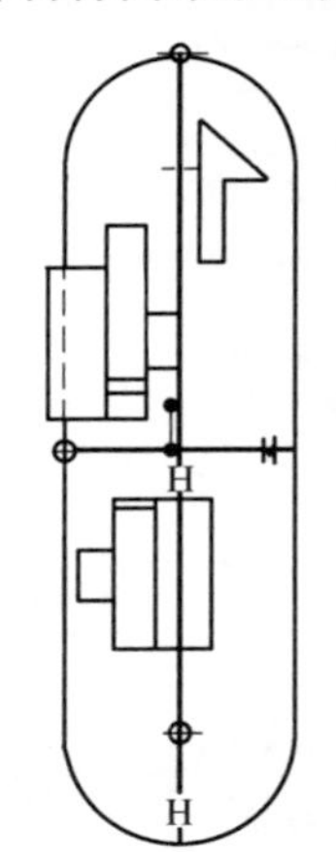

图 4 - 30 草绘截面

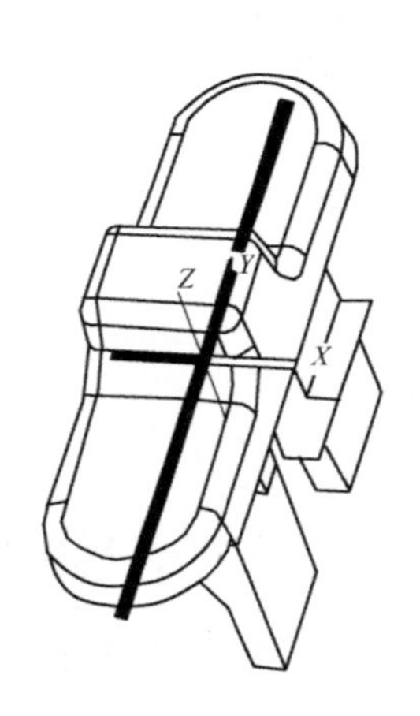

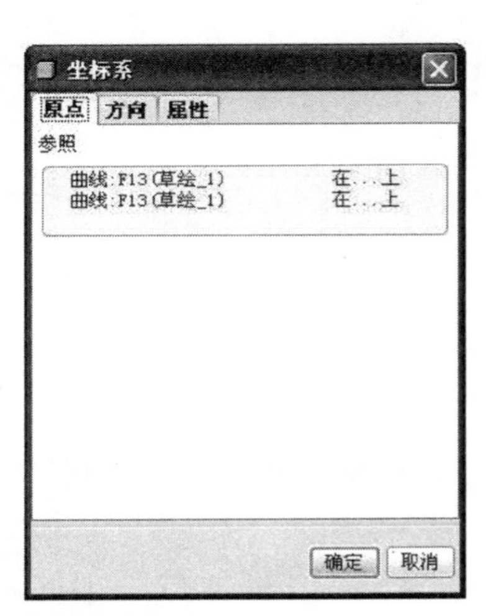

图 4 - 31 坐标系创建

提示:在绘制草绘线时,要正确设置草绘参照,使两条草绘线通过产品的中心,如图 4 - 30 所示。

7. 复制几何

为减少模型的父子特征关联,可通过复制几何的方式复制出已经过前处理的模型曲面。

(1) 新建一个零件文档。模板选择公制下的“mmns_part_solid”,零件命名为“lock_button”。选择主菜单“插入”→“共享数据”→“复制几何”命令,取消“仅限发布几何”的默认选择状态,选择“打开几何形状将被复制的模型”按钮,选择文件“prt0001”并打开,如图 4 - 32 所示。

(2) 在弹出的“放置”对话框中,选择“坐标系”对齐的放置方式,“外部模型坐标系”选择图 4 - 31 所创建的坐标系,“局部模型坐标系”选择新建零件的默认坐标系,单击“确定”按钮,如图 4 - 33 所示。

提示:在“放置”对话框中设置好坐标系后,用鼠标中键滚轮在坐标系窗口中滚动,即可看见模型零件。

(3) 在绘图区按住鼠标右键,在弹出的快捷菜单中选择“曲面集”选项,用鼠标左键选择图 4 - 34 所示模型的任意曲面,按住鼠标右键(不放开),在弹出的快捷菜单中选择“实体曲

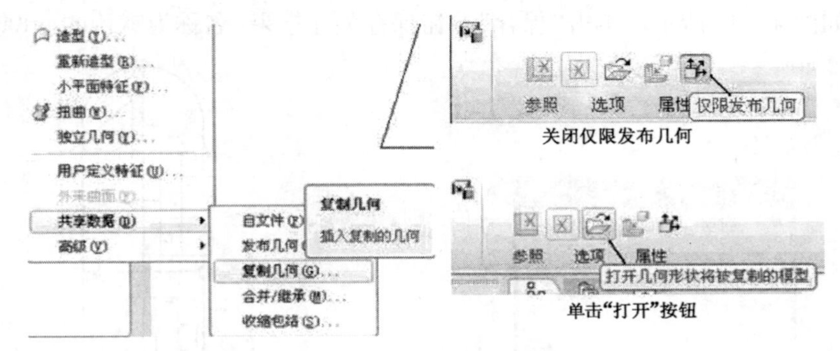

图 4-32　复制几何

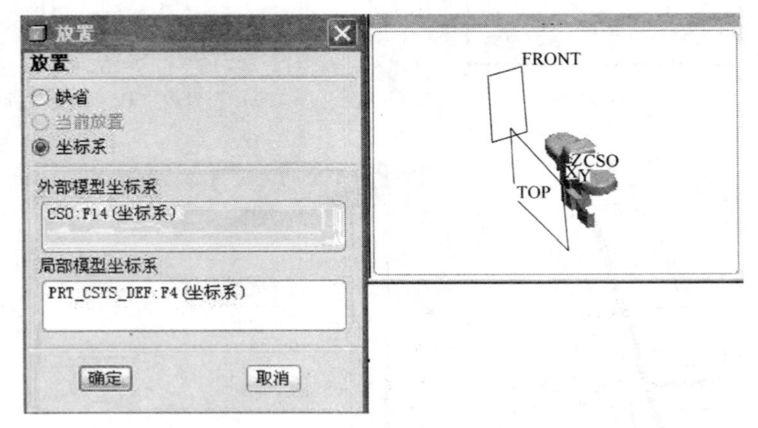

图 4-33　放置坐标系

面"选项,模型所有曲面加亮,单击"复制几何"对话框中的"✓"按钮,完成实体几何的复制。

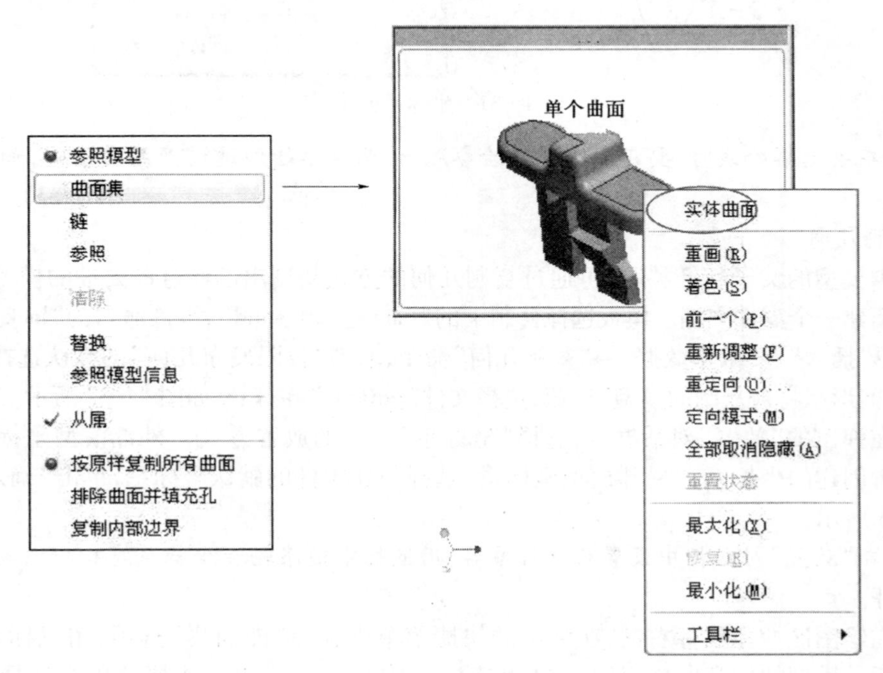

图 4-34　曲面复制

（4）在所有被复制的实体曲面选中加亮（红色显示）的状态下，选择菜单栏中的“编辑→实体化”命令，生成实体几何，如图 4－35 所示，单击“保存”按钮保存文件。

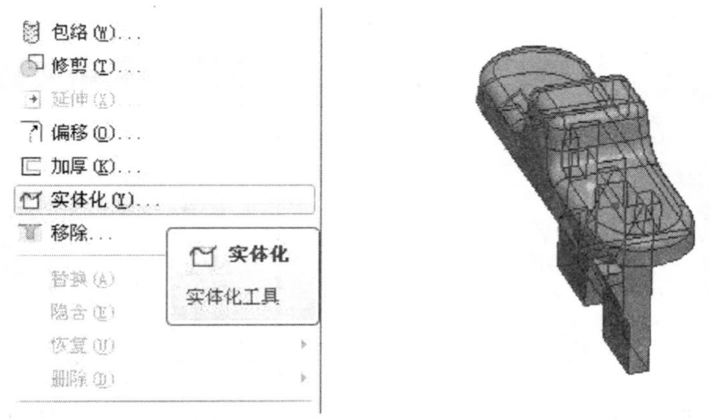

图 4－35　实体化几何

任务四　笔记本电源盖滑锁模具设计

1. 创建模具文件

设置好工作目录，新建模具文件，类型为“制造”，子类型为“模具型腔”。将模型名称命名为“Lock_button _mold”，取消选中“使用默认模板”复选框，并单击对话框中的“确定”按钮，如图 4－36 所示。进入“新文件选项”对话框，选择模板类型为“mmns_mfg_mold”，如图 4－37 所示，单击“确定”按钮。

图 4－36　新建模具文件

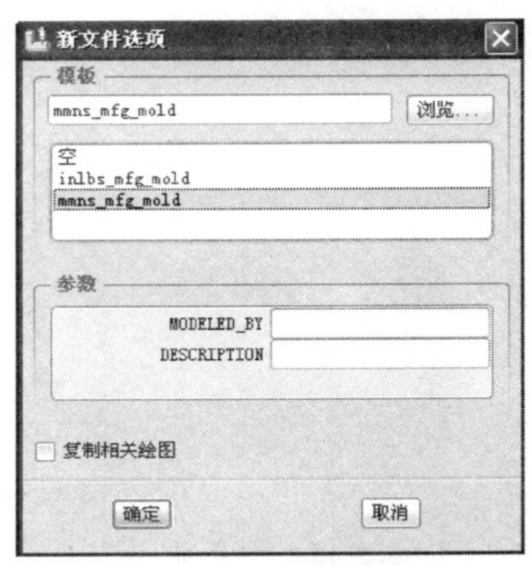

图 4－37　模板选择

2. 对参照零件进行布局

（1）单击模具工具条中的“定位参照零件”按钮，弹出如图 4－38 所示的“布局”对话框，并同时打开模具文件所在的工作目录，选择被布局的参照零件“Lock_Button. part”，单击“打开”按钮，弹出“创建参照模型”对话框。

（2）在图 4－39 所示的“创建参照模型”对话框中，选中“按参照合并”单选按钮，接受系统默认的参照模型名称“LOCK_BUTTON_MOLD_REF”，单击“确定”按钮，返回“布局”对话框。

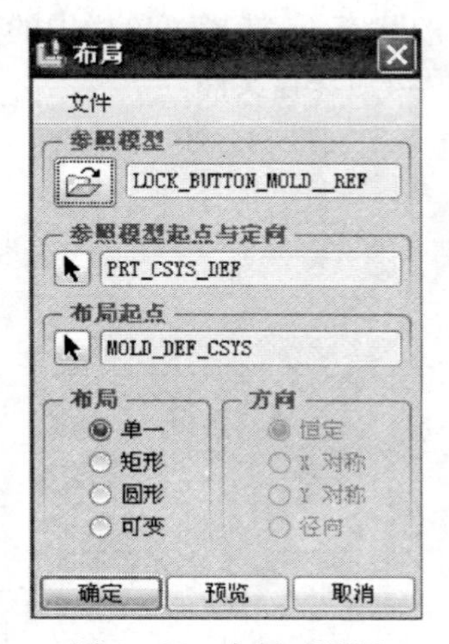

图 4-38　布局对话框

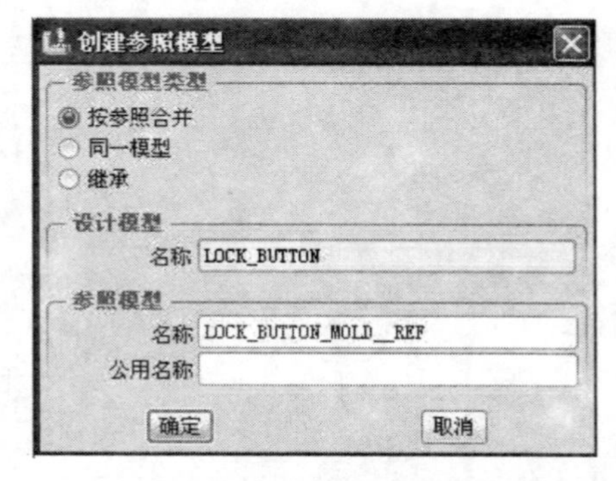

图 4-39　参照模型布局对话框

（3）单击“预览”按钮，可看到单个参照模型被调入绘图区，本案例为一模四穴的布局方式，所以在“布局”选项中选择“矩形”布局方式，“方向”选项选择“X 对称”，X、Y 方向的型腔数和间距增量设置如图 4-40 所示，单击“确定”按钮，完成参照零件的布局工作。

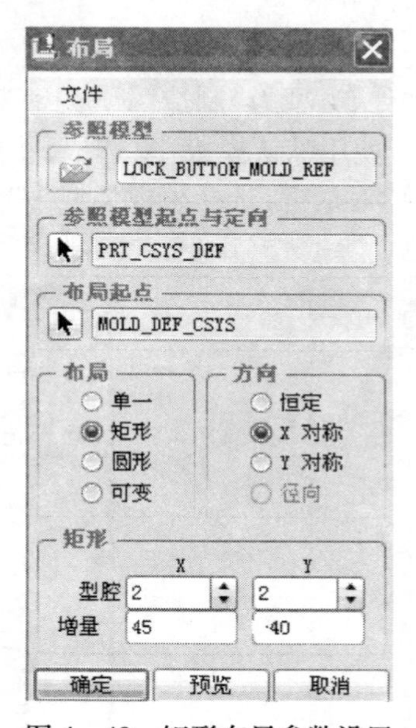

图 4-40　矩形布局参数设置

提示：① 参照模型布局时，应使偷肉处理后的特征布局如图 4-41 所示，以保证浇注系统平衡布置。若预览后发现某一方向特征出现方向反向的情况，可将该方向的“增量”值前加“-”号即可。

② 在图示布局中，X 方向是斜销的退出方向，为防止斜销干涉，间距设置要加大。

③ 参照模型布局对话框中的“增量”是指某一方向上相邻两个参照模型对应点之间的移动距离。

3. 设置参照零件收缩率

单击模具工具条中的“按比例缩放”图标，在绘图区选取矩形阵列中的任意一个参照

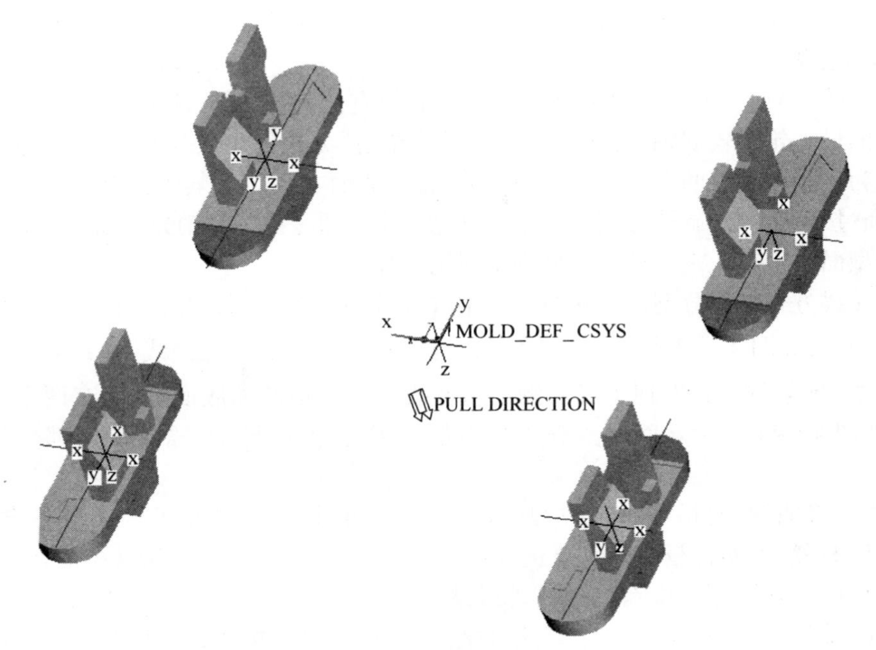

图 4-41　参照模型布局效果

零件，系统弹出“缩放”对话框，选择其对应的坐标系作为零件缩放的原点，输入收缩率为0.003，单击“✓”按钮，完成参照零件收缩率的设置。

4. 创建毛坯工件

(1) 单击模具工具条上的“自动工件”按钮，选择坐标系 MOLD_DEF_CSYS 作为模具原点。在“Offsets ”选项栏下的“统一偏距”文本框中输入 30，并对“整体尺寸”列表中的尺寸做相应调整，如图 4-42 所示。

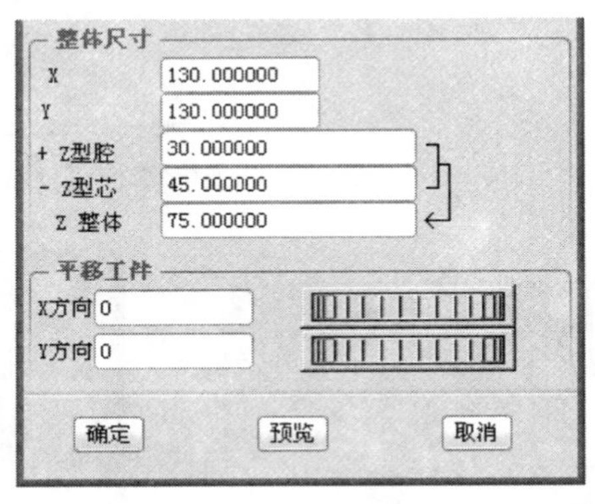

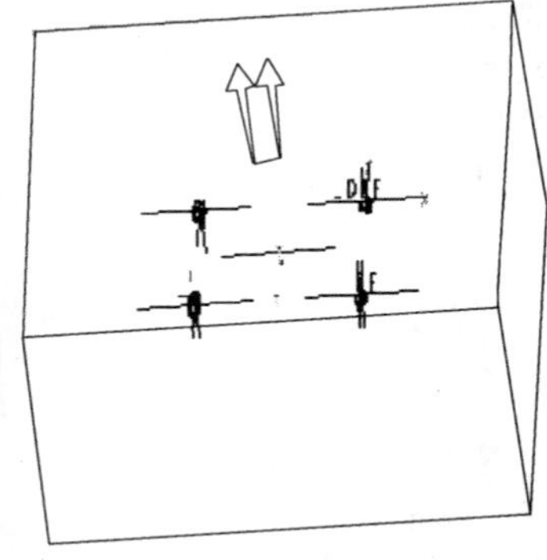

图 4-42　工件参数设置

(2) 将工件设为线框显示形式。为方便后续模具设计中的操作和观察，可将工件设为线框形式。首先选中工件，选择主菜单“视图”→“显示样式”→“线框”命令，完成工件的显示设置。

提示：① 因为公模仁侧一般需要设置顶杆、斜销等零件，所以其厚度一般比母模仁厚度大。

② 设置线框显示方式时，首先要选中模型对象，否则“显示样式”命令不可使用。

5. 创建分型面

本案例中的“笔记本电源盖滑锁”塑件，因产品带有倒勾(侧凸)，模具上需设计斜销进行成型。塑件的最大轮廓较规则，可通过“侧面影像+裙边”方式创建主分型面，并通过主分型面将工件分割为型芯和型腔两个元件。采用拉伸、合并曲面方式生成其中一个参照零件的斜销分型面，并通过平移复制、旋转复制方式生成其它三个参照零件的斜销分型面。最后通过创建好的斜销分型面在型芯元件上进一步分割出斜销元件。

(1) 以棱线方式创建分型线。在模型树中选取其中三个参照模型进行遮蔽，以便于侧面影像曲线的创建，如图 4-43 所示。单击模具工具条上的“侧面影像曲线”按钮，在弹出的对话框中单击“预览”按钮，发现生成的侧面影像线除了滑锁滑动底面外，还有两个倒勾部分的特征线，如图 4-44 所示。而此步骤中只需创建主分型面，因此，需将倒勾部分的曲线链删除。

在“侧面影像曲线”对话框中选中“环选取”选项，单击“定义”按钮，弹出“环选取”对话框。打开“环”标签，在对话框中分别点选各环，窗口中会加亮显示当前所选中的环对象，选取不需要的环特征，然后单击“排除”按钮以将其从分型线中排除，如图 4-45 所示，单击“确定”按钮完成环的排除。在“侧面影像曲线”对话框中单击“预览”按钮，结果如图 4-46 所示，单击“确定”按钮完成自动分型线的创建。此时可以发现窗口左边的模型树上新增一个特征“SILH_CURVE_1”，即为创建的侧面影像曲线特征。

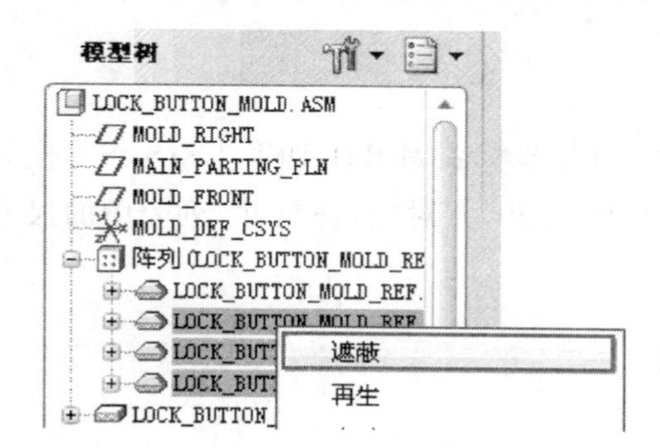

图 4-43 遮蔽参考模型

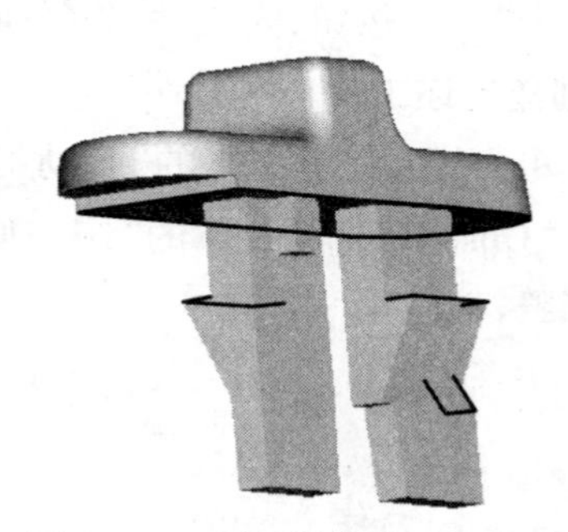

图 4-44 侧面影像线预览结果

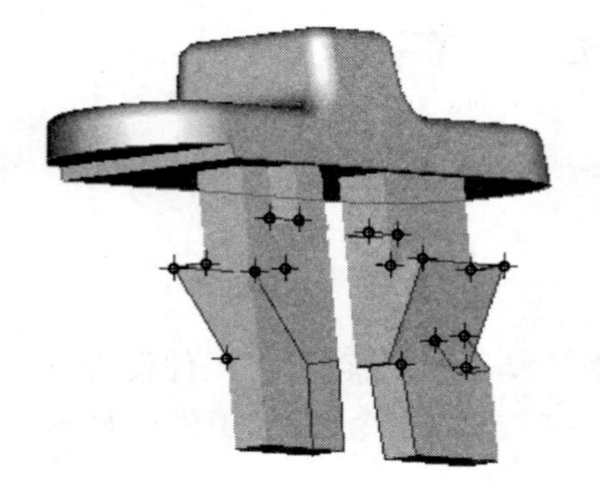

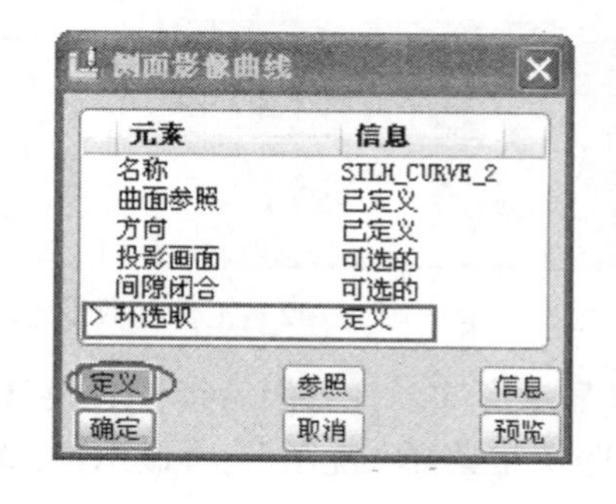

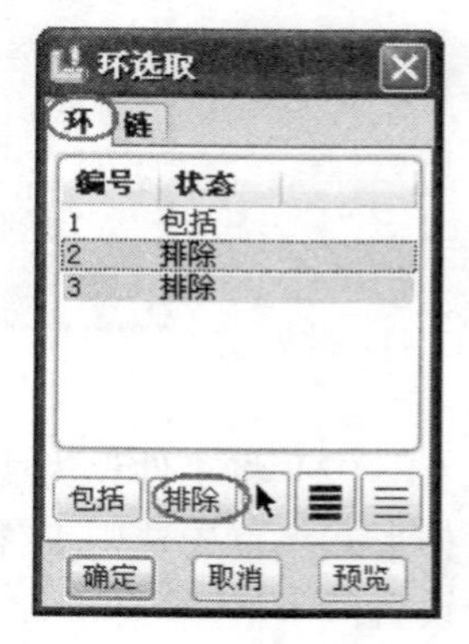

图 4-45 排除多余的曲线环

提示：① 对于一模多穴的模具布局，若采用“侧面影像+裙边”方式创建分型面，在创建侧

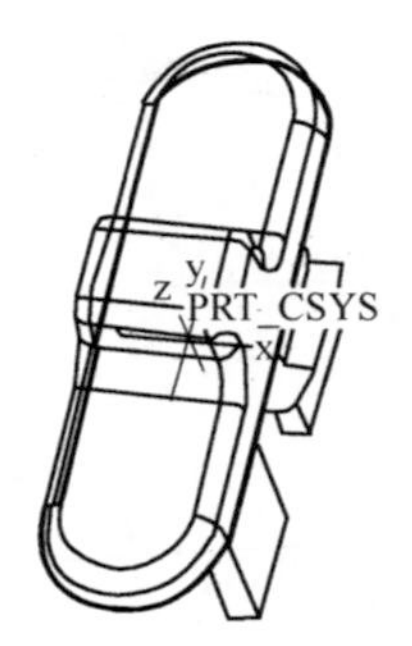

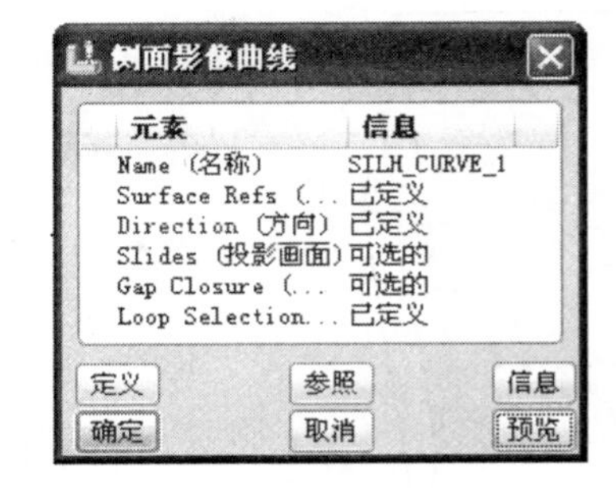

图 4-46　修改后的侧面影像曲线

面影像曲线时最好保留一个参照模型,其它参照模型暂时遮蔽,方便侧面影像曲线生成。

② "侧面影像"相比"阴影"自动分型面方法,其好处在于用户可以根据需求对生成的分型线进行保留和删除操作,以达到设计的需求。对于未做拔模处理的模型,"侧面影像"方法可以在"环"选取对话框中的"链"标签中,通过选取环的"上部"或"下部"以达到设计目的,而"阴影"方法中要求模型必须完全拔模。

③ 对于产品最大轮廓处有台阶的模型,若采用"侧面影像"方式生成分型线,则设计时平行于投影方向的特征面必须拔模,否则生成的侧面影像线会在此处断开。

(2) 以裙边方式创建主分型面。

① 单击模具工具条上的"分型面工具"按钮,然后在主屏幕空白区按住鼠标右键,在弹出的快捷菜单中选取"属性",输入分型面名称为"main_surf",单击"确定"按钮,如图 4-47 所示。

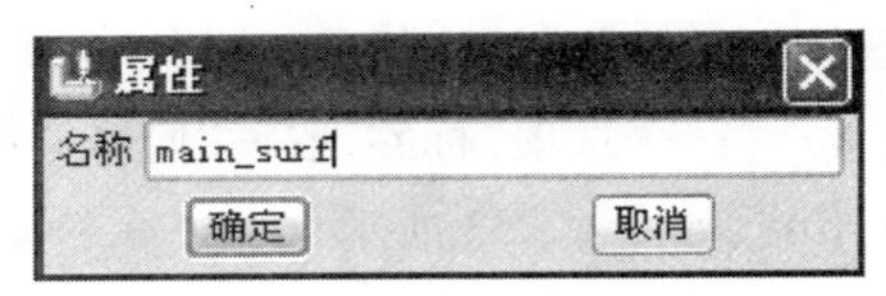

图 4-47　修改分型面名称

② 单击模具工具条上的"裙边曲面"按钮,在模型树(或在窗口模型上直接点取)选取棱线"SILH_CURVE_1"作为分型线,然后单击"完成"按钮。单击"裙边曲面"对话框中的"预览"按钮,完成的分型面如图 4-48 所示,单击"确定"按钮,单击工具条上的按钮,完成裙边分型面创建。

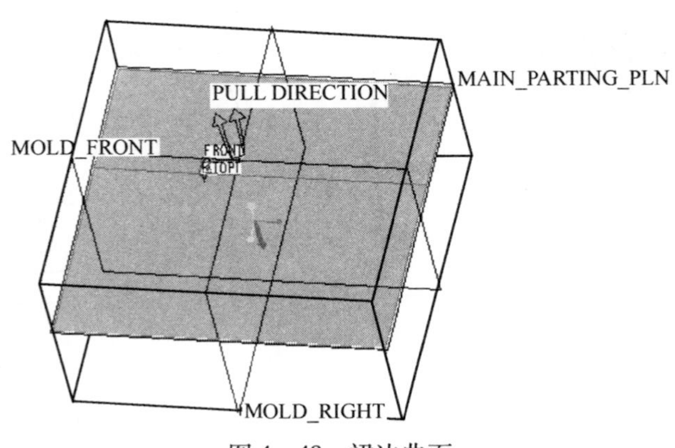

图 4-48　裙边曲面

③ 对裙边分型面进行修剪。首先选中分型面特征,选择主菜单"编辑"→"修剪"命令,选择图 4-49 所示面组进行修剪,并保留相应侧,单击"修剪"对话框中的""按钮,修剪完成结果如图 4-50 所示。

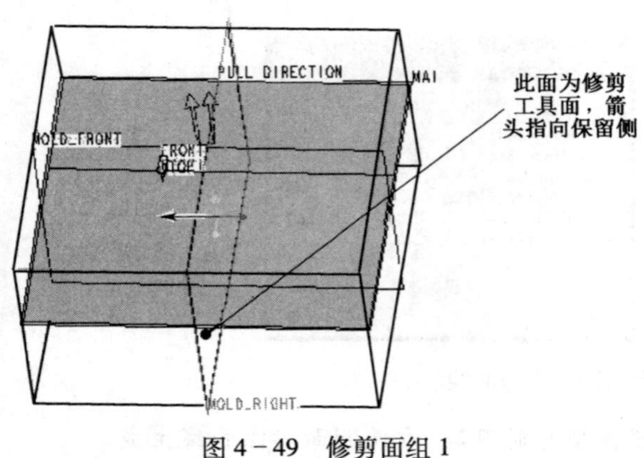

图 4－49　修剪面组 1

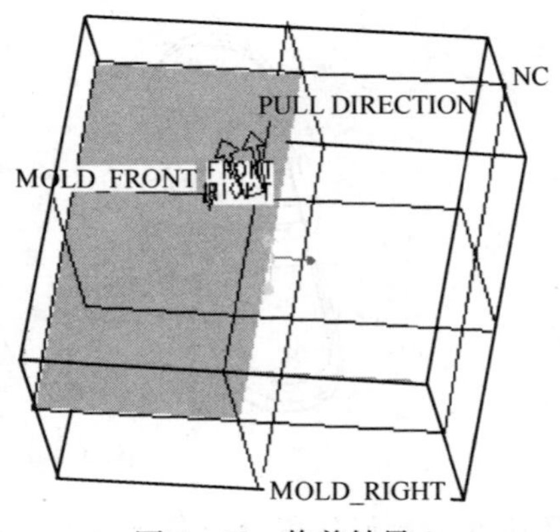

图 4－50　修剪结果 1

提示：在修剪操作中，箭头指向保留一侧方向，若方向错误，可在模型上左键单击黄色指示的箭头图标，或在“修剪”上滑面板上单击“反向”图标 。

继续对分型面进行修剪。选择图 4－51 所示面组，保留相应侧，修剪完成结果如图 4－52 所示。单击上滑面板中的“ ”按钮，完成分型面的创建，取消前面三个参照模型的遮蔽状态。

④ 移动复制分型面。鼠标选中图 4－52 中的分型面（整个曲面加亮显示表示选中），单击工具栏中的“复制”按钮 ，再单击工具栏中的 “选择性粘贴”按钮 ，弹出“移动副本”上滑面板。打开“选项”标签，取消“隐藏原始几何”复选勾，选择 X 轴作为运动方向参照，移动距离输入 45，如图 4－53 所示，单击“ ”按钮完成特征复制。

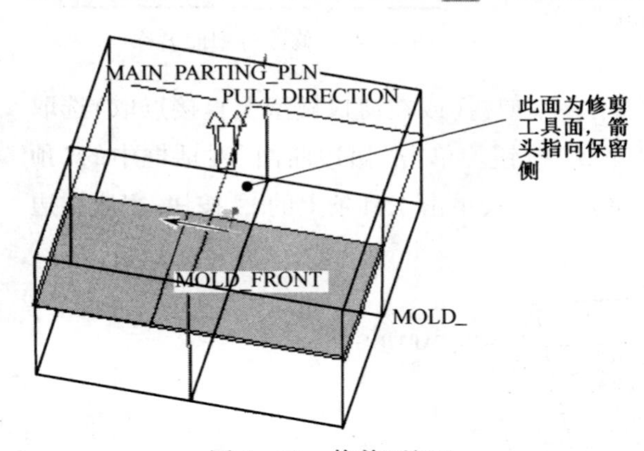

图 4－51　修剪面组 2

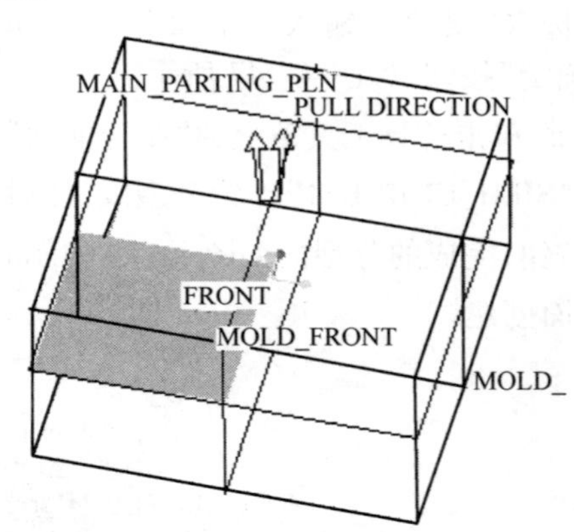

图 4－52　修剪结果 2

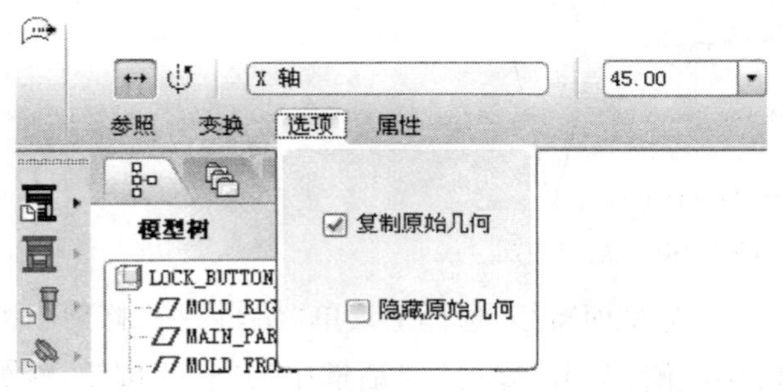

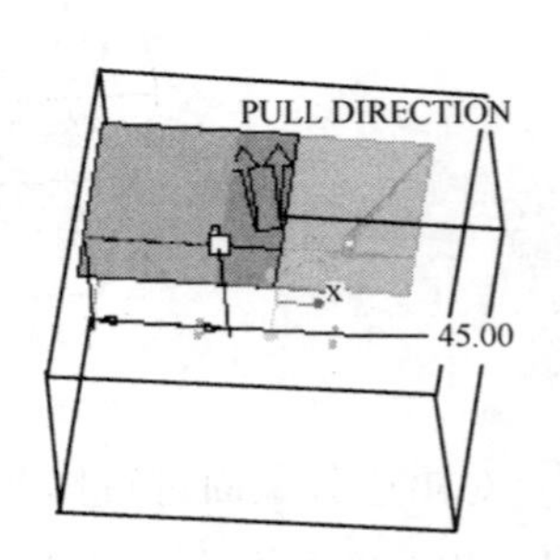

图 4－53　移动副本

提示：在移动复制分型面时，移动距离要设置为45，因为由图4－40可以看出，创建参照模型的时候，X轴方向的型腔增量值为45，否则移动后会出现裙边分型面错位的现象，无法正常分模。

⑤ 修剪面组。对复制后的新面组进行修剪，如图4－54所示。

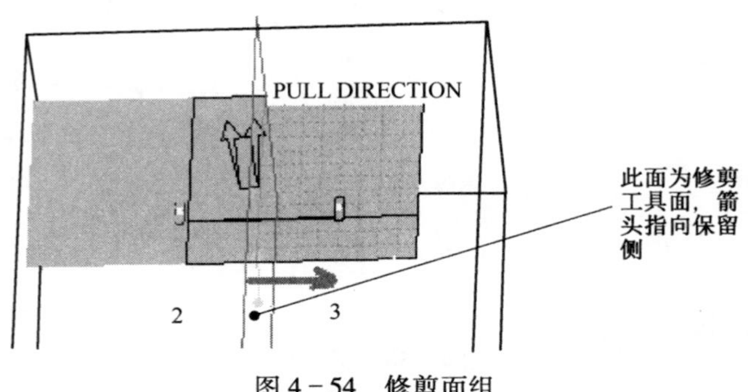

图4－54 修剪面组

⑥ 延伸曲面边界。首先选中图4－55所示边，选择主菜单“编辑”→“延伸”命令，如图4－56所示。系统弹出“延伸”对话框。打开“参照”下拉框，单击“边界边”下的“细节”按钮，弹出“链”对话框，按住Ctrl键依次选取要延伸的边，单击“确定”按钮，完成边界链的选取，如图4－57所示。

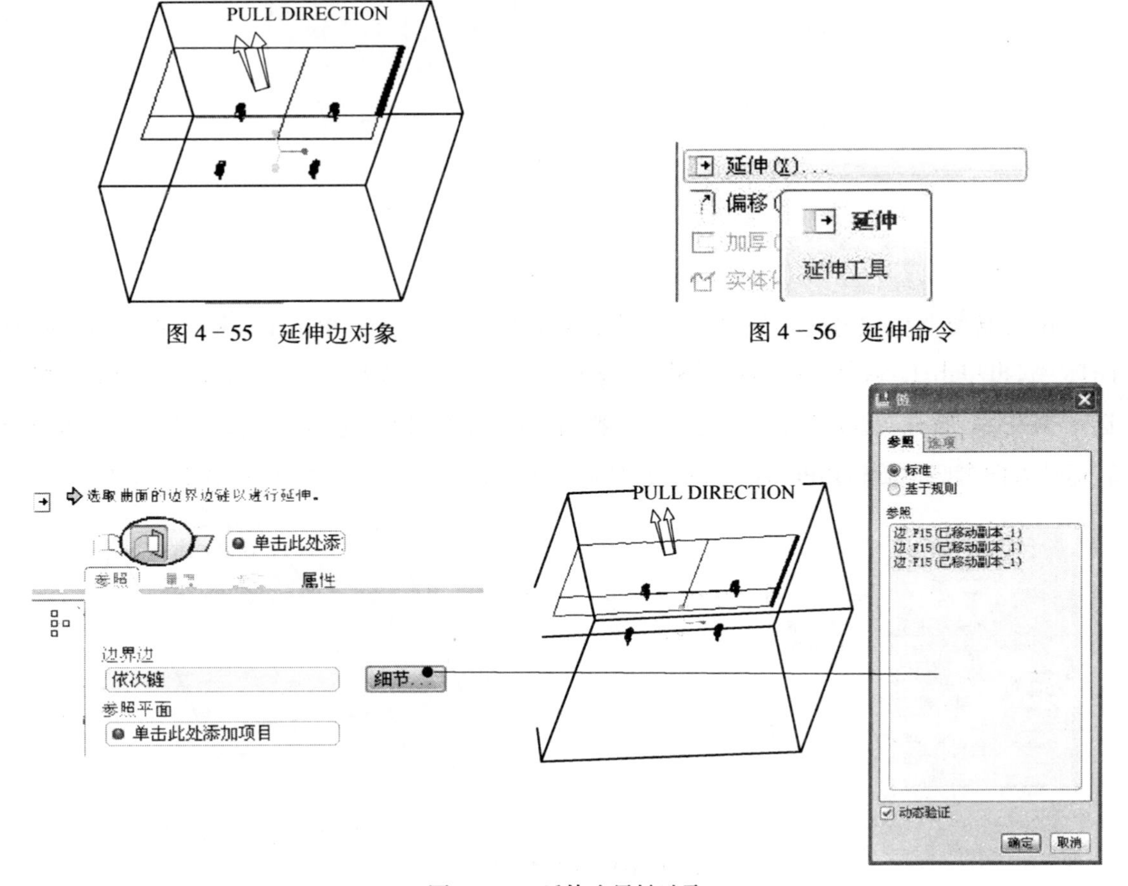

图4－55 延伸边对象

图4－56 延伸命令

图4－57 延伸边界链选取

在“延伸”对话框中，单击“将曲面延伸到参照平面”图标，选择毛坯侧面作为延伸参照，如图 4-58 所示，单击“”按钮完成延伸。

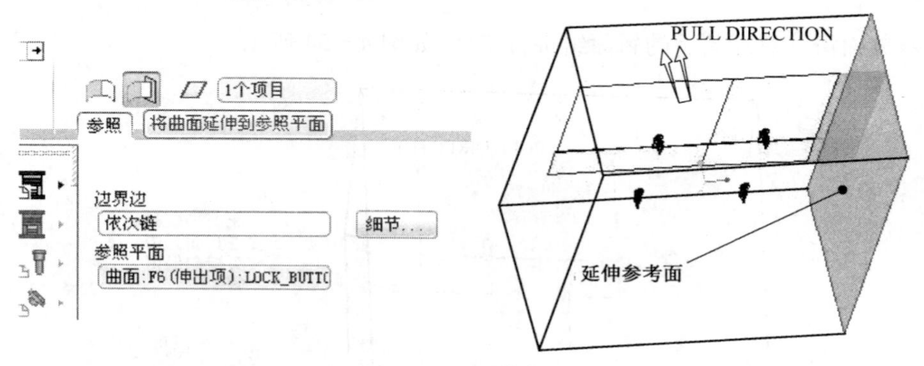

图 4-58 延伸参考

⑦ 合并两穴分型面。鼠标左键选中先前创建的两个面组，选择主菜单“编辑”→“合并”命令，完成两腔分型面的合并，如图 4-59 所示。

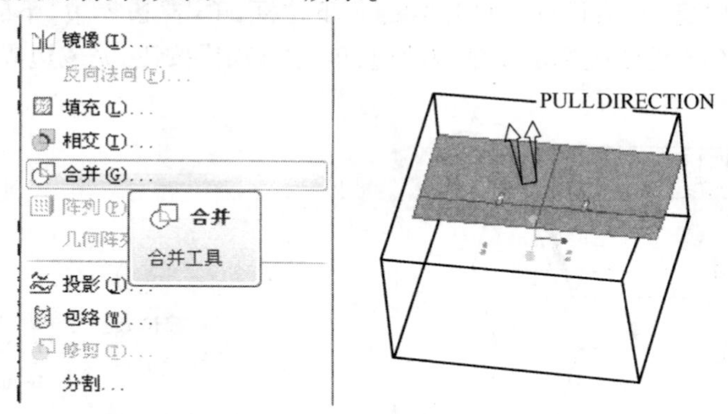

图 4-59 合并分型面

⑧ 旋转复制生成另两穴分型面。选中合并后生成的分型面，单击工具栏中的“复制”命令图标，再单击工具栏中的“选择性粘贴”图标，弹出“移动副本”上滑面板。切换成“相对选定参照旋转特征”选项，打开“选项”标签，取消“隐藏原始几何”复选勾，选择“Z 轴”作为旋转运动方向参照，“旋转角度”输入 180，如图 4-60 所示，单击“”按钮完成分型面创建。

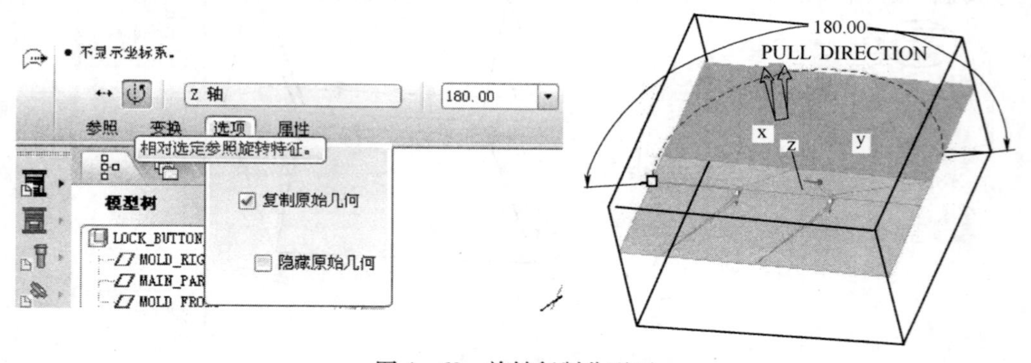

图 4-60 旋转复制分型面

最后对旋转生成的分型面和原始分型面进行合并操作，这里不再赘述。

⑨ 创建斜度定位凸台（内模管位）。在模具工具条上单击“草绘”按钮，在最终合并后的分型面上绘制图 4－61 所示的草绘图形，完成后单击“”按钮退出草绘。选中分型面，选择主菜单“编辑”→“偏移”命令，有关选项设置如图 4－62 所示，完成后的管位如图 4－63 所示。

用鼠标左键选中模型树上的工件毛坯，单击鼠标右键，在快捷菜单中选择“激活”，此时工件在装配体中处于待编辑状态。对毛坯倒基准角及边倒角，基准为 C8，其余边为 C2，结果如图 4－64 所示。

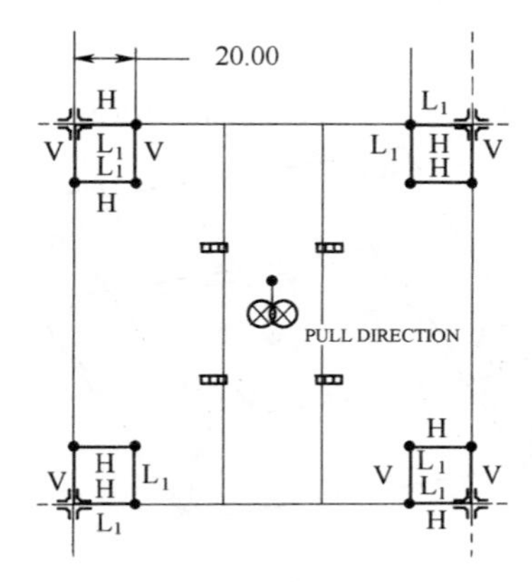

图 4－61　管位草绘

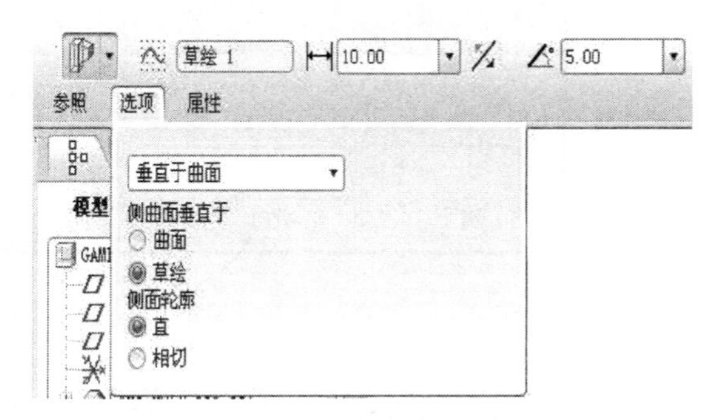

图 4－62　偏移选项设置

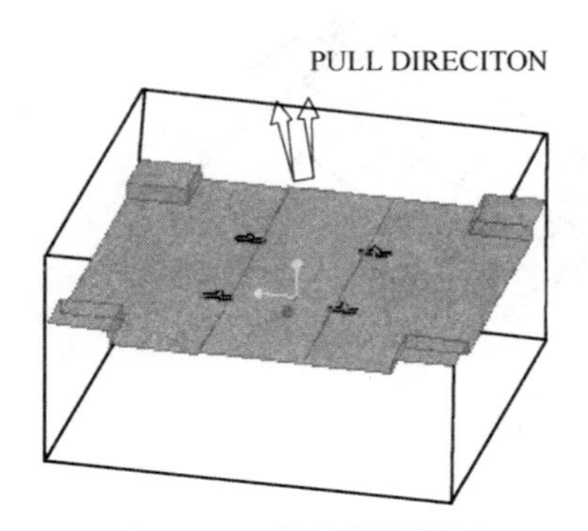

图 4－63　管位创建结果

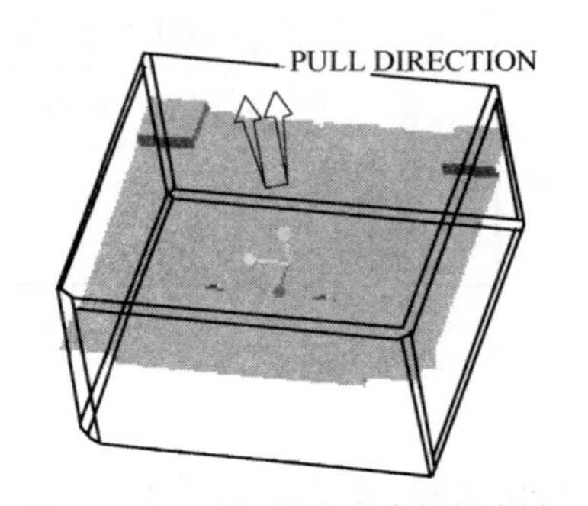

图 4－64　毛坯倒基准角及边倒角

6. 以分型面进行拆模

（1）单击模具工具条中的“体积块分割”图标，选择“两个体积块”→“所有工件”→“完成”菜单，弹出“分割”对话框，选取如图 4－65 所示分型面，单击“选取”对话框中的“确定”按钮完成分割曲面选取。

（2）在“分割”对话框中单击“确定”按钮，在弹出的“属性”对话框中单击“着色”按钮，即可见如图 4－66 所示的型芯体积块，输入名称“core”，单击“确定”按钮。

（3）系统再次弹出“属性”对话框，在对话框中单击“着色”按钮，在工作窗口中旋转零件，即可见如图 4－67 所示的型腔体积块，输入名称“cavity”，单击“确定”按钮完成体积块分割。

提示：设计过程中，为方便模型查看，经常需要对模型进行移动、旋转和缩放等操作。滚动中键滚轮可实现图形缩放；按住中键滚轮，移动鼠标可实现图形旋转；按住键盘 Shift 键和中键

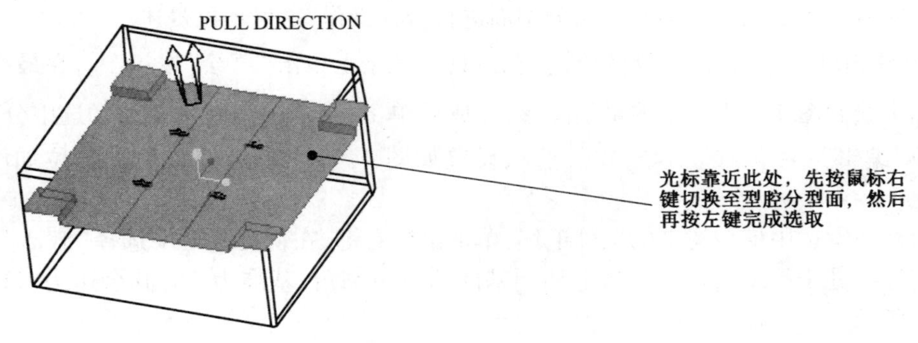

图 4-65　分割曲面

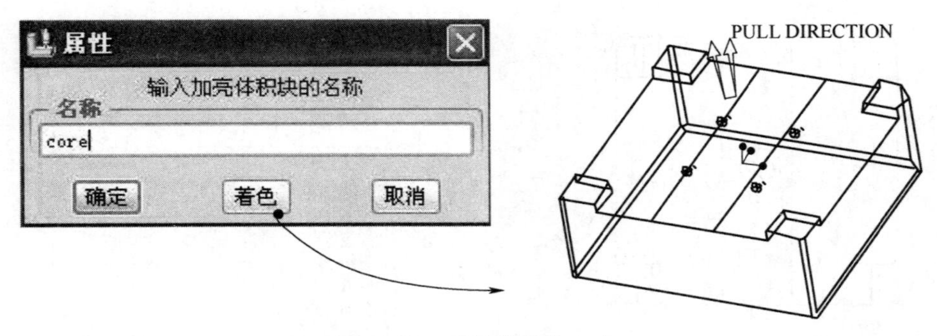

图 4-66　型芯体积块生成

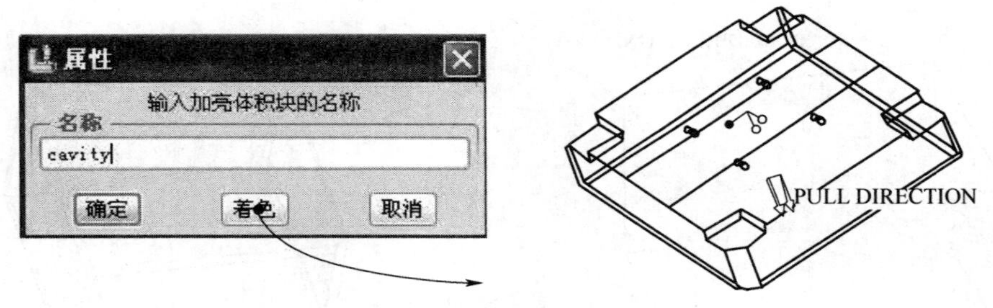

图 4-67　型腔体积块生成

的同时移动鼠标，可实现图形平移。

7. 抽取体积块生成模具元件

（1）单击模具工具条中的“创建模具元件”图标，选择“创建模具元件”对话框中的“全选图标”，以对所有体积块进行抽取。在对话框中单击“高级”下拉箭头，点选图标，然后单击“复制自”图标，选择“mmns_part_solid. prt”模板所在的路径，单击“打开”按钮，如图 4-68 所示，然后单击“确定”按钮完成模具元件的抽取。

（2）对型腔进行后处理。将型腔管位圆角避空 *R*5，周边倒角 C1，如图 4-69 所示。

在型腔“CAVITY”的对称中心处以旋转方式切除浇口套（灌嘴）孔，如图 4-70 所示。

（3）对型芯进行后处理。将型芯管位侧面避空 0.5mm，防止合模时与母模板擦破，并对型芯上与型腔 *R*5 处配合的管位侧面倒 C5 的角进行避空，型芯周边倒角 C1，结果如图 4-71 所示。

图 4－68 “创建模具元件”对话框

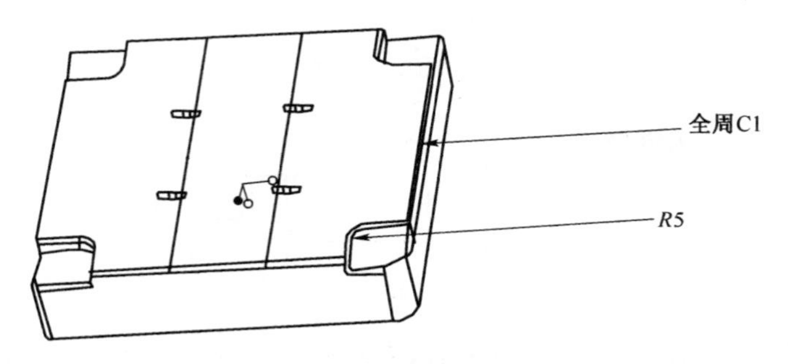

图 4－69 型腔倒角处理

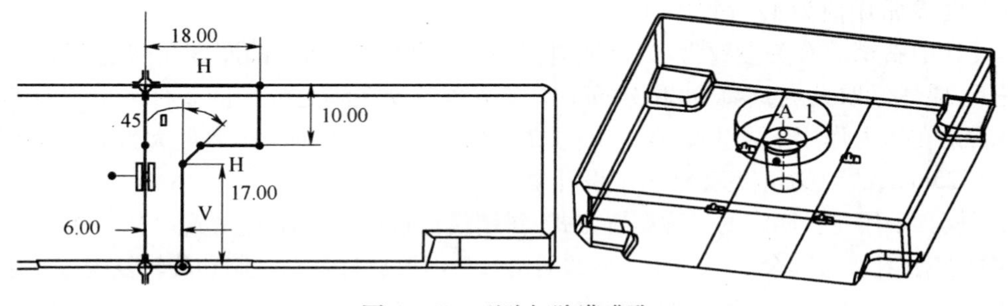

图 4－70 型腔切除灌嘴孔

8. 创建斜销分型面

由前面的塑件结构分析可知，塑件上存在两个倒勾特征，模具结构上需采用侧抽芯机构进行成型，本案例中采用斜销成型可使模具结构更简单。

斜销的形式有整体式和分体式。其设计参数主要有斜销行程 S、斜销角度 θ、斜销宽度 B 和斜销厚度 W 等。斜销的有关设计参数如图 4－72 所示。

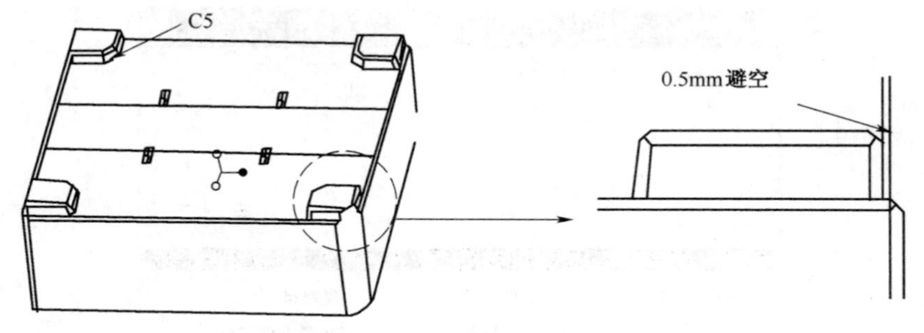

图 4－71　型芯倒角处理

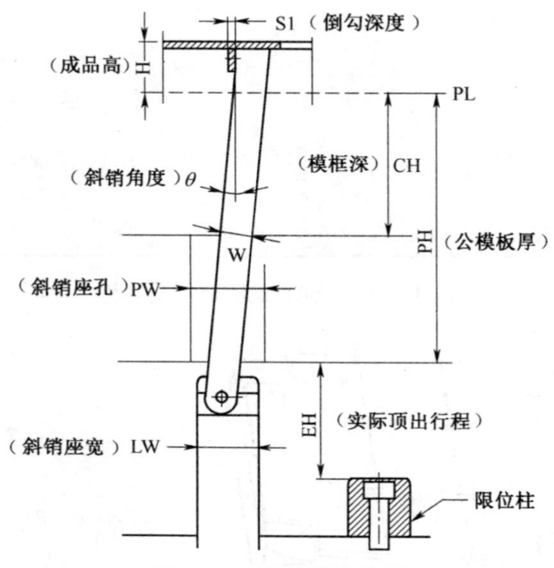

图 4－72　斜销设计参数

图中：斜销行程 S＝倒勾距离 $S1$×（1＋缩水率）＋安全值（1.5～3）mm；斜销角度 $\tan\theta$＝斜销行程 S/顶出行程 EH；顶出行程 EH＝成品高度 H＋（8～10mm）；斜销厚度 W 常用值为 6～12mm；斜销的宽度 B 常用值为 12、14、16、18mm 等。

本设计中斜销的有关参数为：为保证斜销的强度和刚性，斜销的厚度在满足斜销运动行程的前提下，应尽量取大点，本设计取 10mm；斜销的角度 θ 在满足分型的条件下应设计小一些，以避免斜销在压力作用下发生变形，一般取 2°～12°，本案例中倒勾距离最大为 1.2mm，斜销顶出行程为 25mm，故斜销角度取 8°满足设计要求。

由于模具采用一模四穴的对称布置方式，斜销设计过程中只需要完成其中一个参照模型的两处斜销分型面设计，其余三个参照模型的斜销分型面可通过移动复制和旋转复制方式生成。

（1）创建第一个斜销主体分型面。单击模具工具条中的“分型面”图标，然后在主窗口空白区按住鼠标右键，在弹出的快捷菜单中选取“属性”，输入分型面名称“lifter1_surf”，单击“确定”按钮。在右侧工具栏中单击“拉伸”命令图标，按住鼠标右键不放，在弹出的快捷菜单中，选择“定义内部草绘”，弹出“草绘”对话框。以参照模型的 TOP 面为草绘平面，毛坯顶面为参考平面，绘制如图 4－73 所示的草绘截面，顶出距离为 25，设定斜销角度为 8°，以便安全退出倒扣，单击“✔”按钮，在“拉伸”对话框中选择“对称拉伸”选项，勾选“封闭端”，拉伸距离为 10,单击“✔”按钮完成斜销拉伸曲面绘制。

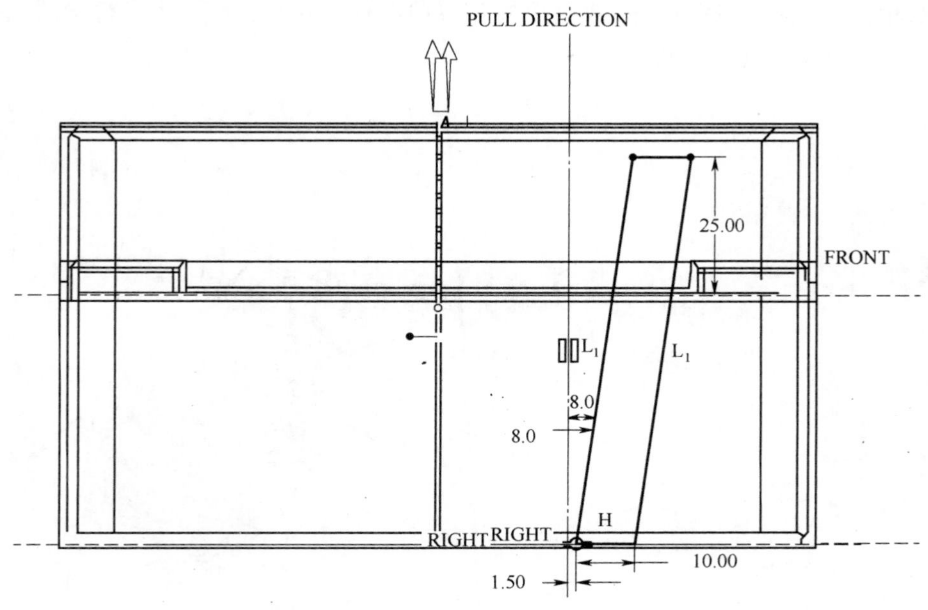

图 4－73　倒勾 2 斜销主体草图

提示:① 设计斜销时,一般根据制品倒勾距离计算出斜销行程 S,然后根据成品高度设计顶出行程 EH,最后根据斜销角度公式计算出其倾斜角度 θ。经验公式: $\tan\theta \approx \tan 1° \times \theta = 0.017\theta$。

② 绘制斜销草绘线时要参照模型对称中心,如图 4－73 所示。

(2) 创建第一个斜销成型部分分型面。再次单击右侧工具条中的“拉伸”命令图标,按住鼠标右键不放,在弹出的快捷菜单中单击“定义内部草绘”,在弹出的“草绘”对话框中单击“使用先前的”按钮,采用上一拉伸中的草绘平面为当前草绘平面,添加图 4－74 所示面为草绘参照面,绘制图 4－75 所示的草图。

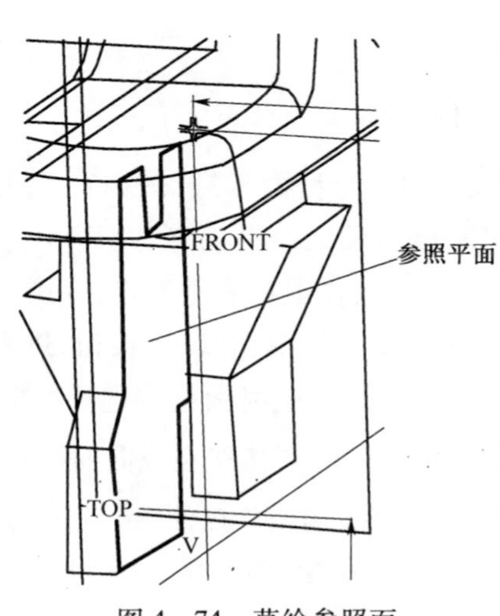

图 4－74　草绘参照面

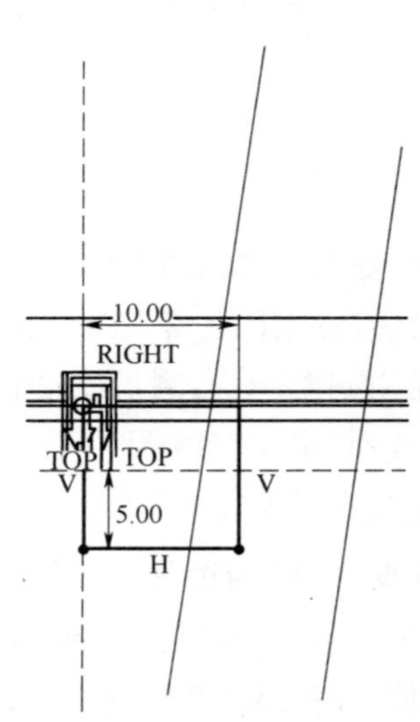

图 4－75　倒勾 2 斜销成型部分草图

单击“✔”按钮完成草绘。在“拉伸”对话框中，拉伸方式选择“拉伸到指定的点、线、面”选项，单击“选项”标签，选择“双侧拉伸”，参照图 4－76 所示面和边进行参照选择，勾选“封闭端”，单击“✔”按钮完成。

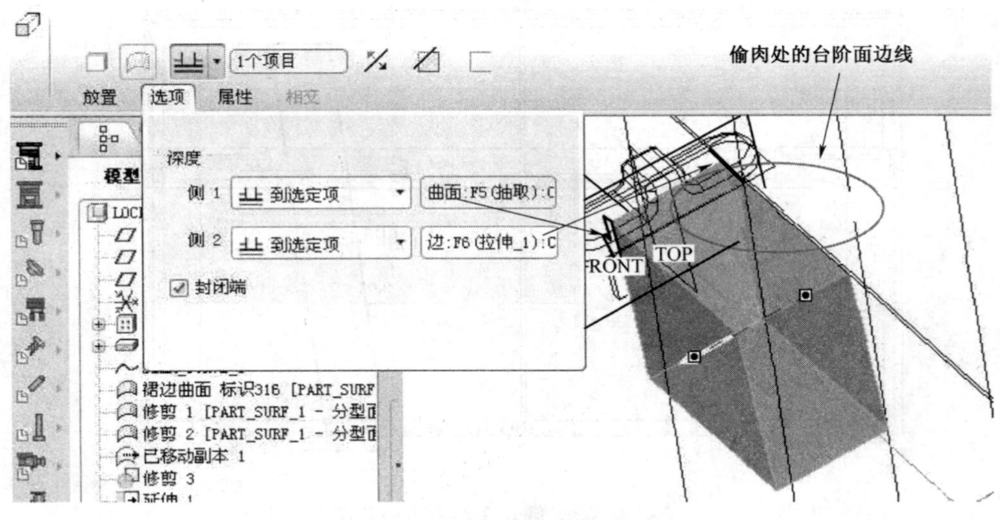

图 4－76　拉伸斜销分型面(倒勾 2)

(3) 合并分型面。首先选中之前创建的两个斜销曲面，单击右侧工具条上的“合并”命令图标，完成一个斜销的创建。单击“退出”按钮完成斜销分型面的创建，如图 4－77 所示。

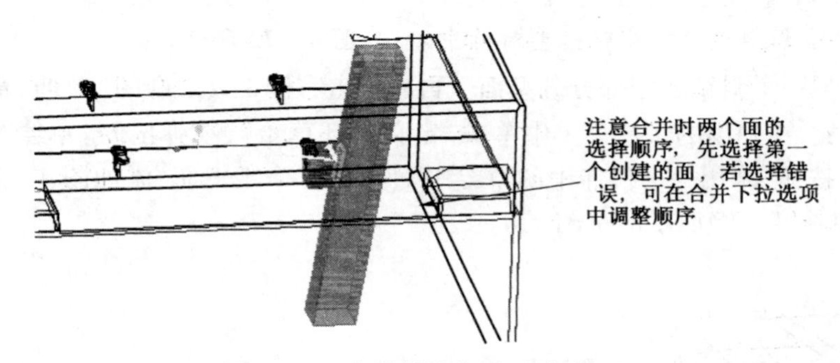

图 4－77　合并斜销分型面(倒勾 2)

(4) 创建第二个斜销主体分型面。单击模具工具条上的“分型面工具”图标，然后在窗口空白区按住鼠标右键，在弹出的快捷菜单中选取“属性”，输入分型面名称“lifter2_surf”，单击“确定”按钮。在右侧工具栏中单击“拉伸”命令图标，按住鼠标右键不放，在弹出的快捷菜单中选择“定义内部草绘”，在弹出的“草绘”对话框中单击“使用先前的”按钮，进入草绘环境，绘制图 4－78 所示草绘，单击“✔”按钮完成草绘。在拉伸上滑面板中选择“对称”拉伸方式，深度为 10，勾选“封闭端”复选勾，单击拉伸对话框中的“✔”按钮完成曲面拉伸。

(5) 创建第二个斜销成型部分分型面。再次单击右侧工具栏中的“拉伸”命令，按住鼠标右键不放，在弹出的快捷菜单中选择“定义内部草绘”，弹出“草绘”对话框，选择图 4－79 所示面为草绘平面，绘制图 4－80 所示草图。

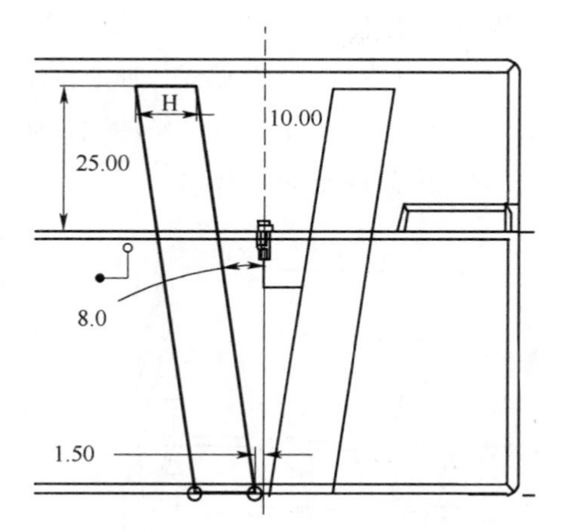

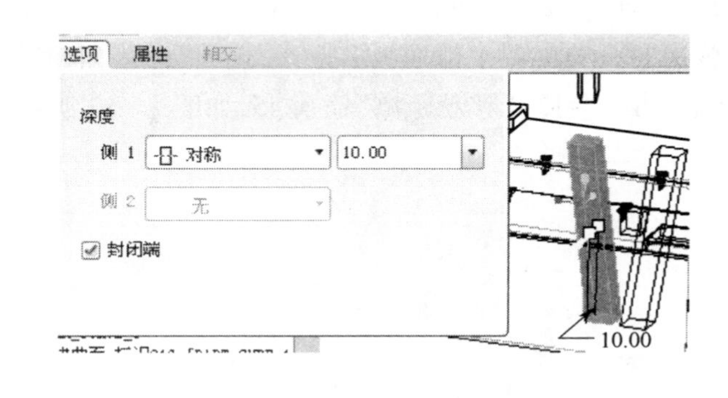

图 4－78　倒勾 1 斜销主体草图

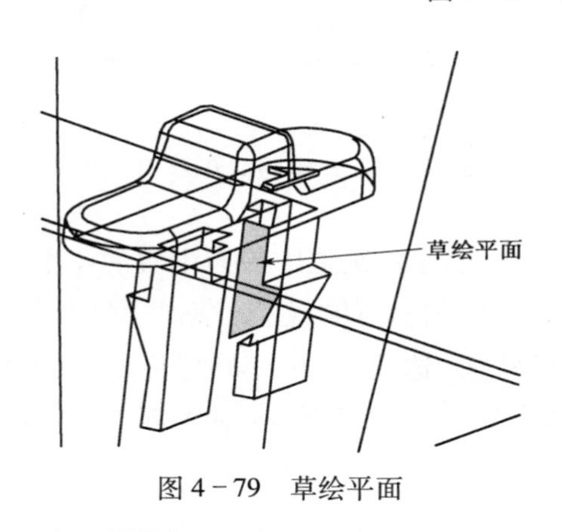

图 4－79　草绘平面

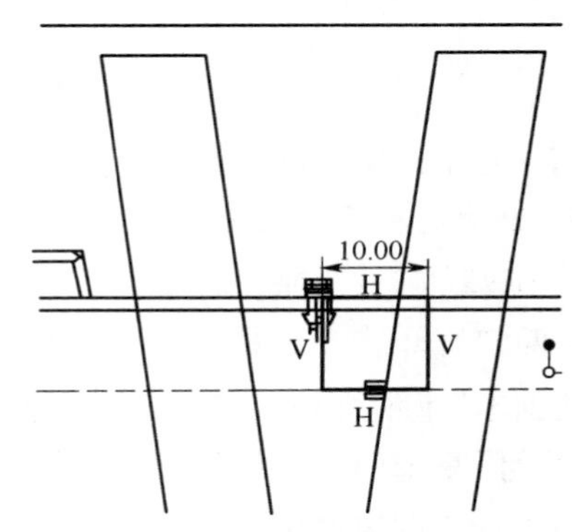

图 4－80　倒勾 1 斜销成型部分草绘

单击"✔"按钮完成草绘。在"拉伸"对话框中，拉伸方式选择"拉伸到指定的点、线、面"，选择斜销主体侧面为拉伸参照面，如图 4－81 所示，勾选封闭端，单击"✔"按钮完成分型曲面拉伸。

（6）合并分型面。选中倒勾 1 斜销主体和成型部分的拉伸曲面，单击右侧面工具条上的"合并"命令图标，单击"✔"按钮完成此斜销的创建。结果如图 4－82 所示。

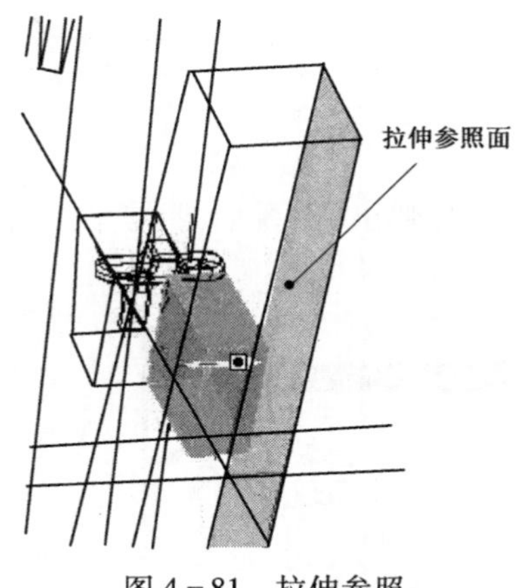

图 4－81　拉伸参照

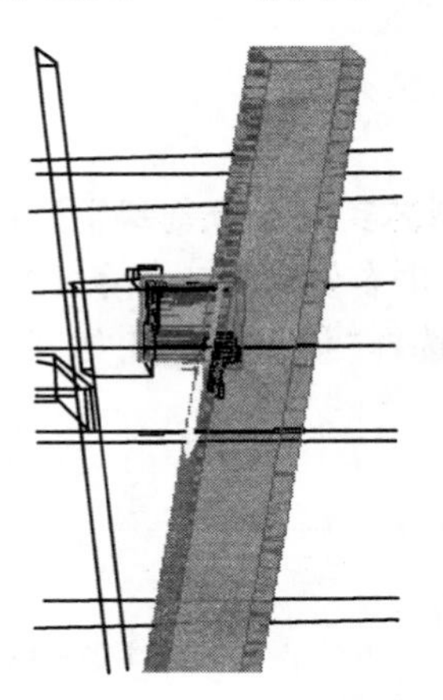

图 4－82　合并分型面

（7）通过“移动复制”完成另一穴斜销分型面创建。用鼠标选中前面创建的第一穴的“斜销 1”和“斜销 2”，单击工具栏中的“复制”命令，再单击工具栏中的“选择性粘贴”命令，弹出“移动副本”上滑面板。打开“选项”标签，取消“隐藏原始几何”复选勾，选择“X 轴”作为运动方向参照，“移动距离”输入 45，如图 4－83 所示，单击“✔”按钮退出命令环境。

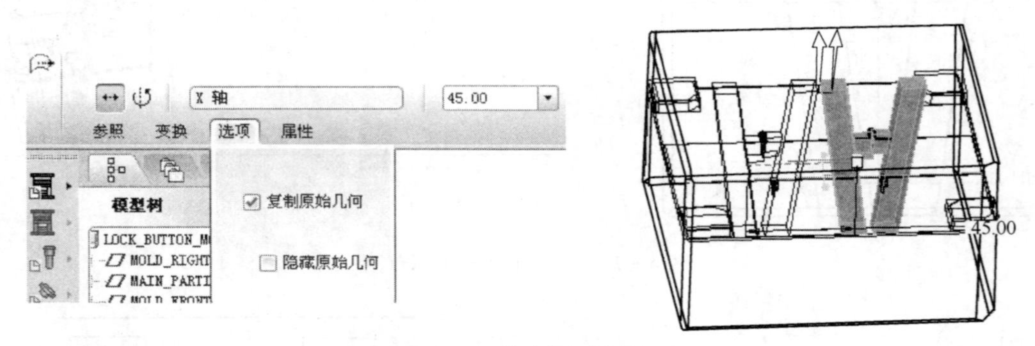

图 4－83　复制移动斜销

提示：设计斜销时应注意：两支斜销在相对方向退出后不能发生碰撞，两斜销间距要大于两斜销退出量之和再加上 1mm 的误差量。

（8）通过“旋转复制”生成另两穴的斜销分型面。用鼠标左键选中前面生成的 4 个斜销分型面（两穴），单击工具栏中的“复制”命令，再单击工具栏中的“选择性粘贴”命令，弹出“移动副本”上滑面板。切换成“相对选定参照旋转特征”选项，打开“选项”标签，取消“隐藏原始几何”复选勾，选择“Z 轴”作为旋转运动方向参照，旋转角度输入 180，如图 4－84 所示。单击“✔”按钮退出命令环境。

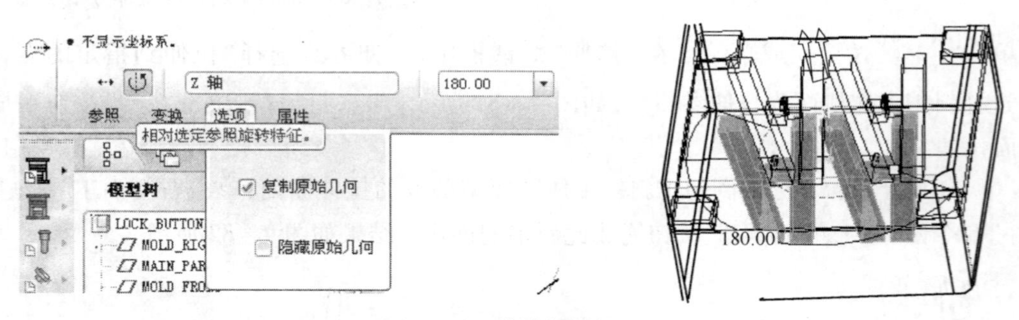

图 4－84　旋转复制斜销

9. 在型芯实体上分割斜销元件

（1）单击右侧模具工具条上的“实体分割”命令，系统弹出“菜单管理器”，在“模具模型类型”中选择“模具元件”，如图 4－85 所示。

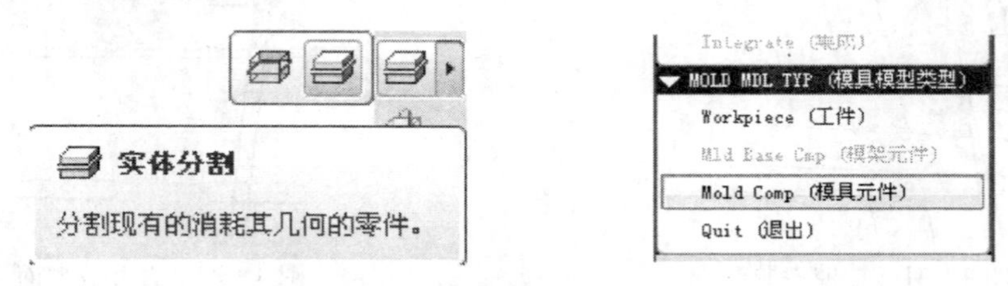

图 4－85　实体分割模具元件

用鼠标在绘图区选择型芯元件“CORE”，弹出“实体分割选项“对话框，选择“创建新元件”选项，如图 4-86 所示，单击“确定”按钮完成。

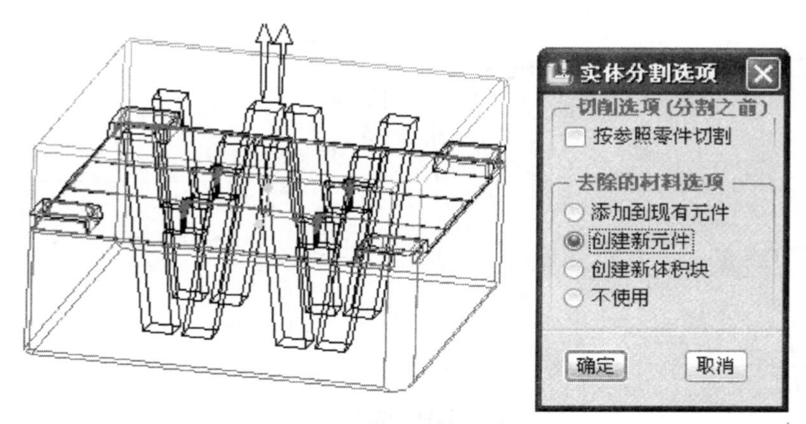

图 4-86　实体分割选项

系统再次弹出“分割”对话框，选择其中一个斜销分型面作为分割曲面，单击“确定”按钮完成分割曲面的定义，在弹出的“岛列表”选项框中勾选不需要的岛 1，留下斜销岛 2，如图 4-87 所示，单击“完成”按钮。

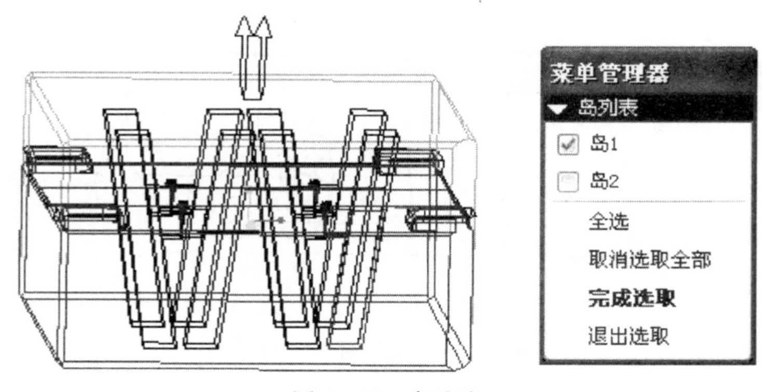

图 4-87　岛选取

系统弹出“创建模具元件”对话框，名称改为“lifter1”，单击“确定”按钮完成斜销 1 的创建，如图 4-88 所示。

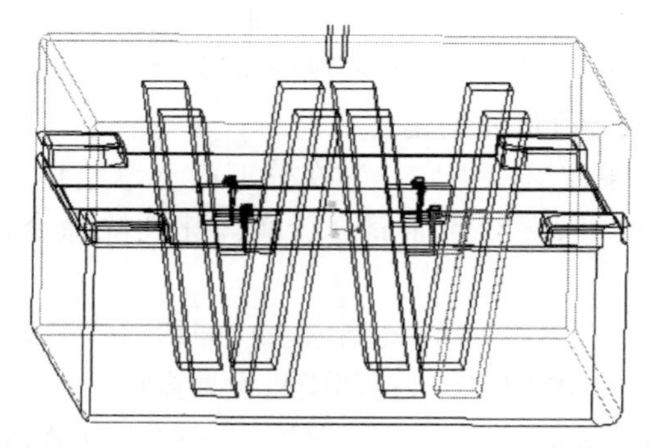

图 4-88　创建斜销 1

（2）在模型树中选中“LIFTER1”，单击鼠标右键，在快捷菜单中选择“打开”，在打开的

“斜销 1”零件窗口中对其底部倒圆角 $R1$。单击主菜单“窗口”→“关闭”命令,返回模具环境,如图 4 - 89 所示。

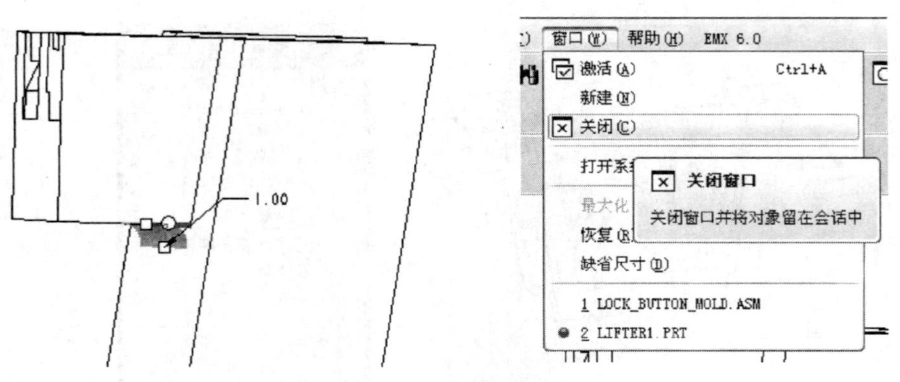

图 4 - 89 斜销倒圆角

(3) 在模型树中选中“CORE”,单击鼠标右键在快捷菜单中选择“打开”,在打开的“型芯”零件窗口中对其做避空倒角 C2,选择主菜单“窗口”→“关闭”命令,返回模具环境,如图 4 - 90 所示。

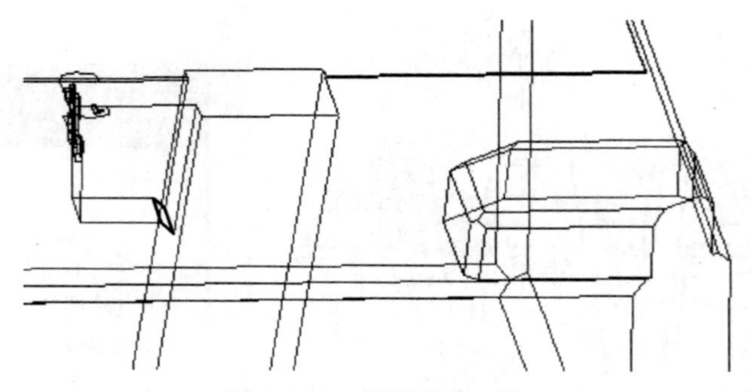
图 4 - 90 斜销避空 C 角

用同样的方法,依次分割出其它 7 支斜销,并进行倒圆角和避空处理,这里不再赘述。

10. 创建浇注系统

(1) 选取主菜单“插入”→“流道”命令,“形状”选择“梯形”,将流道的断面形状设置为梯形;输入流道宽度为 5,深度为 2,侧角度为 15,拐角半径为 0.5,并在分型面上绘制如图 4 - 91 所示的流道草绘线,单击“完成”按钮。在“相交元件 ”中选择“CORE”型芯部分,然后单击“确定”,返回流道对话框后再次单击“确定”按钮,完成分流道的创建。

(2) 在模型树上打开元件“CORE”,继续创建主流道冷料穴。先在分型面上草绘直径为 $\phi 6$ 的圆,拉伸成深度为 2 的封闭曲面,侧面拔模 18°,并对此曲面进行实体化切除命令,如图 4 - 92 所示。

(3) 以流道底面为草绘平面,绘制直径为 $\phi 5$ 的圆,拉伸切除冷料穴。拉伸切除深度为 5,侧面拔模 5°,底部倒圆角 $R0.5$,如图 4 - 93 所示。关闭“CORE”,返回模具设计窗口。

(4) 单击模具工具条上的“基准平面(Datum Plane)”图标▱,在绘图区选取分流道中心线,并按住 Ctrl 键,选择毛坯侧面为参照平面,创建浇口的草绘基准平面,如图 4 - 94 所示。

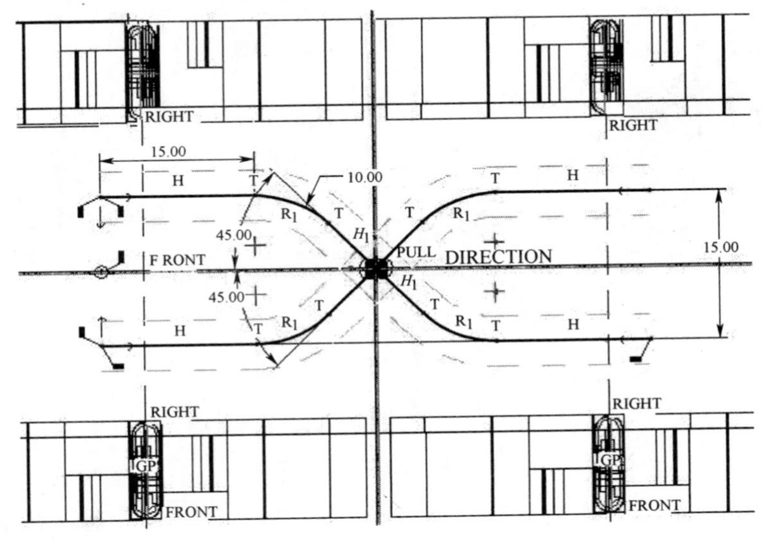

图 4－91　流道草图

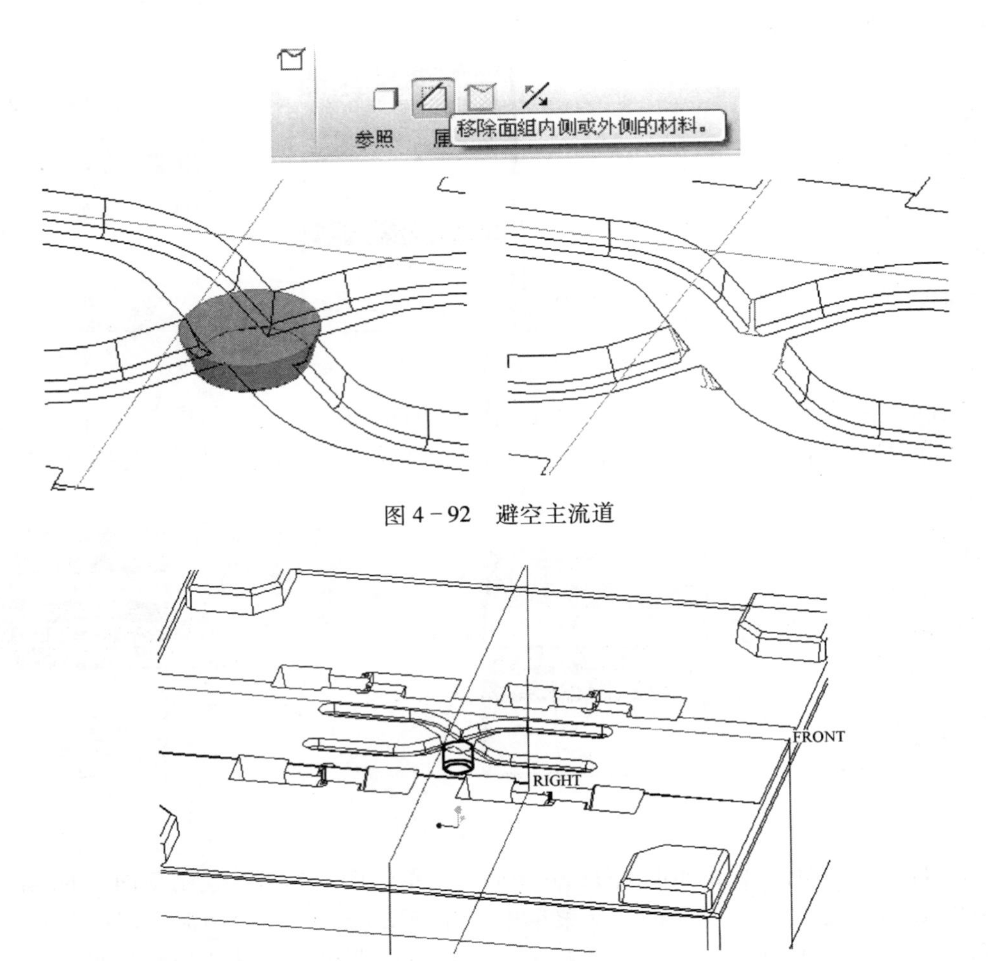

图 4－92　避空主流道

图 4－93　冷料穴

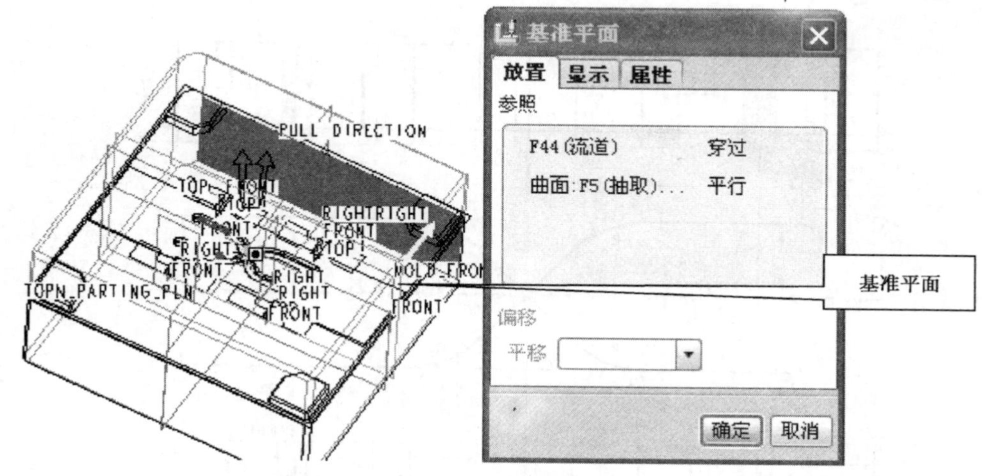

图 4-94　创建基准平面

(5) 选取主菜单"插入"→"混合"→"曲面"命令,弹出"菜单管理器",接受默认混合选项,单击"完成"按钮,再次弹出"混合"对话框。在"属性"列表框中选择"直、封闭端"选项,单击"完成"按钮,如图 4-95 所示。

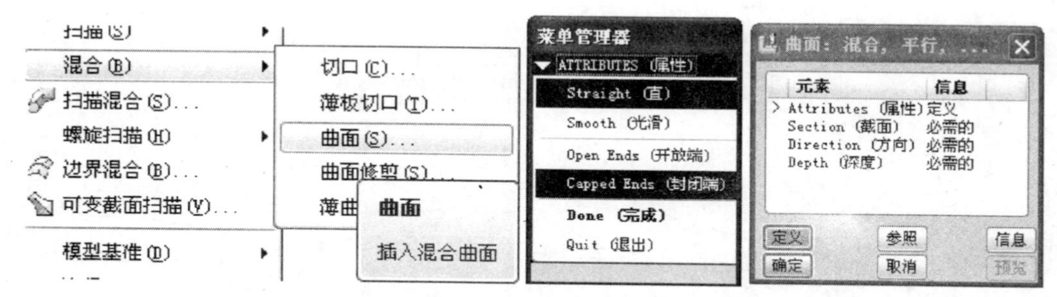

图 4-95　混合操作界面

选取图 4-94 中所创建的基准平面为草绘平面,方向指向参考模型,单击"确定"按钮,在"菜单管理器"中将"草绘视图"选项设置为"顶",在绘图区选择毛坯上表面作为参照,如图 4-96 所示。

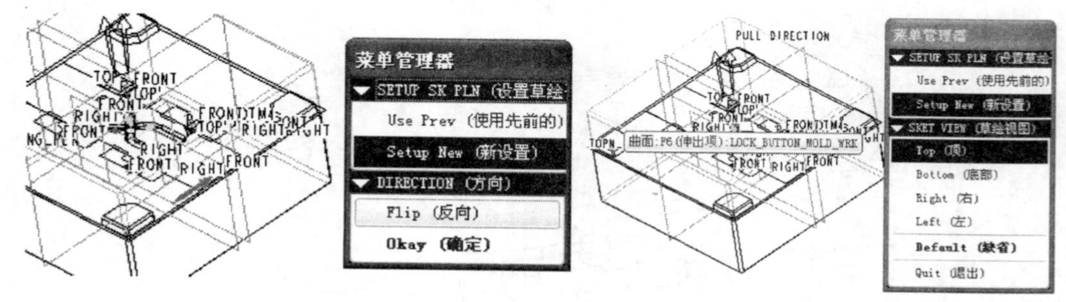

图 4-96　混合选项设置

在草绘环境下,添加产品的 Right 面和分型面作为草绘图形参考。绘制截面 1 时,在绘图空白区按住鼠标右键不放,在弹出的快捷菜单中选择"切换截面"。绘制混合截面 2 时,与截面 1 相同,在绘图空白区按住鼠标右键不放,在弹出的快捷菜单中,选择"切换截面"。绘制混合截面 3 时,单击"✔"按钮退出草绘进入草绘环境。绘制结果如图 4-97 所示。

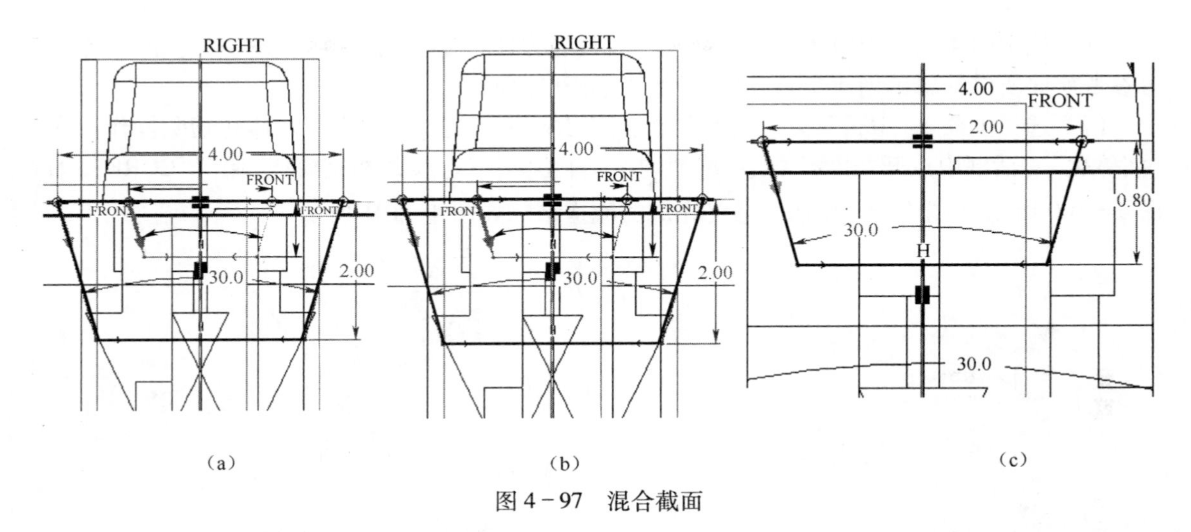

图 4-97　混合截面

输入截面 2 的深度为 6，单击“✔”按钮，输入截面 3 的深度为 2.5，单击“✔”按钮，单击“混合曲面”对话框中的“✔”按钮，得到的混合曲面如图 4-98 所示。

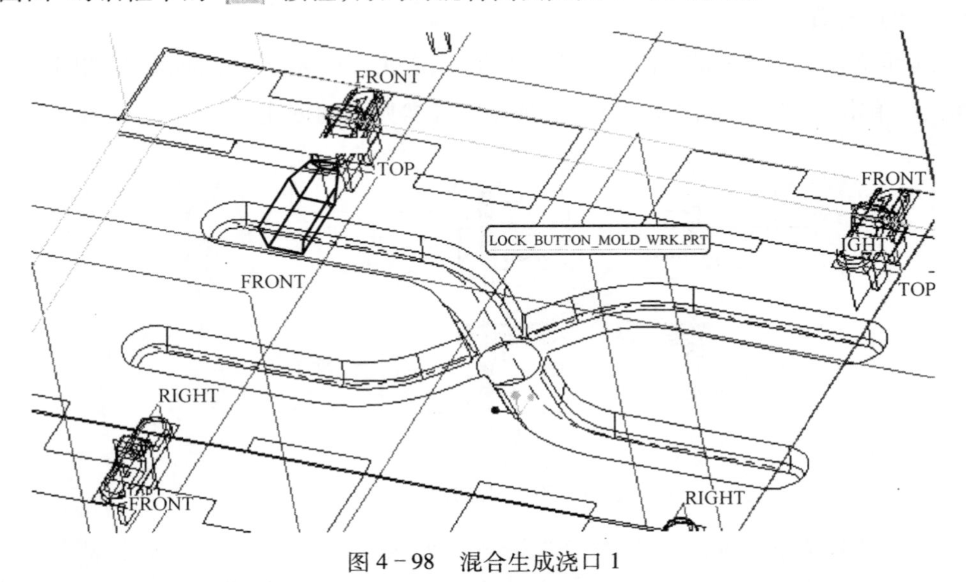

图 4-98　混合生成浇口 1

对图 4-98 所创建的曲面进行倒圆角处理，如图 4-99 所示。

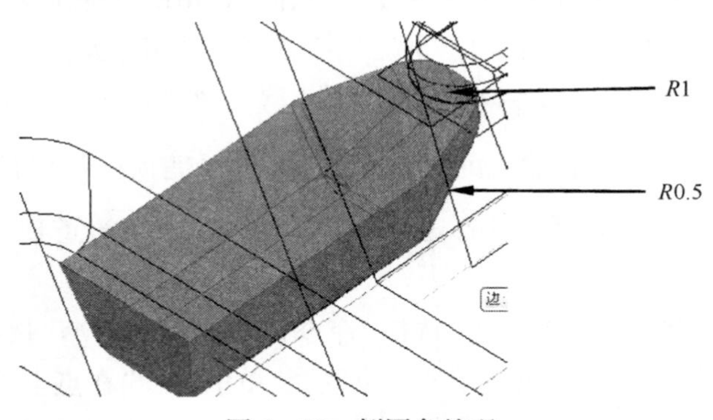

图 4-99　倒圆角处理

(6) 选中图 4－99 中的浇口曲面，通过复制、选择性粘贴方法生成其余三穴的浇口，方法可参考前面所讲的斜销创建步骤，最终得到 4 个浇口曲面。

(7) 选择主菜单“编辑”→“实体化”命令，依次对 4 个浇口曲面进行实体化切除操作。在“实体化”对话框中点开“相交”标签，取消勾选“自动更新”选项，“相交模型”保留“CORE”，如图 4－100 所示，单击“✔”按钮。最终完成的流道结果如图 4－101 所示。

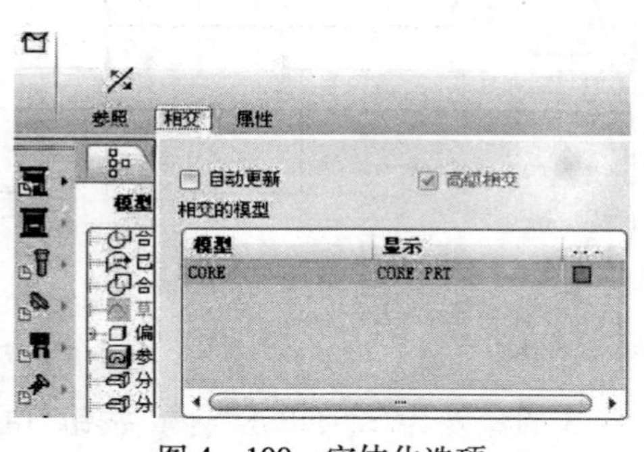

图 4－100　实体化选项

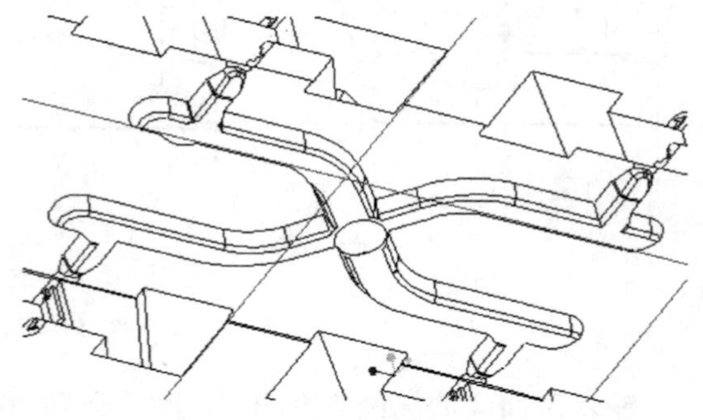
图 4－101　流道创建结果

11. 创建顶杆孔

(1) 选择模具工具条上的“草绘”按钮，以流道底面作为草绘平面，绘制如图 4－102 所示的几何点，单击“✔”按钮退出草绘，完成顶杆孔参照点的创建。

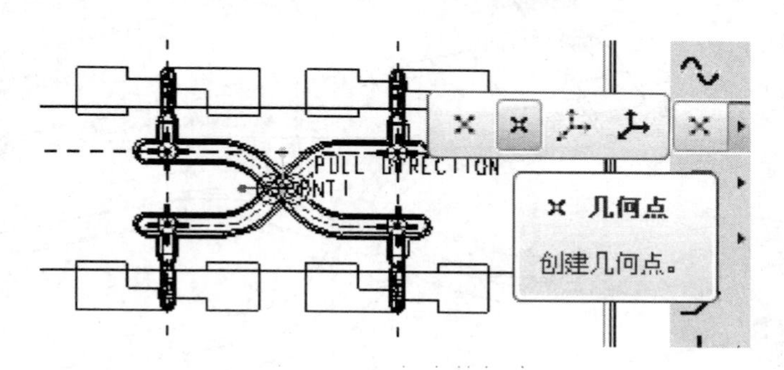

图 4－102　几何点的创建

(2) 单击模具菜单管理器中的“特征”命令，“模具模型类型”选择“型腔组件”，在弹出的“模具特征”下拉菜单中选择“顶杆孔”，“位置”菜单中选择“同轴”，单击“完成”按钮。在绘图区选择主流道 A1 轴作为顶杆孔的位置参照，选择元件“CORE”的底面作为草绘放置平面，方向指向上。单击“方向菜单管理器中”的“确定”按钮，弹出“相交元件”对话框，选择“CORE”元件，输入交集的直径值为 5，单击“✔”按钮，在“相交元件”对话框中单击“确定”按钮。输入沉孔直径为 6，单击“✔”按钮；输入沉孔深度为 20，以保证顶杆孔精孔深度在 20mm 左右，单击“✔”按钮，在“顶杆孔”对话框中单击“确定”按钮，完成主流道顶杆孔的创建，如图 4－103 所示。

(3) 再次单击模具菜单管理器中的“特征”命令，“模具模型类型”选择“型腔组件”，在弹出的“模具特征”下拉菜单中选择“顶杆孔”，“位置”菜单中选择“在点上”选项，单击“完成”按钮。按住 Ctrl 键在绘图区选择图 4－102 所创建的 4 个几何点作为顶杆孔的位置参照，选择

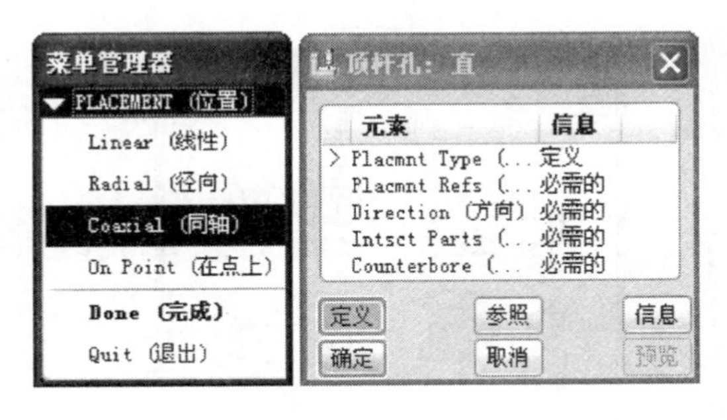

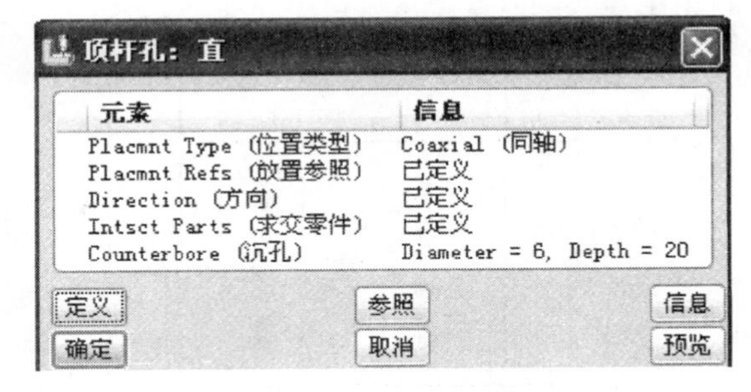

图 4-103　主流道顶杆孔创建

Core 底面作为放置平面，方向向上，单击“方向菜单管理器”中的“确定”按钮，系统弹出“相交元件”对话框，选择“CORE”元件，输入交集的直径值为 4，单击“ ”按钮，单击相交元件对话框中的“确定”按钮，输入沉孔直径为 5，按鼠标中键确认。输入沉孔深度为 25，以保证顶杆孔精孔深度在 20mm 左右，按鼠标中键确认，单击“顶杆孔”对话框中的“确定”按钮，完成分流道顶杆孔的创建。最终顶杆孔完成结果如图 4-104 所示。

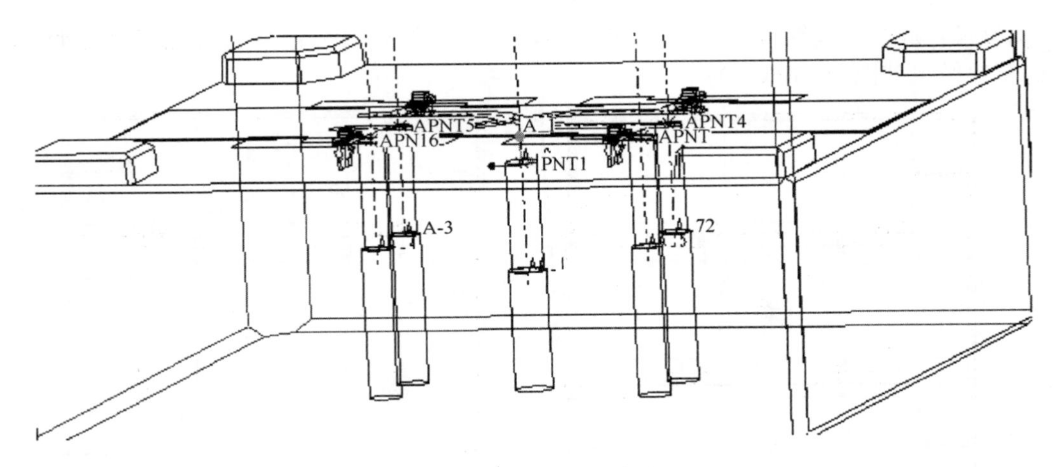

图 4-104　顶杆孔创建结果

12. 创建冷却水路

（1）创建公模水路。选择主菜单“插入”→“等高线”命令，在弹出的“等高线”对话框中对水路参数做如下设置：确定冷却水路的直径为 8，单击模具工具条上的“基准平面“图标 ，选择公模仁底面作为参考面，使其向内偏移 25，以此平面作为公模冷却水路的草绘平面。绘制如图 4-105(a)所示截面，单击“ ”按钮，在“相交元件”对话框中单击“自动添加”按钮，保留型芯部分，然后单击“确定”按钮，返回“等高线”对话框后再次单击“确定”按钮，完成公模水路的创建。

以公模仁底面为草绘平面，通过拉伸方式切除直径为 8 的圆，使得水路进出口与公模板相连通，草绘如图 4-105(b)所示。

（2）创建母模水路。用同样的方法创建出母模仁的水路。选取主菜单“插入”→“等高线”】命令，在弹出的“等高线”对话框中对水路参数做如下设置：确定冷却水路的直径为 8，单击基准特征工具栏的“基准平面”图标 ，选择母模仁底面为参考平面，使其向内偏移 15，并

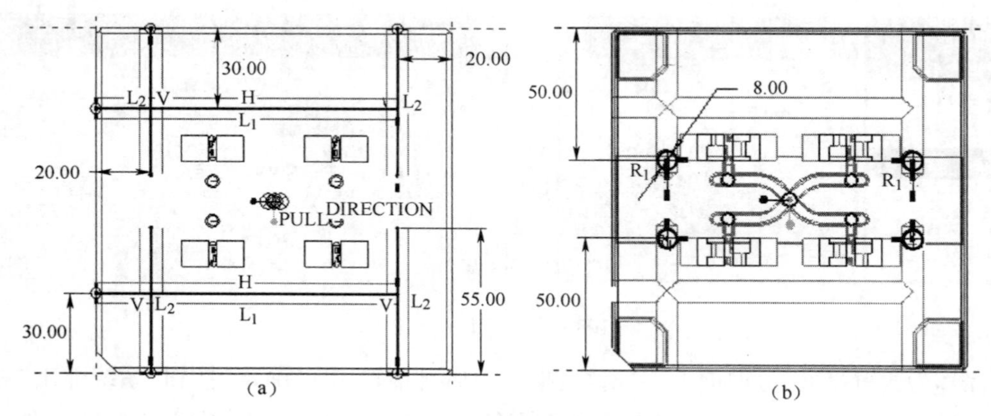

图 4－105　公模水路排布

以此平面作为母模冷却水路的草绘平面。绘制如图 4－106(a)所示截面,单击"✔"按钮,在"相交元件"对话框中单击"自动添加"按钮,保留型腔部分,然后单击"确定"按钮,返回"等高线"对话框后再次单击"确定"按钮,母模水路创建完成。

以母模仁底面为草绘平面,通过拉伸方式切除直径为 8 的圆,使得水路进出口与母模板相连通,草绘结果如图 4－106(b)所示。

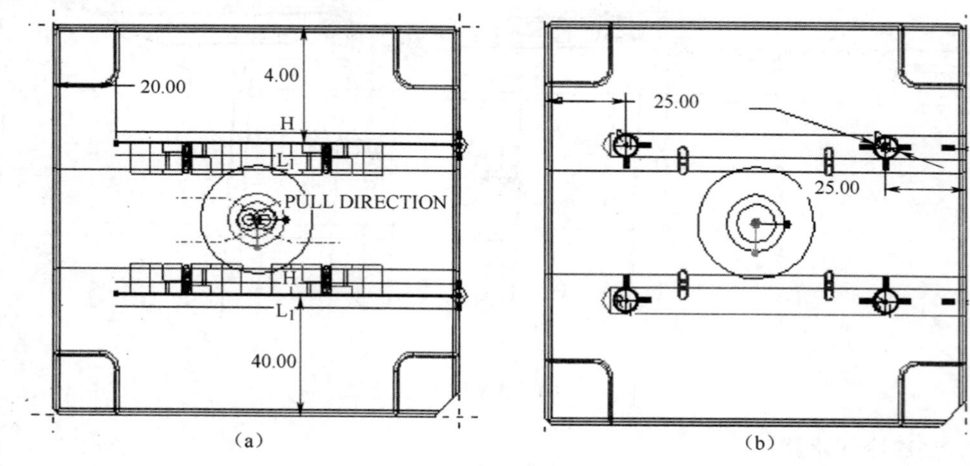

图 4－106　母模水路排布

最终完成的公、母模仁结果如图 4－107 所示。

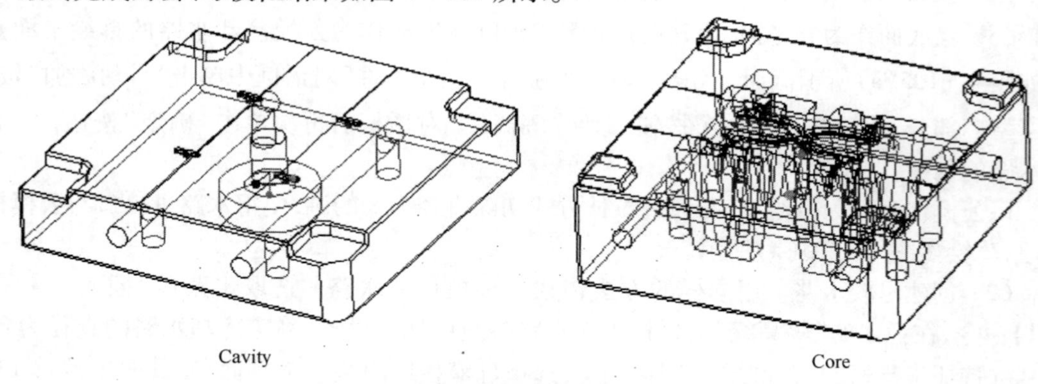

图 4－107　公母模仁完成结果

13. 模具开模模拟

将分型面、毛坯及参照模型遮蔽，利用工具条中的“模具开模”命令模拟模具打开过程，如图4-108所示。

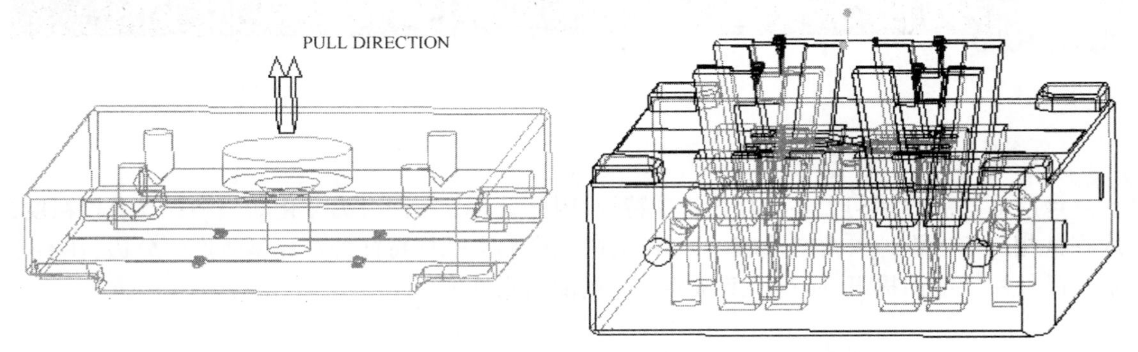

图4-108 开模模拟

14. 保存文件并从内存中拭除

单击工具栏中的“保存”按钮，在弹出的“保存”对话框中单击“确定”按钮，接受默认的文件名。选择主菜单“文件”→“拭除”→“当前”命令，将零件从内存中拭除。

技术总结：

(1) 此成品为滑动内构件，在母模中的肉厚尽量少，模具进胶为了不影响滑动装配，采用偷肉搭接方式进胶。

(2) 产品中有两个倒扣，采用斜销设计比斜滑块设计结构简单，但考虑模具空间大小因素，斜销采用分体式结构。

(3) 本案例中模具开模行程为25mm，为保证模具的稳定性，斜销顶出后留在公模仁中的定位至少要25mm，在斜销后处理中，需要在斜销底部加长一段直面距离，并开T形槽用于与斜销拉杆配合，相应的公模仁中，要对与斜销拉杆干涉处进行偷料处理（本案例未处理）。

(4) 设计斜销时还应注意斜销厚度与拉杆的关系，另外，顶出时要注意拉杆是否会掉出斜销。

(5) 顶杆孔创建深度为20mm左右的精孔后做过孔，单边留0.5mm间隙便于装配。

5 项目5 BATTERY_LATCH模具设计

该产品特点为结构上多处存在阶梯特征，因此设计分型面时为分化断差和提高合模精度，应在其相应位置设计大角度擦破。另外，为防止产品上圆柱特征处在成型时产生分边，在不影响产品使用性能前提下，应对模型做相关的局部切除处理。

本项目以“BATTERY_LATCH”为载体，介绍了在三维软件环境中其模具CAD的设计方法和过程。设计中首先按照一模一穴的方式生成模具元件，然后通过复制、粘贴、选择性粘贴的方法生成其它各穴，并通过实体化命令生成完整的模仁。同时介绍了分型面设计的其它方法，如复制、延伸、修剪、边界混合和填充方式，使读者综合应用各种方法进行分型面的设计。

知识目标

(1) 边界混合工具的使用。
(2) 填充工具的使用。
(3) 延伸、修剪工具的使用。
(4) 偏移工具的使用。

能力目标

（1）掌握模型前处理的方法。

（2）掌握手动创建参照模型的方法。

（3）掌握手动创建工件的方法。

（4）掌握一穴变多穴的方法及技巧。

（5）掌握创建曲面的常用方法。

（6）掌握型芯、型腔的后处理方法。

任务一　BATTERY_LATCH 塑件结构分析

如图 5－1 所示，该产品为笔记本上的内构件，其整体尺寸为 30.95mm×8.50mm×6.00mm（长×宽×高），产品平均肉厚为 1.2mm，结构上无倒勾特征，制品材料为 POM，缩水率为 16/1000。

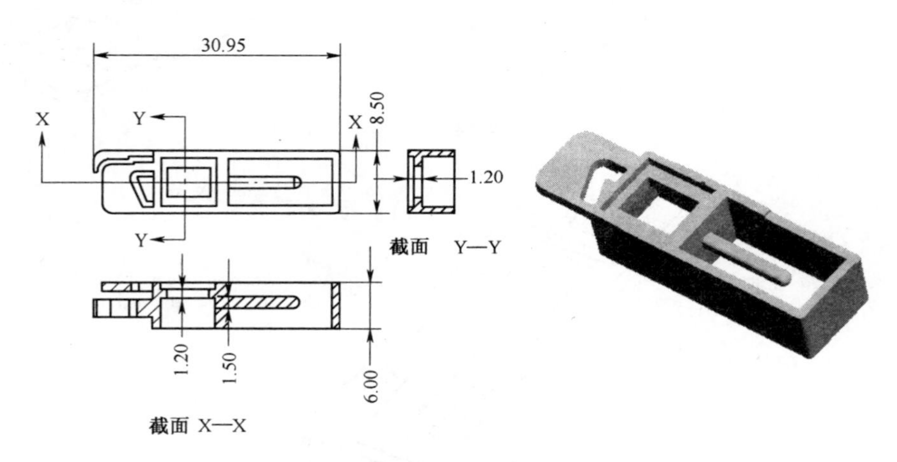

图 5－1　BATTERY_LATCH 塑件结构

任务二　产品成型方案论证

1. PL 线设计

模具结构采用两板模形式，一模四穴的布置方式，公、母模分型线示意如图 5－2 所示，阶梯面处以大角度擦破过渡方式进行断差分化，圆柱面处切出小直面以防止跑毛边。

2. 拔模处理

为便于开模，应对产品外观进行拔模，拔模角示意及拔模建议如图 5－3 所示。

3. 进胶位置设置

本产品为内构滑动件，一模四穴布置，采用侧浇口搭接方式进胶。滑动件塑料产品侧边搭接进胶时需偷肉 0.2mm 深度，以便在修剪料头后不影响产品的滑动性能，进胶位置及大小如图 5－4 所示。

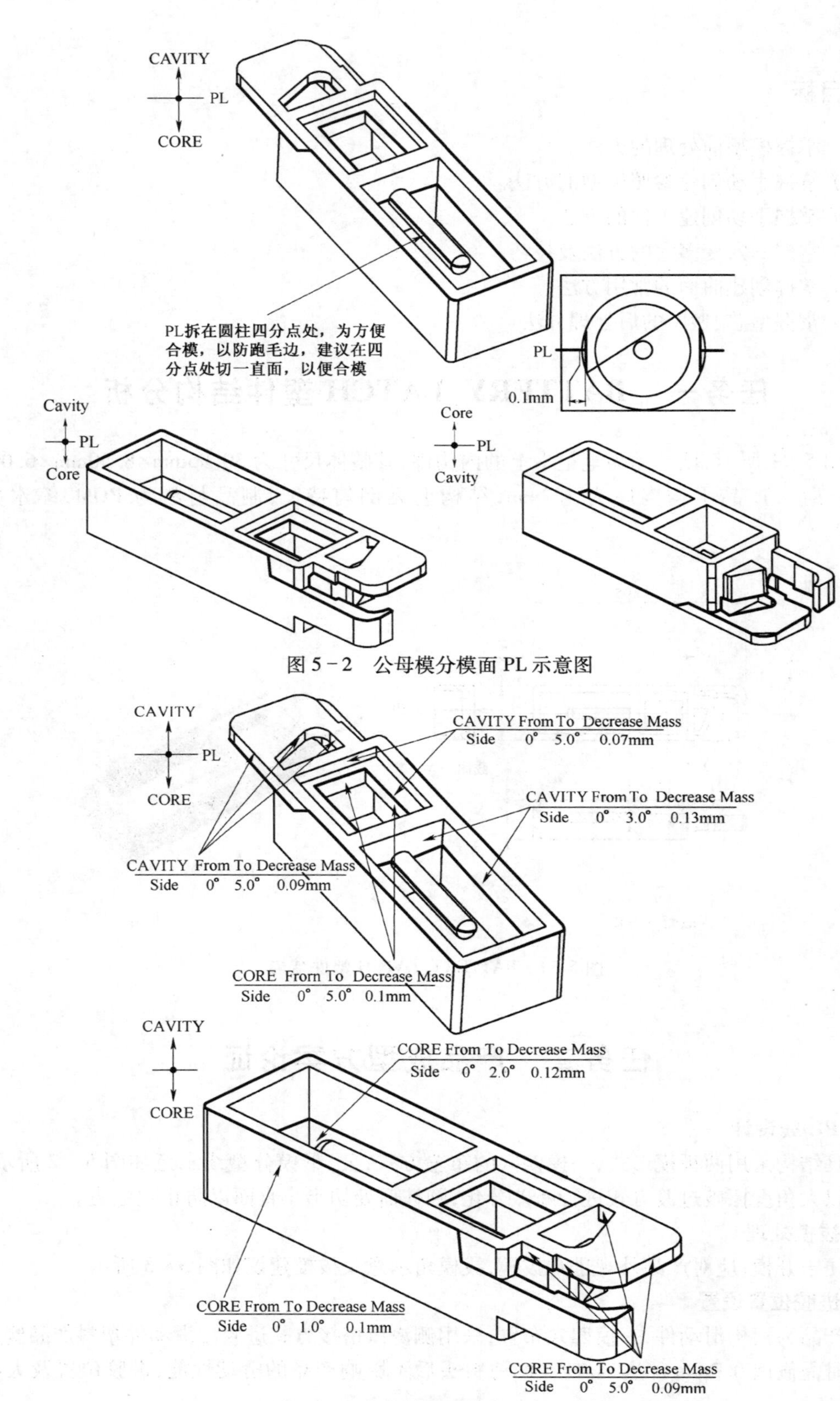

图 5－2　公母模分模面 PL 示意图

图 5－3　产品外观脱模角示意及建议

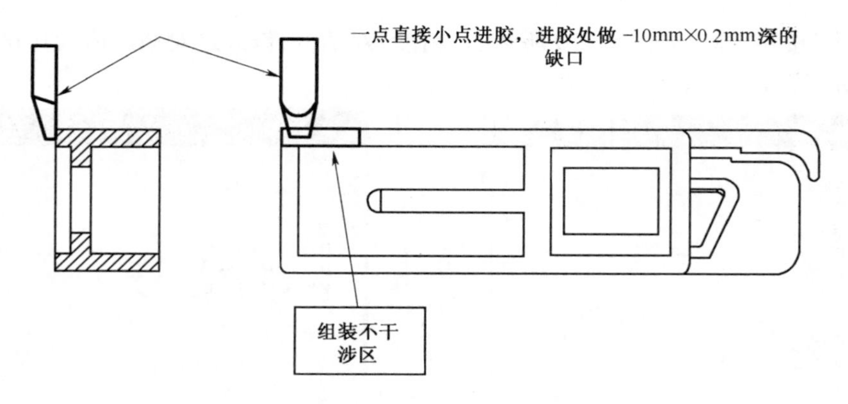

图 5－4　进胶位置及大小示意图

4. 型腔排穴

由于本案例中的产品为细长滑动件，进胶位置不在产品的对称中心处，对于一模多穴的结构，在设计时需先进行排位规划，以保证进胶平衡，排穴结果如图 5－5 所示。

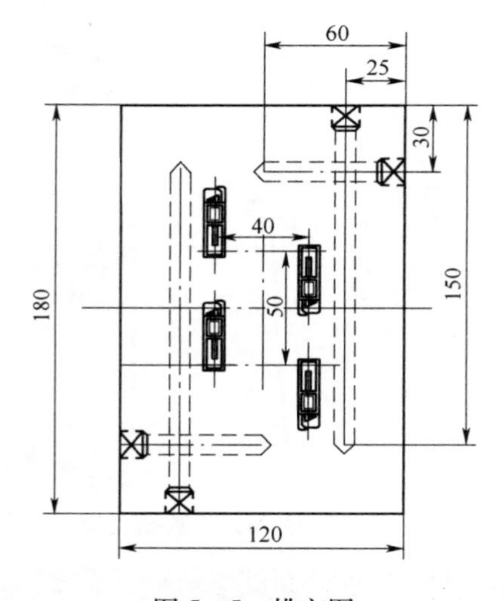

图 5－5　排穴图

任务三　模型前期处理

启动 Pro/E 并设置好工作目录后，新建一个文件，类型选择“零件”，子类型选择“实体”，去掉“使用缺省模板”复选框，单击“确定”按钮。在“新建文件选项”中选择“mmns_part_solid”模板，单击“确定”按钮进入零件设计环境，如图 5－6 和图 5－7 所示。

1. 调入中性格式文件

选择主菜单“插入”→“共享数据”→“自文件”命令，弹出“打开文件”对话框，选择原始模型文件，单击“打开”按钮，弹出“选择实体选项和放置”对话框，单击“确定”按钮，调入中性格式模型。如图 5－8 所示。

2. 修改模型的绝对精度

选择主菜单“文件”→“属性”命令，弹出如图 5－9 所示的“模型属性”对话框，在精度选项中单击“更改”按钮，弹出如图 5 - 10 所示的“精度”对话框，修改绝对精度值为 0.001，单击“再生模型”按钮，完成模型绝对精度设置。

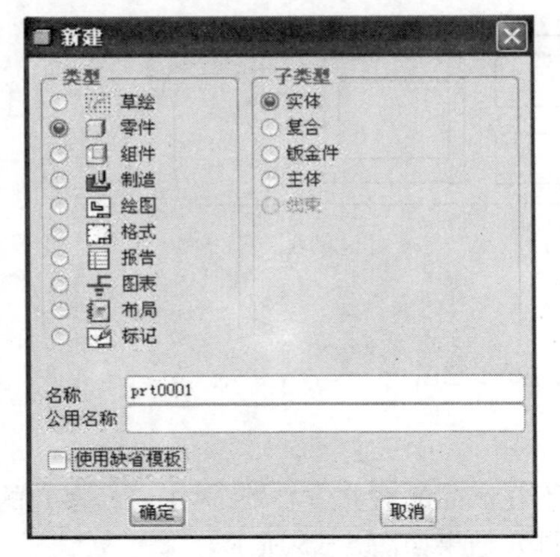

图 5 - 6 新建文件图

图 5 - 7 模板选项图

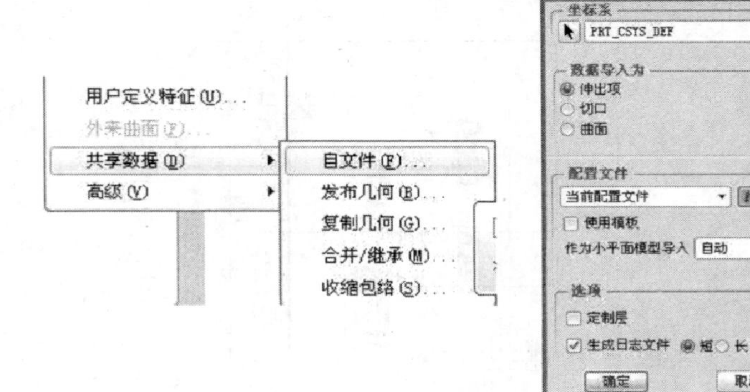

图 5 - 8 插入共享数据模型

图 5 - 9 模型属性

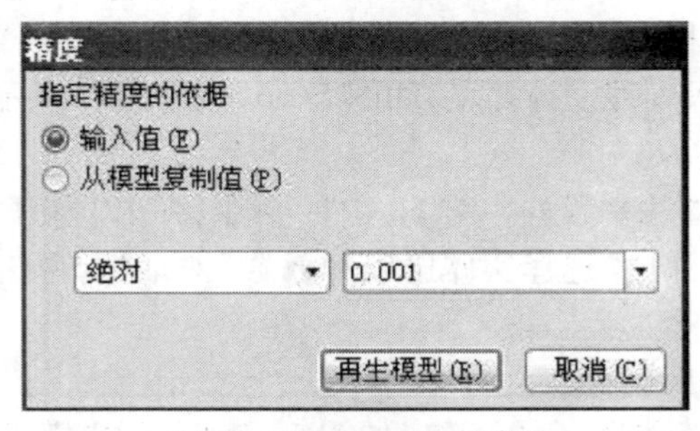

图 5 - 10 “精度”对话框

3. 拔模分析

选择主菜单“分析”→“几何”→“拔模”命令，如图 5－11 所示，弹出“斜度”对话框，如图 5－12所示。

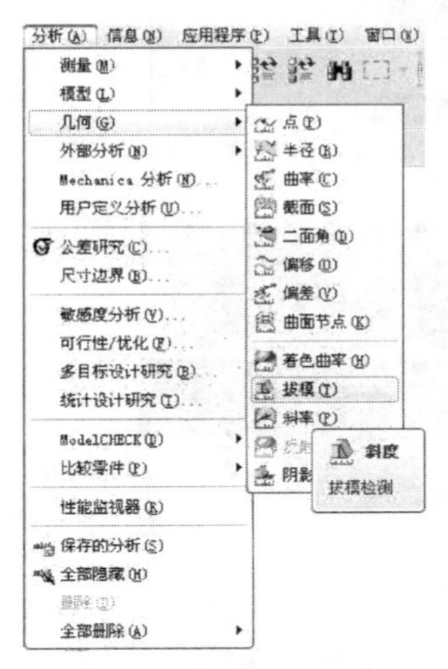

图 5－11　拔模分析命令

图 5－12　“斜度”对话框

单击 Pro/E 窗口右上角“过滤器”中的下拉箭头，在列表框中选择“实体几何”选项，如图 5－13 所示。将鼠标移到绘图区，选择零件模型作为“拔模分析曲面”，在“斜度”对话框中单击“方向”选项，选择零件外观上平面作为方向参照，如图 5－14 所示。

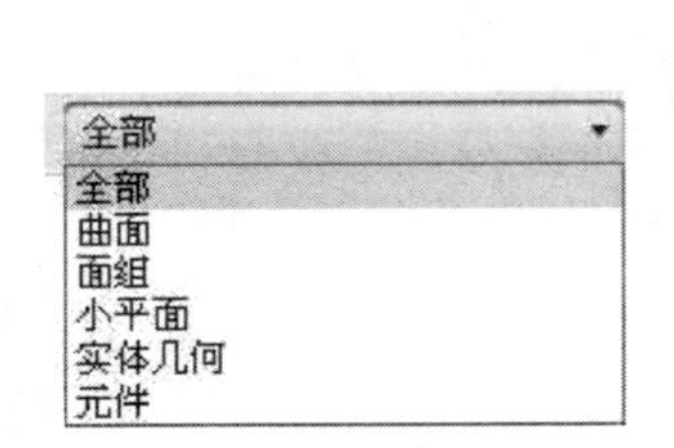

图 5－13　过滤器

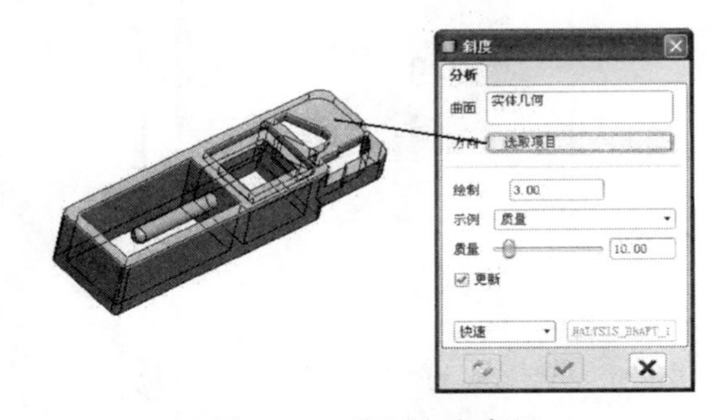

图 5－14　激活方向参照

此时，在零件中将以不同颜色显示分析结果，同时系统弹出“颜色比例”对话框，单击对话框底部的“⌄”按钮，展开“颜色”对话框，单击相应颜色按钮，弹出“颜色编辑器”管理窗口，通过拖动颜色滚轮调节拔模颜色，以便于查看模型拔模情况，如图 5－15 所示。单击“切换工具提示的显示”图标ⓘ，方便实时查看特征的脱模斜度，分析结果如图 5－16 所示。由图 5－16 可知，产品在开模方向上的脱模斜度为 0°，根据前述产品成型方案论证结果，需要对模型进行拔模处理。

4. 圆角移除、拔模及圆角恢复

(1) 分析待移除圆角半径。对上述零度面拔模前，应先将涉及到拔模特征的圆角去除后才能进行拔模，去除圆角前先测量一下要去除的圆角半径值，以便于拔模后恢复。选择主菜单“分析”→“几何”→“半径”命令，如图 5－17 所示，弹出“半径”对话框，鼠标在绘图区选择要测量的模型特征，其半径值在对话框中显示出来，如图 5－18 所示。

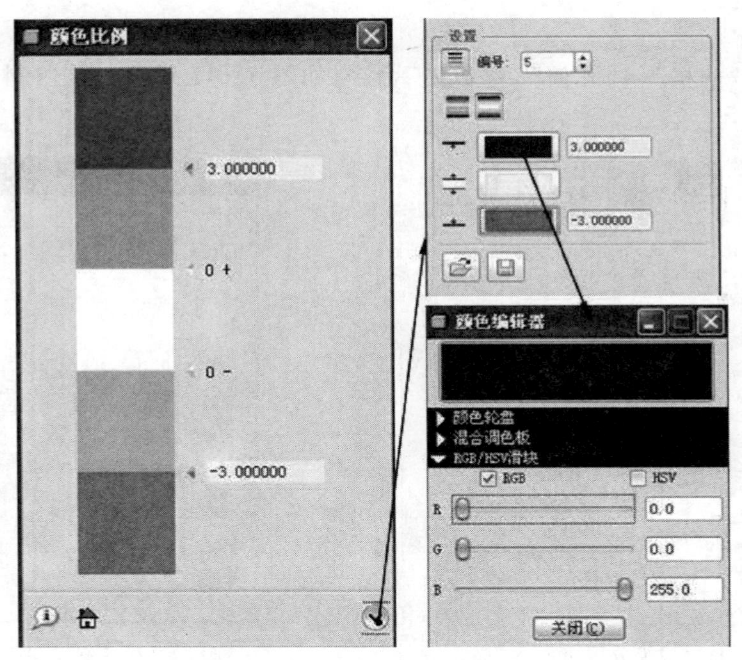

图 5－15　拔模分析颜色调节

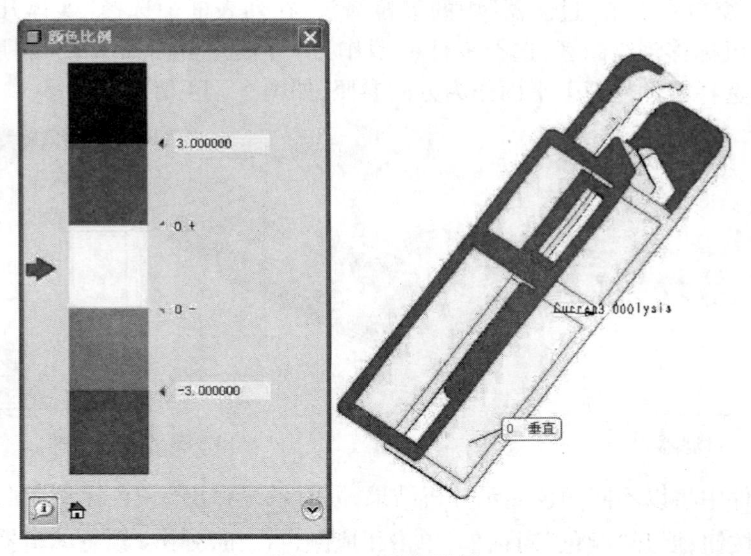

图 5－16　分析结果

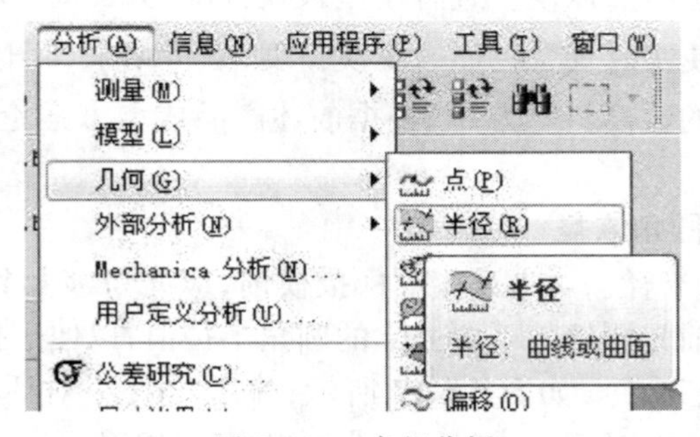

图 5－17　半径分析

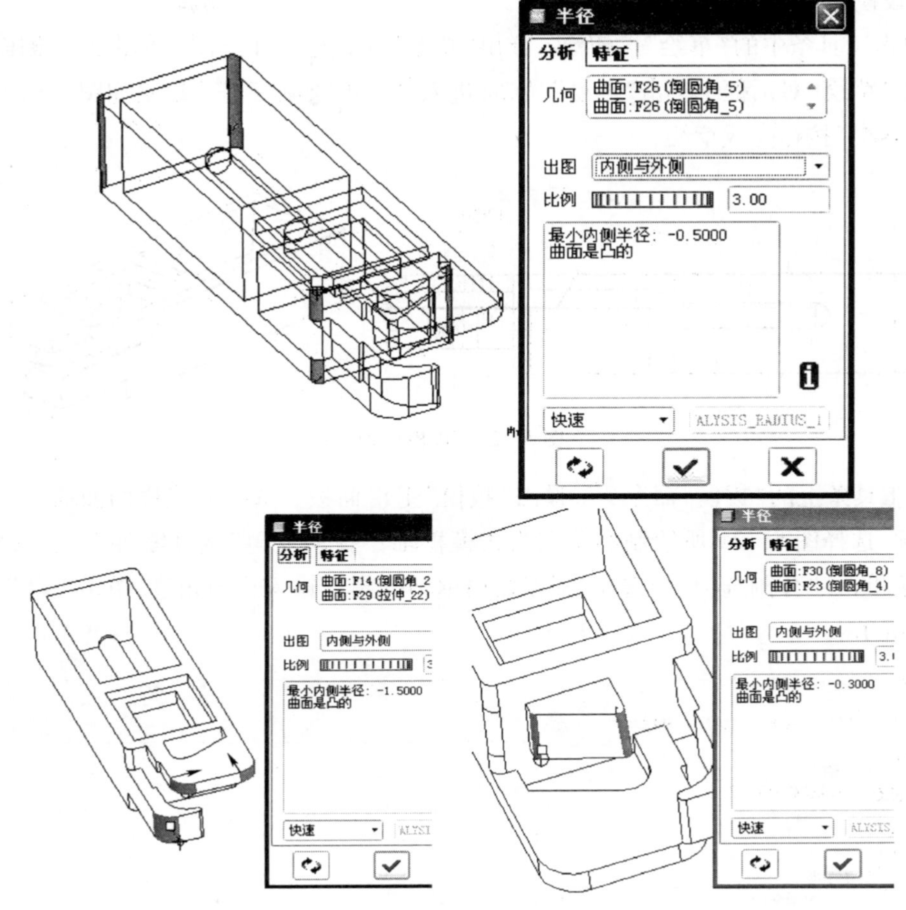

图 5-18　半径测量

（2）移除圆角特征。关闭“半径测量”对话框，选中图 5-19 所示模型圆角特征，选择主菜单“编辑”→“移除”命令，“曲面集”选项被激活，按住 Ctrl 键，依次选择图 5-20 所示曲面集，单击“移除”对话框中的“✔”按钮，完成圆角的移除。

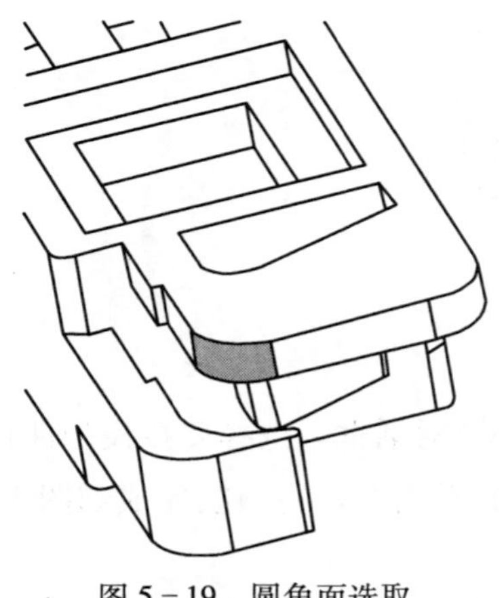

图 5-19　圆角面选取

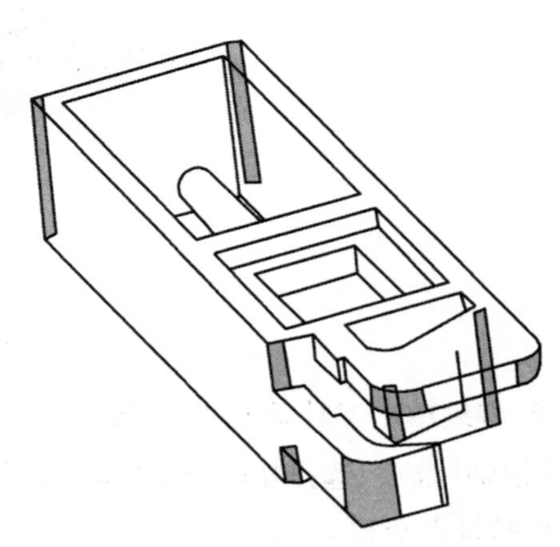

图 5-20　圆角曲面集移除

(3) 拔模处理。

① 单击工具条中的“草绘”按钮，弹出“草绘”对话框。在绘图区单击产品侧面作为草绘平面,在“草绘”对话框中单击“草绘”按钮,进入到草图绘制环境。绘制如图 5－21 所示图形,单击“ ✔ ”按钮完成草绘。

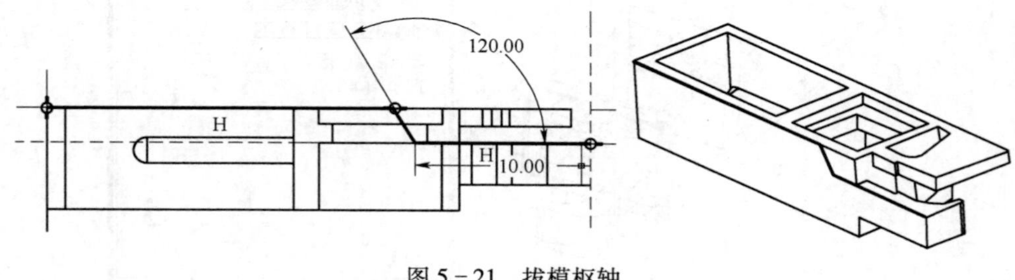

图 5－21　拔模枢轴

单击工具条上的“拔模”命令,弹出“拔模”上滑面板。选择要拔模的曲面,单击“拔模枢轴”选项,选择图 5－21 所绘制的草图为拔模枢轴,“拖动方向”选择零件上表面,单击“分割”下拉菜单,在“分割选项”中选择“根据拔模枢轴分割”,输入拔模角度,单击“✔”按钮,如图 5－22 所示。

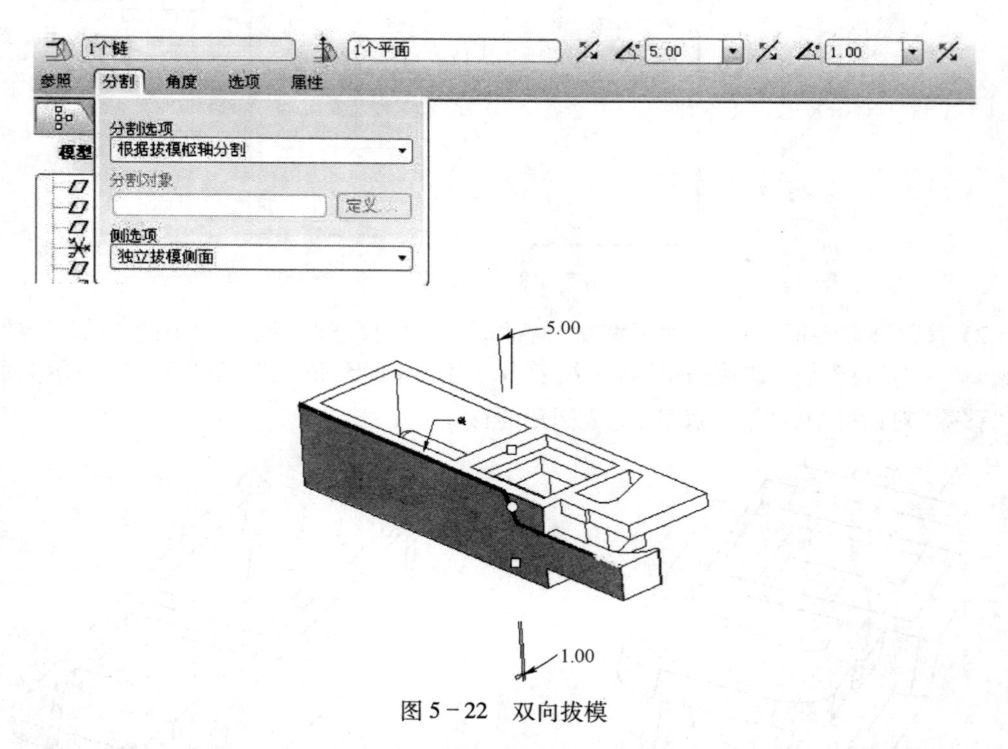

图 5－22　双向拔模

② 继续单击工具条上的“拔模”命令,弹出“拔模”对话框。选择要拔模的曲面,单击“拔模枢轴”选项,选择相应拔模枢轴,输入拔模角度为 1,单击“✔”按钮,完成如图 5－23 所示三组特征的拔模。

提示:进行移除操作时,注意拔模角度的方向,防止倒扣。可以先把拔模角度拉大,确认方向正确后,再更改角度值。

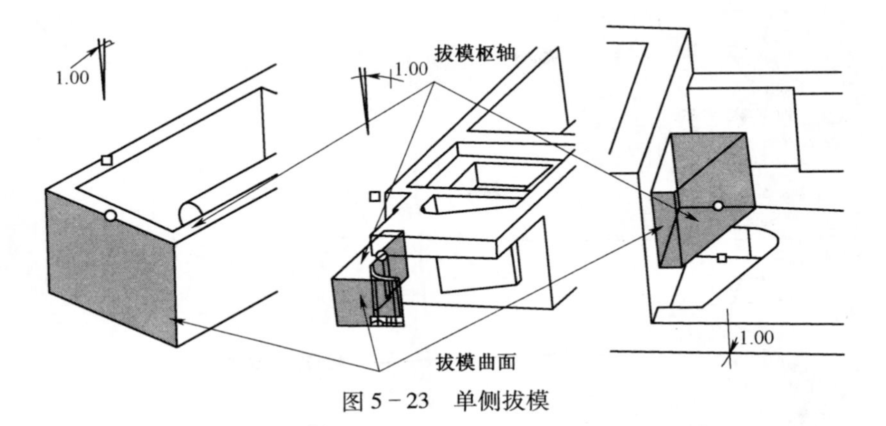

图 5－23　单侧拔模

③ 单击工具条中的“草绘”按钮，弹出“草绘”对话框，如图 5－24 所示。选取如图所示草绘平面和参照平面，在草绘对话框中单击“草绘”按钮，进入到草图绘制环境。

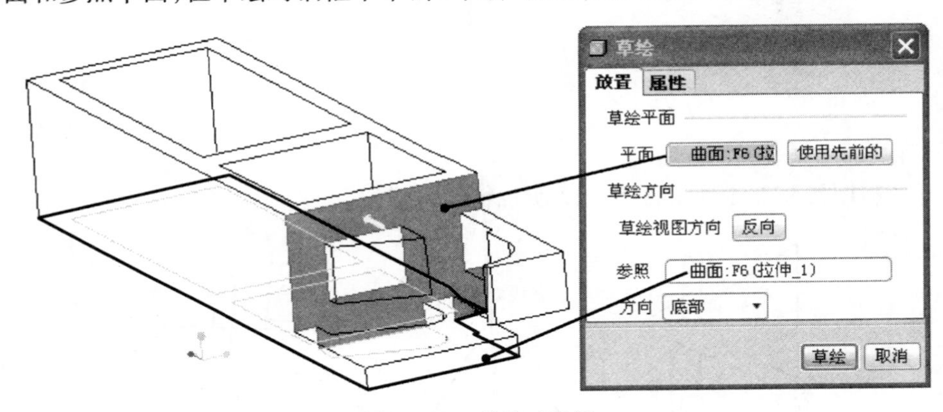

图 5－24　草绘对话框

绘制如图 5－25 所示图形，单击“ ”按钮完成草绘。

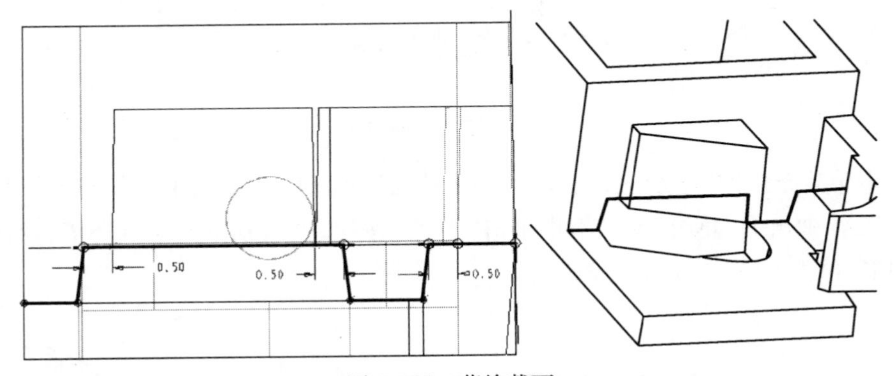

图 5－25　草绘截面

④ 再次单击工具条上的“拔模”命令，弹出“拔模”对话框。选择要拔模的曲面，单击“拔模枢轴”选项，选择图 5－25 所绘制的草图作为拔模枢轴，“拖动方向”选择零件上表面，单击“分割”下拉菜单，在“分割选项”中选择“根据拔模枢轴分割”，输入拔模角度，单击“ ”按钮，如图 5－26 所示。

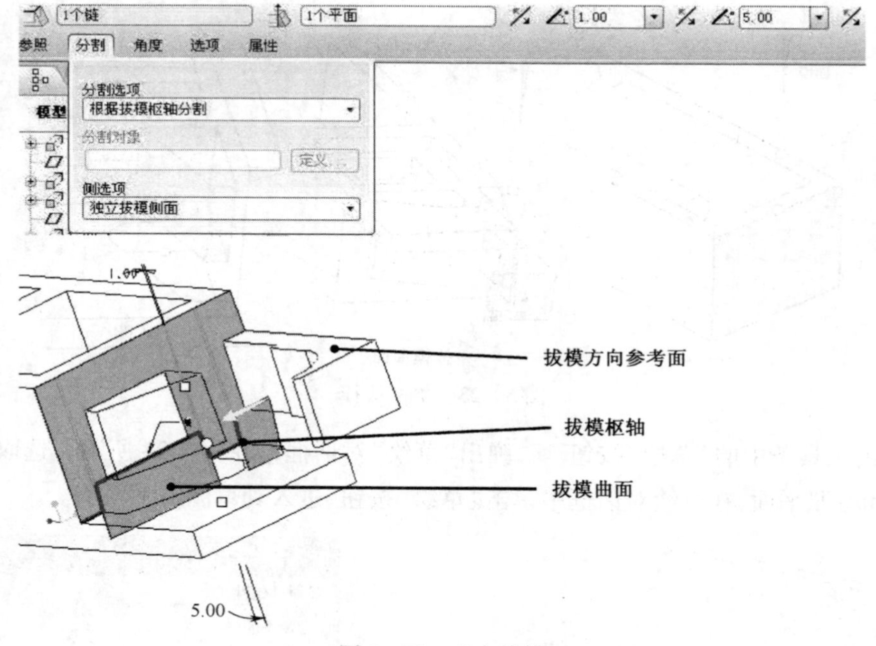

图 5－26　双向拔模

⑤ 再次利用拔模命令完成图 5－27 所示特征的拔模。

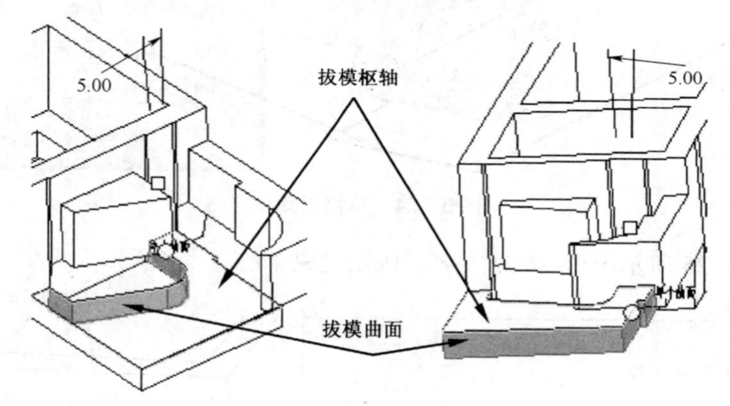

图 5－27　单向拔模

⑥ 单击工具条中的“草绘”按钮 ，弹出“草绘”对话框。在绘图区单击产品另一侧面作为草绘平面，在弹出的“草绘”对话框中单击“草绘”按钮，进入到草图绘制环境，绘制如图 5－28 所示图形，单击“ ”按钮完成草绘。

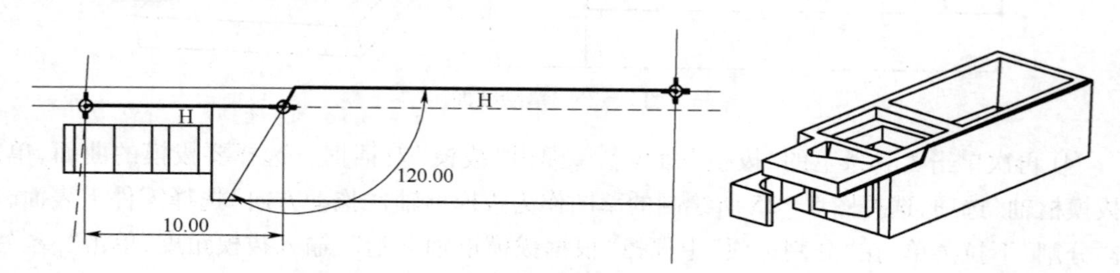

图 5－28　拔模枢轴曲线绘制

⑦ 单击工具条上的"拔模"命令，弹出"拔模"对话框。选择要拔模的曲面，单击"拔模枢轴"选项，选择图 5-28 所绘制草图作为拔模枢轴，"拖动方向"选择零件上表面，单击"分割"下拉菜单，在"分割选项"中选择"根据拔模枢轴分割"，输入拔模角度，单击"✔"按钮，如图 5-29 所示。

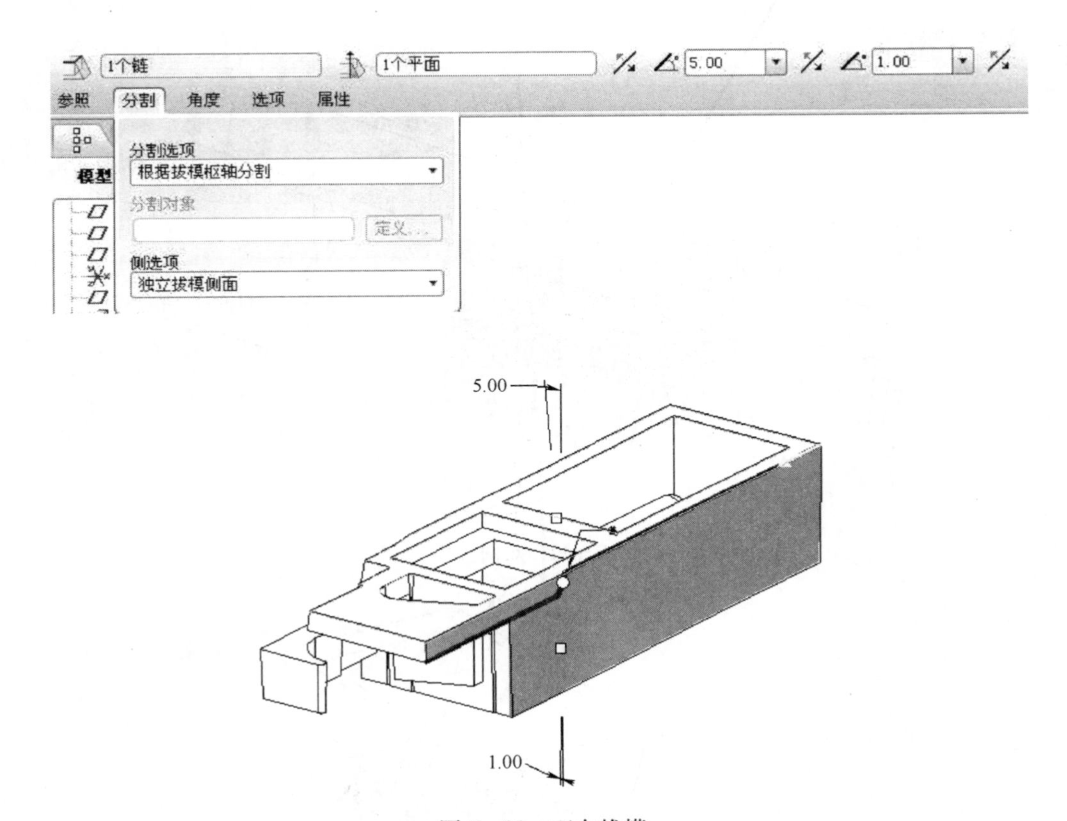

图 5-29 双向拔模

⑧ 继续单击工具条上的"拔模"命令，弹出"拔模"对话框。选择要拔模的曲面，单击"拔模枢轴"选项，选择图 5-30 所示平面作为拔模枢轴，单击"分割"下拉菜单，在"分割选项"中选择"根据拔模枢轴分割"，输入拔模角度，单击"✔"按钮，如图 5-30 所示。

⑨ 采用同样的方法对图 5-31 所示曲面进行拔模处理。

⑩ 单击工具条上的"拉伸"按钮，弹出"拉伸"上滑面板。单击"去除材料"按钮，在绘图区按住鼠标右键不放，在弹出的功能菜单中选择"定义内部草绘"命令，选择产品顶面作为草绘平面进入草绘界面。绘制图 5-32 所示截面，单击"✔"按钮，切除深度选择"穿透"，完成拉伸特征的创建。

⑪ 单击工具条上的"基准点"按钮，弹出"基准点"对话框。选择图 5-33 所示边作为参照，偏移比率为 0.5，单击"确定"按钮，完成基准点的创建。

单击工具条上的"基准平面"按钮，弹出"基准平面"对话框。按住键盘的 Ctrl 键，选择基准点和产品上表面作为参照，单击"确定"按钮，完成基准平面的创建，如图 5-34 所示。

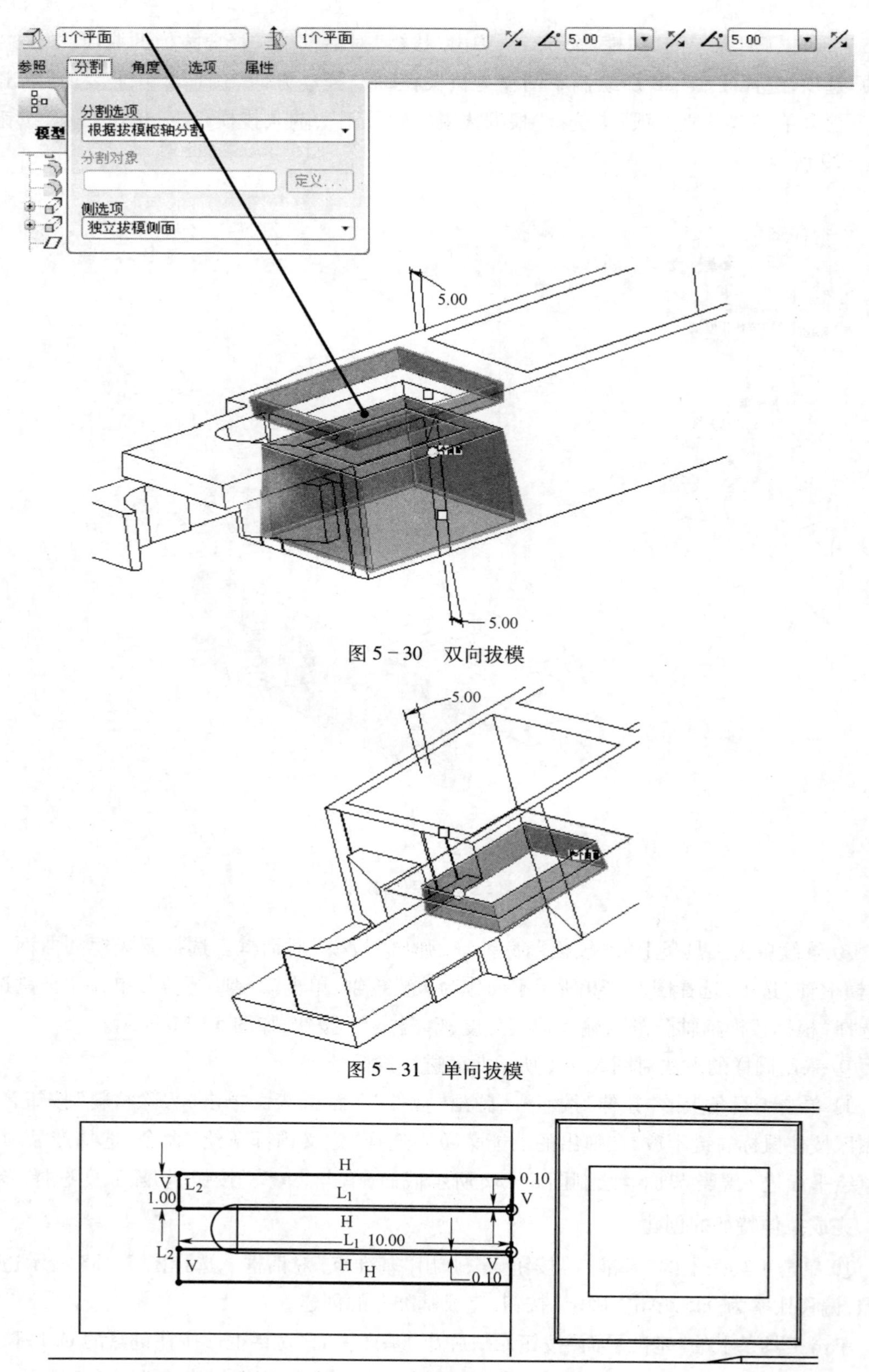

图 5-30　双向拔模

图 5-31　单向拔模

图 5-32　切直面草图

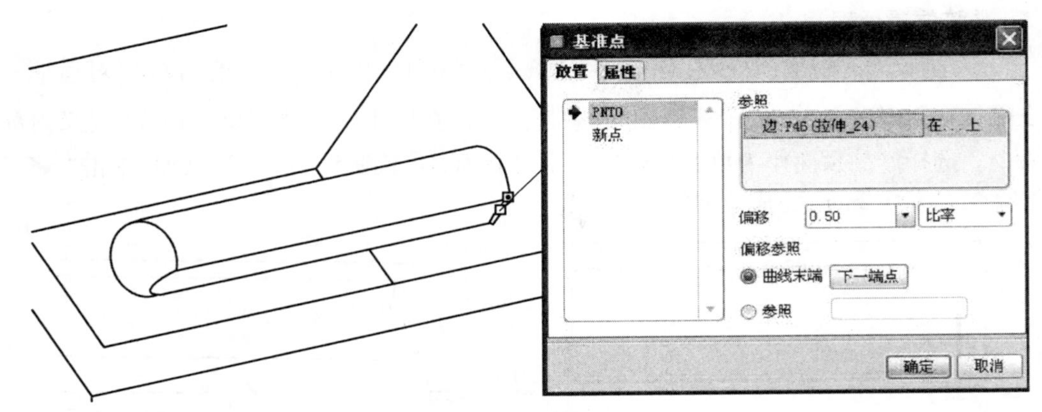

图 5-33　基准点创建

以此平面作为拔模枢轴对图 5-35 所示面进行双向拔模,方法同上。

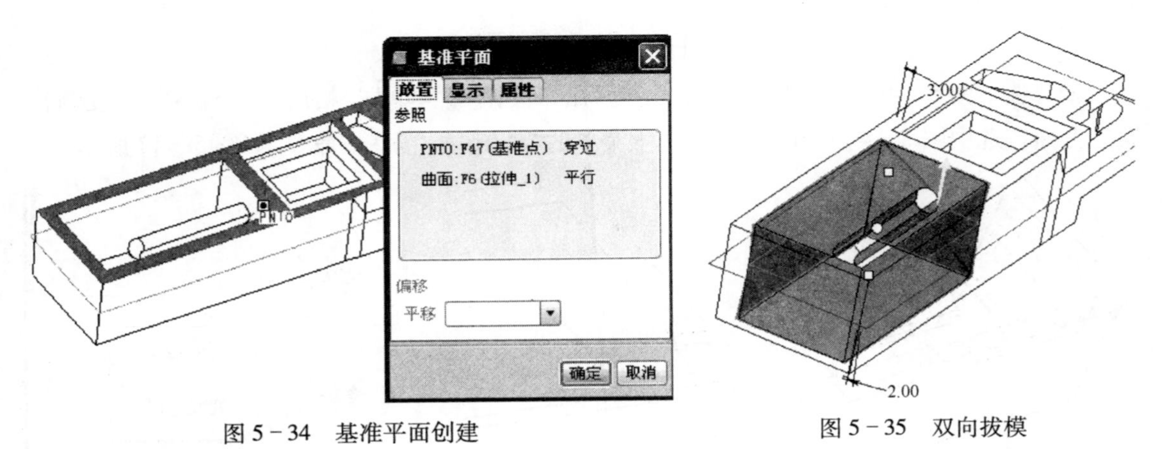

图 5-34　基准平面创建　　　　　　　　　　　　图 5-35　双向拔模

(4) 恢复圆角特征。单击工具条中的"倒圆角"按钮 ,先选择如图 5-36 所示边,圆角半径输入 0.5,单击" "。重复倒圆角命令,选择如图 5-37 所示边,半径输入 0.3,单击" "按钮。重复倒圆角命令,选择如图 5-38 所示边,半径输入 1.5,单击" "。

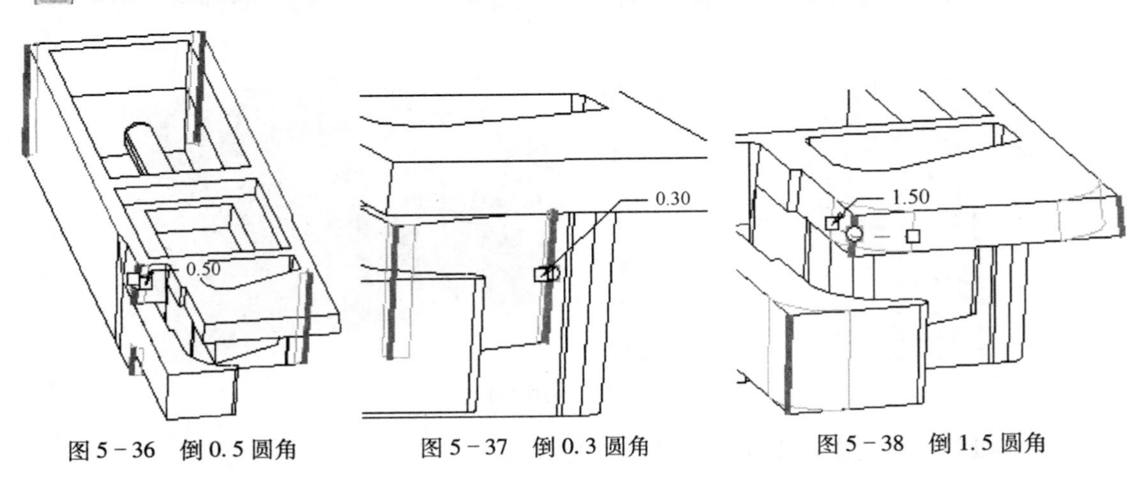

图 5-36　倒 0.5 圆角　　　　图 5-37　倒 0.3 圆角　　　　图 5-38　倒 1.5 圆角

5. 进胶位置处理

（1）对进胶处进行偷肉处理。单击工具条上的“拉伸”按钮，弹出“拉伸”对话框。单击“去除材料”按钮，在绘图区按住鼠标右键不放，在弹出的功能菜单中选择“定义内部草绘”命令。选择产品顶面作为草绘平面进入草绘界面，绘制图5－39所示截面，单击“✔”按钮，切除深度为0.2mm，完成拉伸特征的创建。

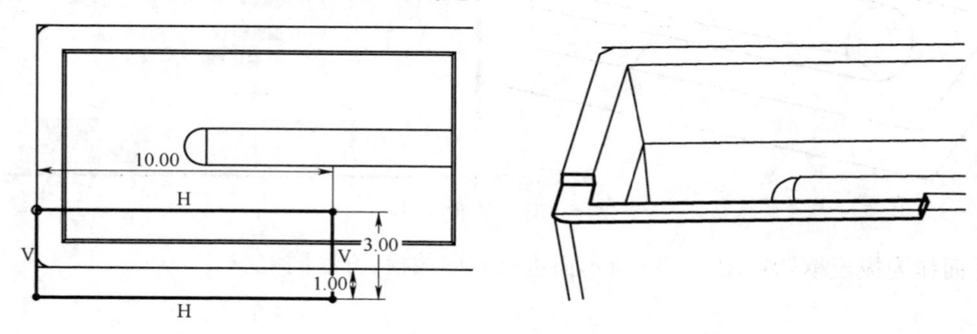

图5－39　偷肉处理

（2）选中图5－40所示曲面，单击“复制”命令按钮再单击“粘贴”命令按钮，复制替换参考面。选中图5－41所示曲面，选择主菜单的“编辑”→“偏移”命令，如图5－42所示。

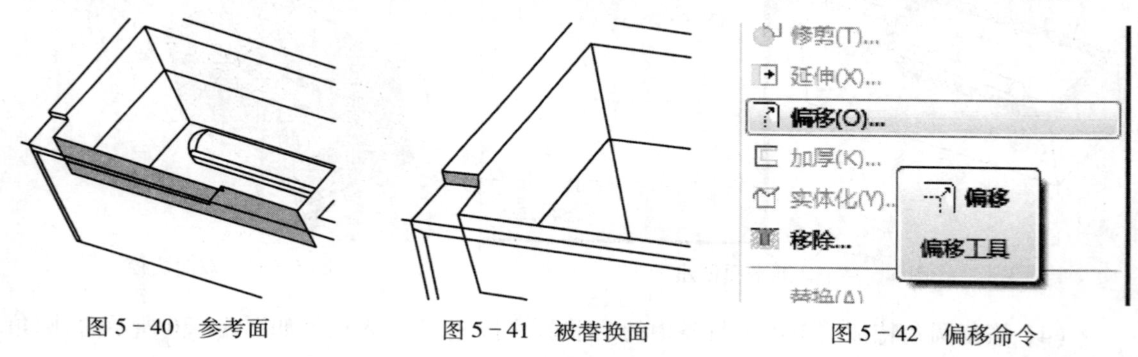

图5－40　参考面　　图5－41　被替换面　　图5－42　偏移命令

在弹出的“偏移”上滑面板中，选择“替换曲面特征”选项。鼠标在绘图区选择图5－40复制的曲面特征作为替换参考，单击“✔”按钮，完成曲面的替换，如图5－43所示。

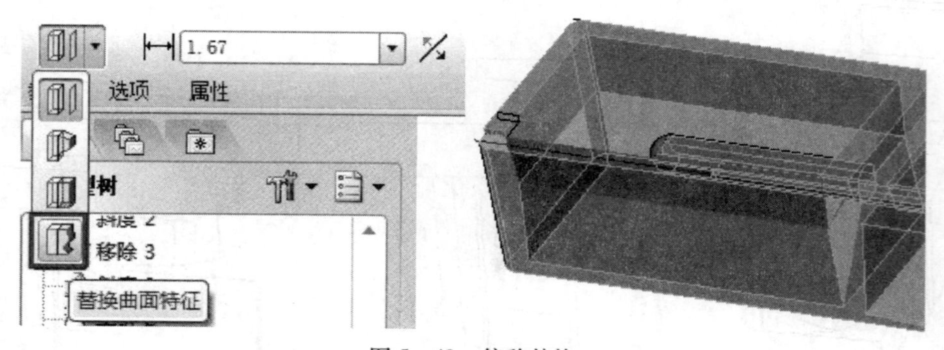

图5－43　偏移替换

对偷肉处侧面进行拔模处理，如图5－44所示。

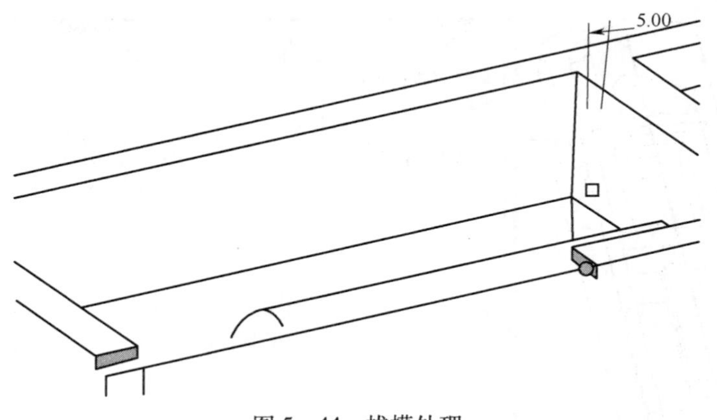

图 5－44　拔模处理

6. 建立坐标系

单击工具条中的“草绘”按钮，弹出“草绘”对话框。在绘图区单击产品顶面作为草绘平面，如图 5－45 所示，在“草绘”对话框中单击“草绘”按钮，进入草图绘制环境。绘制如图 5－46所示截面，单击“ ”按钮完成草绘。

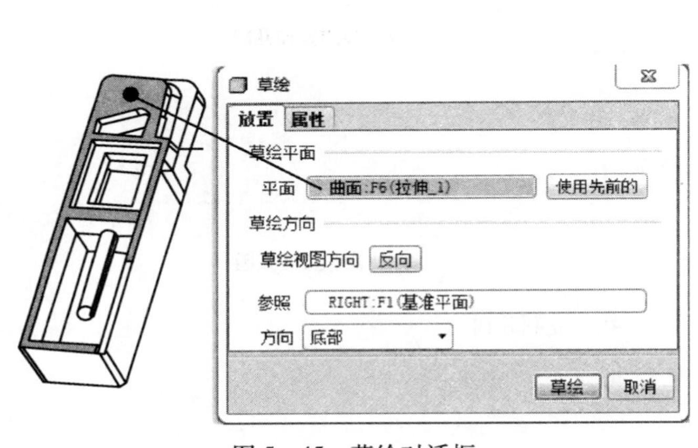

图 5－45　草绘对话框

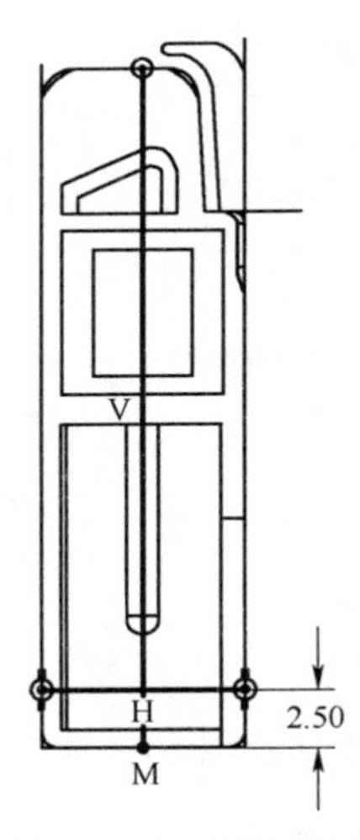

图 5－46　草绘截面

单击工具条中的“坐标系”按钮，弹出“坐标系”对话框。按住键盘 Ctrl 键，选择图 5－46 中的两条草绘线作为坐标系的 X、Y 轴参照，单击“确定”按钮，完成坐标系的创建，如图 5－47 所示。单击“保存”按钮保存文件。

7. 复制几何

（1）为减少模型的父子特征关联，采用复制几何的方式复制出模型的曲面。新建一个空零件档案，名称命名为“battery_latch”，在菜单栏选择“插入”→“共享数据”→“复制几何”命令，取消“仅限发布几何”的默认选择状态，选择“打开几何形状将被复制的模型”按钮，选择步骤 6 保存的文件打开，如图 5－48 所示。

（2）在弹出的“放置”对话框中，选择“坐标系”对齐的方式放置，“外部模型坐标系”选择图 5－47 所创建的坐标系，“局部模型坐标系”在绘图区选择新建的空零件默认坐标系，单击

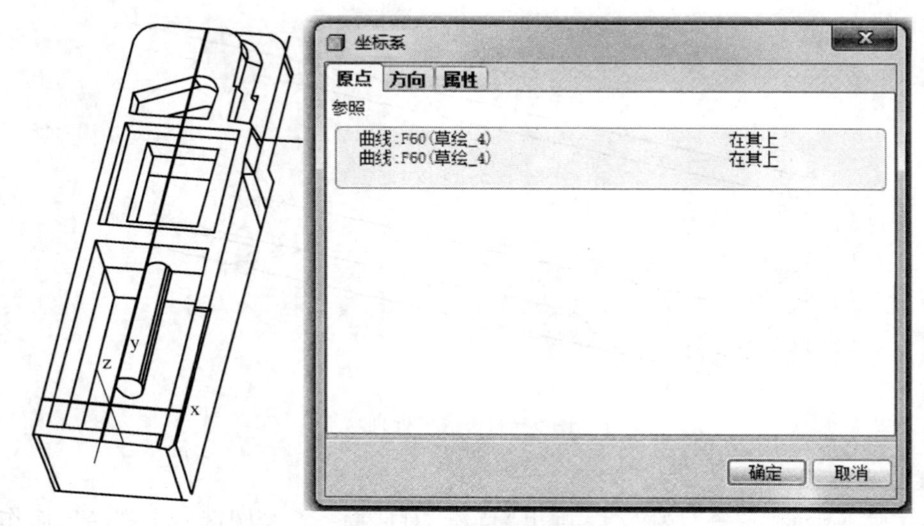

图 5-47 坐标系创建

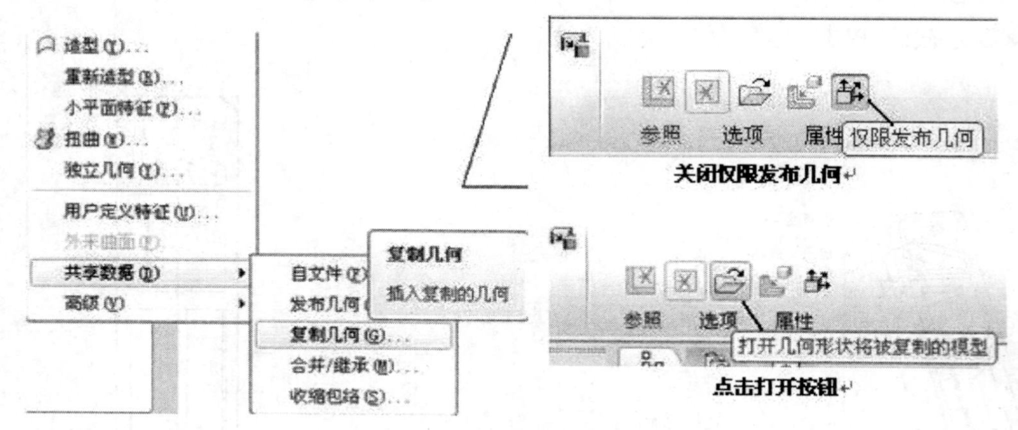

图 5-48 复制几何

“确定”按钮,如图 5-49 所示。

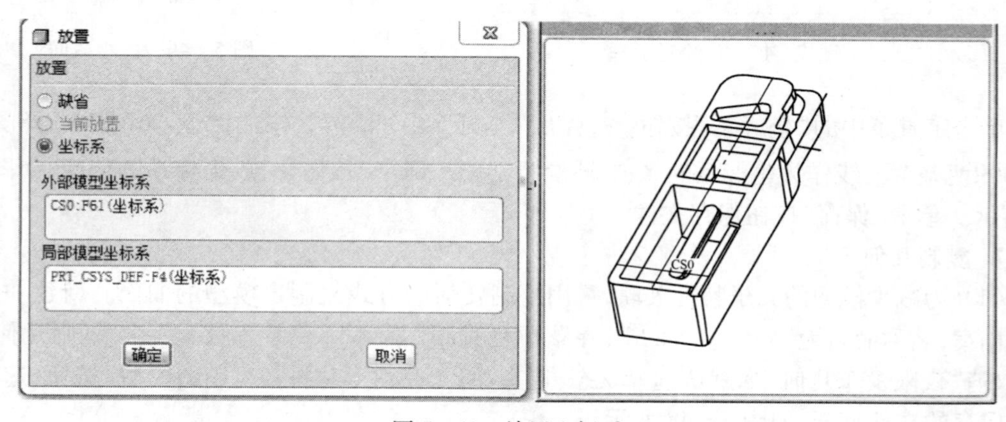

图 5-49 放置坐标系

(3)在绘图区按住鼠标右键,在弹出的快捷菜单中选择“曲面集”选项,选取图 5-50 所示模型的任意曲面，按住鼠标右键，在弹出的快捷菜单，选择“实体曲面”选项，模型所有曲面加亮，单击“复制几何”对话框中的“ ”按钮，完成实体几何的复制。

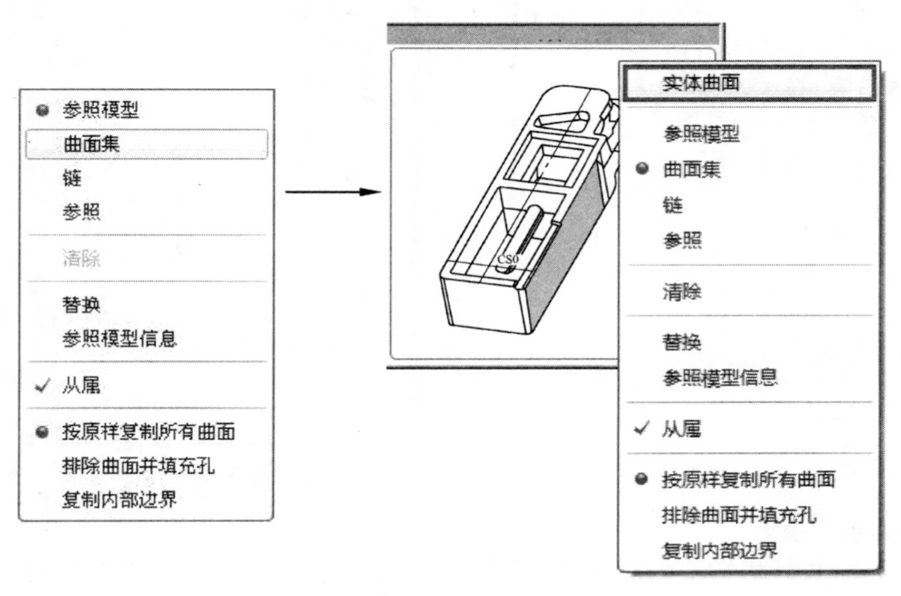

图 5－50　曲面复制

（4）在所有被复制的实体曲面选中加亮的状态下，选择主菜单“编辑”→“实体化”命令，生成实体几何，如图 5－51 所示。单击“保存”按钮保存文件。

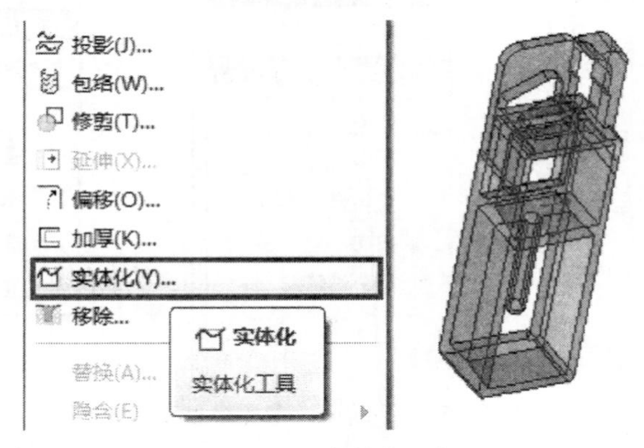

图 5－51　实体化几何

任务四　BATTERY_LATCH 模具设计

1. 创建模具文件

设置好工作目录后，新建一个模具文件，类型为“制造”，子类型为“模具型腔”，将名称改为“battery_latch _mold”，取消选中“使用默认模板”复选框，并单击对话框中的“确定”按钮，如图 5－52 所示。进入“新建文件选项”对话框，选择模板类型为“mmns_mfg_mold”，如图 5－53 所示，并单击“确定”按钮。

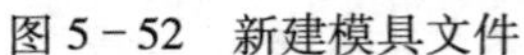
图 5-52　新建模具文件　　　　图 5-53　模板选取

2. 装配参照模型

依次单击“模具菜单管理器”级联菜单中的“模具模型”→“装配”→“参照模型”命令，如图 5-54 所示。

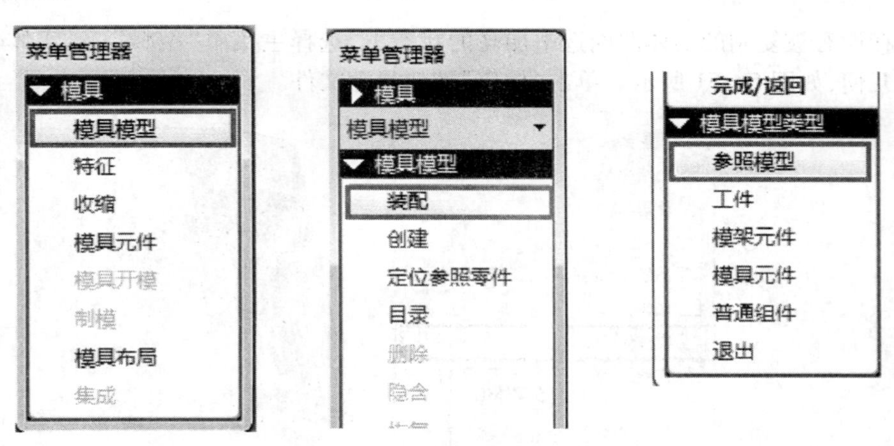

图 5-54　手动调入参照模型菜单

在弹出的“打开”对话框中选择“battery_latch. prt”作为参照模型，单击“打开”按钮，将参照模型装配到模具组件中。参照模型的 FRONT 面与型腔组件中的 MAIN_PARTING_PLN 对齐，RIGHT 面与 MOLD_RIGHT 面距离为 20mm，TOP 面与 MOLD_FRONT 面距离为 25mm，使布局方式符合排穴方案设计，如图 5-55 所示。

单击“装配”对话框中的“ ”按钮，弹出“创建参照模型”对话框。“参照模型类型”选择默认的“按参照合并”选项，接受系统默认参照模型名称，单击“确定”按钮，如图 5-56 所示，完成参照模型的装配。

3. 设置参照零件收缩率

依次单击“模具菜单管理器”级联菜单中的“收缩”→“按比例”命令，弹出“按比例收缩”

对话框。选取绘图区参照模型的坐标系“PRT_CSYS_DEF”作为零件缩放的原点，“收缩率”选项中输入0.016，如图5-57所示，单击“ ”按钮，完成参照零件收缩率的设置。

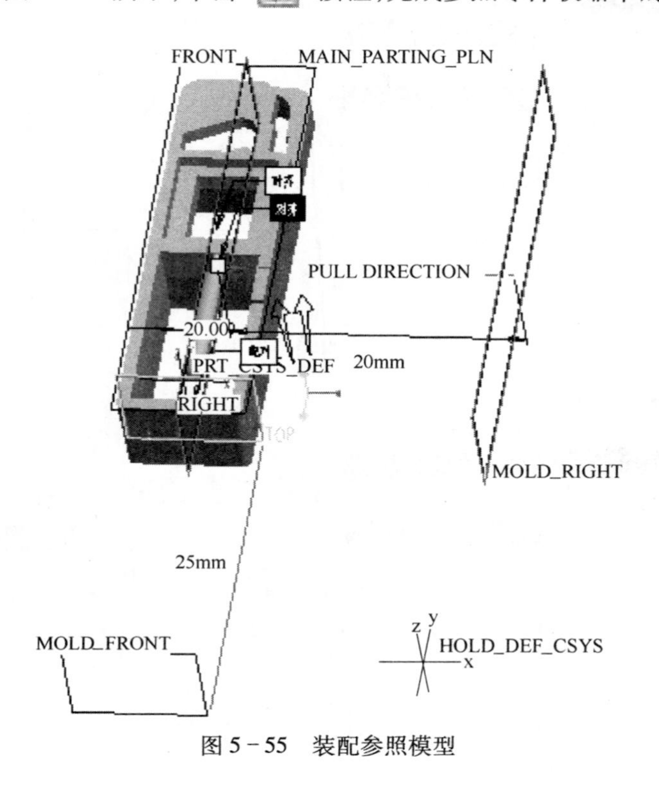

图5-55 装配参照模型

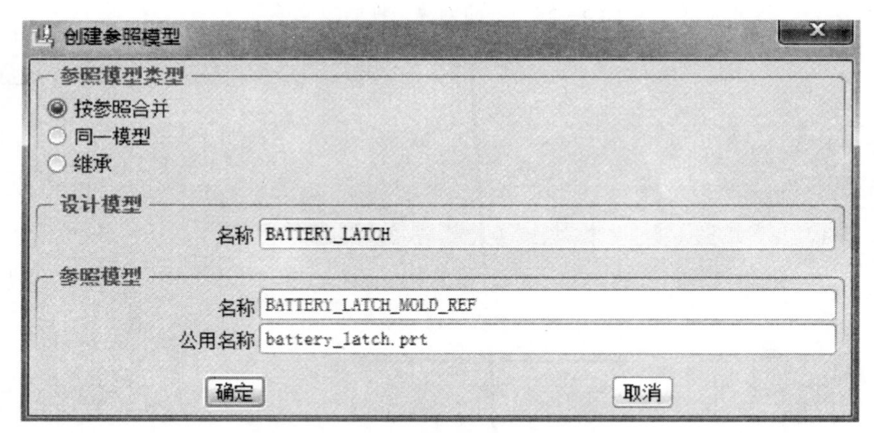

图5-56 创建参照模型对话框

4. 以手动方式创建工件

(1) 依次单击“模具菜单管理器”级联菜单中的“模具模型”→“创建”→“工件”→“手动”命令，如图5-58所示。

在弹出的“元件创建”对话框中输入毛坯的名称为“BATTERY_LATCH_MOLD_WRK”，单击“确定”按钮，弹出“创建选项”对话框，“创建方法”选择“创建特征”，单击“确定”按钮，如图5-59所示。

图 5－57　收缩率设置

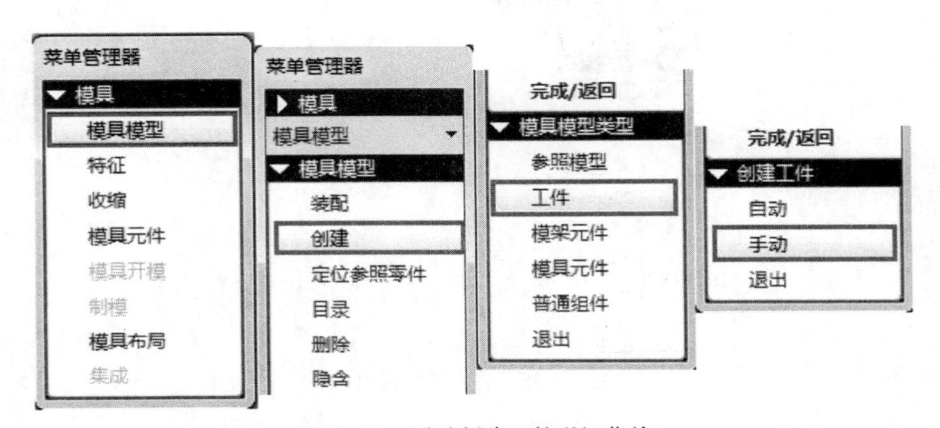

图 5－58　手动创建工件联级菜单

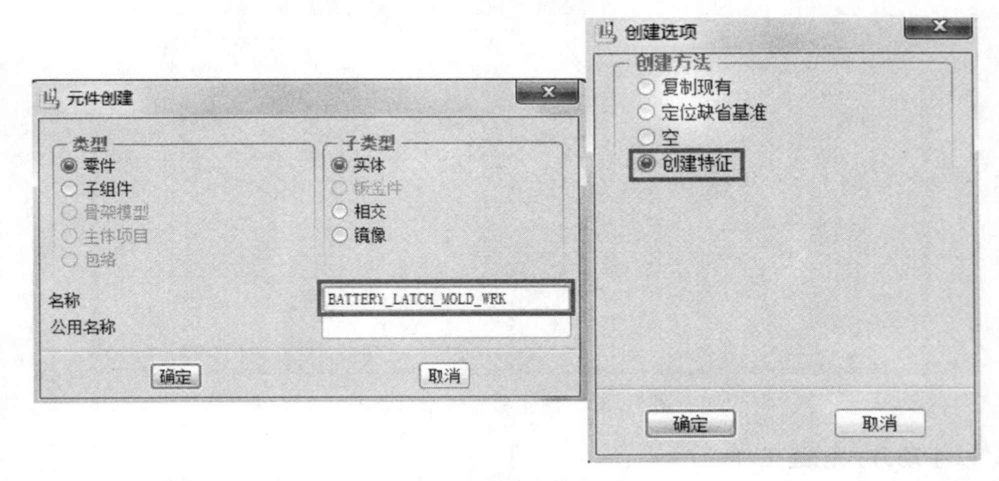

图 5－59　元件创建对话框

（2）回到模具联级菜单，依次选择“伸出项”→“拉伸”→“实体”→“完成”命令。在绘图区空白处单击鼠标右键不放，在弹出的快捷菜单中单击“定义内部草绘”，如图 5－60 所示，弹出“草绘”对话框，选择 MAIN_PARTING_PLN 平面作为草绘平面，单击“确定”按钮，进入草绘环境。

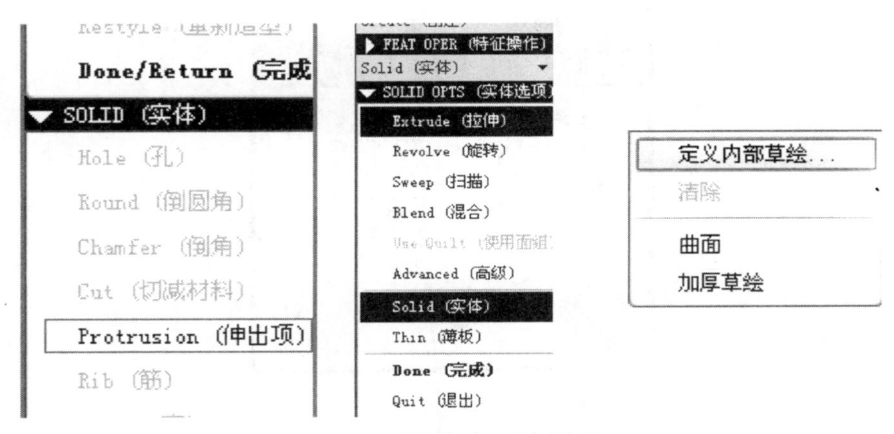

图 5-60 拉伸毛坯联级菜单

绘制如图 5-61 所示草图,单击"✓"按钮,完成草图绘制,"拉伸"选项中两侧拉伸深度分别为 30 和 45,如图 5-62 所示,单击"✓"按钮完成毛坯的创建。

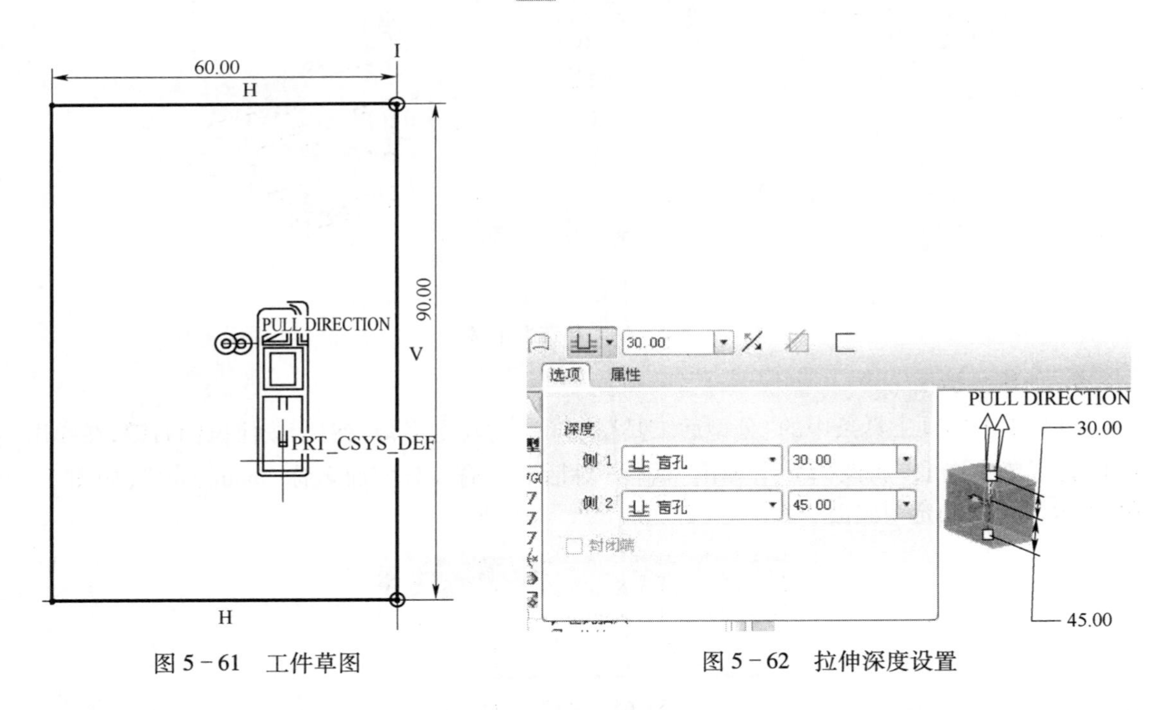

图 5-61 工件草图　　　　图 5-62 拉伸深度设置

(3) 将工件设为以线框显示。选中工件,单击主菜单"视图"→"显示样式"→"线框"命令,完成工件的显示设置。

5. 以棱线方式创建分型线

单击模具工具条中的"侧面影像曲线"按钮,在弹出如图 5-63 所示的"侧面影像曲线"对话框中单击"预览"按钮。

选中"侧面影像曲线"对话框中的"环选取"选项,单击"定义"按钮,弹出"环选取"对话框。排除不能正确生成裙边曲面的环,单击"确定"按钮,返回"侧面影像曲线"对话框,单击

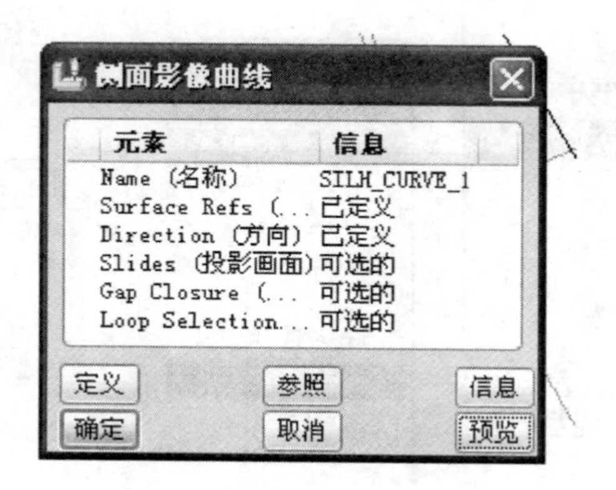

图 5-63 侧面影像曲线

“确定”按钮完成自动分型线的创建,如图 5-64 所示。

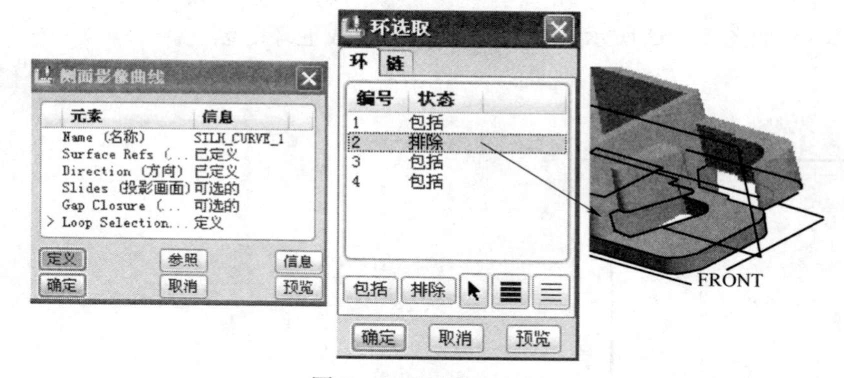

图 5-64 环选取定义

6. 创建分型面

(1) 单击模具工具条中的“分型面工具”按钮,在主屏幕空白区按住鼠标右键,在弹出的快捷菜单中选取“属性”命令,弹出“属性”对话框。输入分型面名称“main_surf”,如图 5-65 所示,单击“确定”按钮。

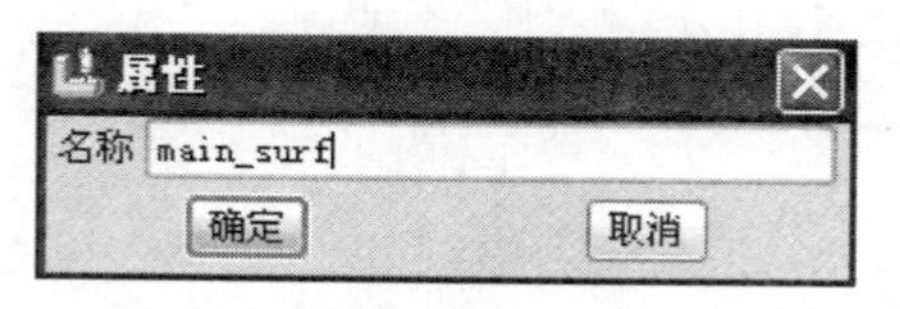

图 5-65 分型面命名

(2) 单击模具工具条中的“裙边曲面”按钮,在模型树中点选棱线“SILH_CURVE_1”作为特征曲线,单击“完成”。

单击“裙边曲面”对话框中的“延伸”选项,单击“定义”按钮,弹出“延伸控制”对话框。排除图 5-66 所示曲线,单击“确定”按钮,返回“裙边曲面”对话框,单击“确定”按钮,完成后如图 5-67 所示。

(3) 单击工具条中的“基准平面”命令,弹出“基准平面”对话框。以图 5-68 所示成品的边和侧面作为参照,单击“确定”按钮,完成基准平面的创建。

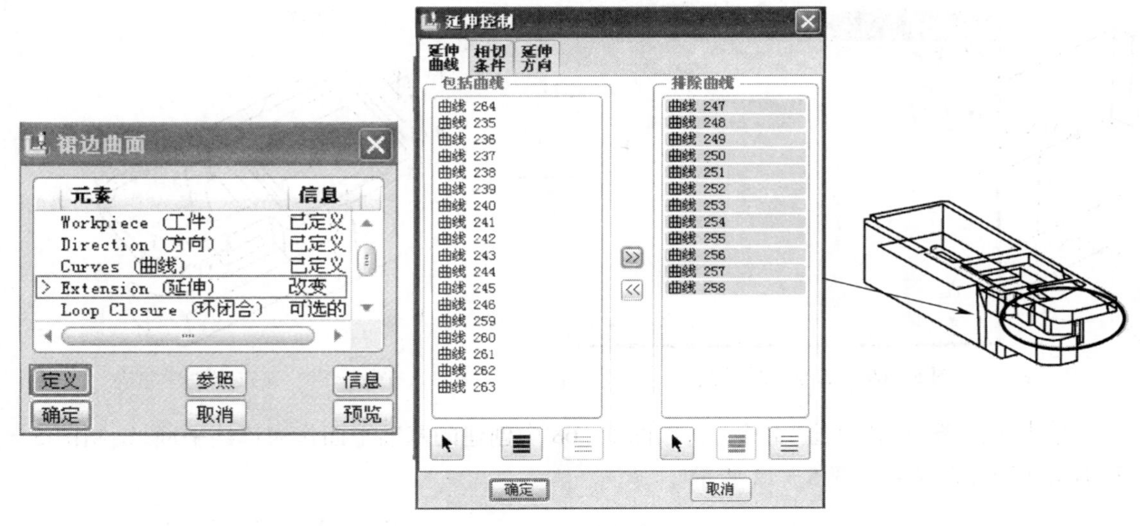

图 5-66　排除曲线

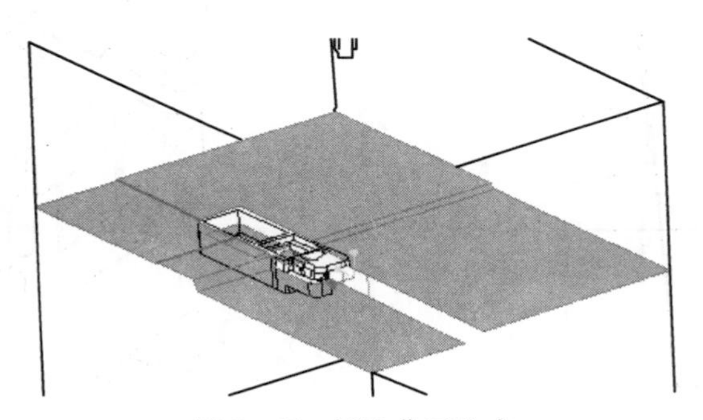

图 5-67　裙边曲面生成

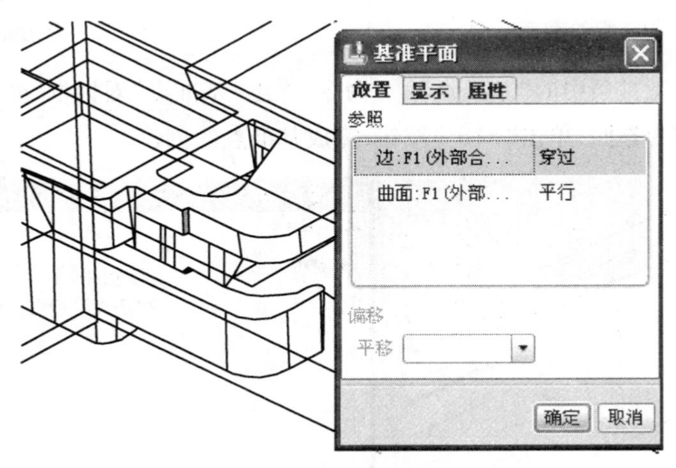

图 5-68　基准平面创建

单击工具条中的“基准点”命令图标，弹出“基准点”对话框。分别以图 5-68 中创建的基准平面、图 5-69 所示模型的边及顶点作为参照，创建两个基准点，单击“确定”按钮，完成基准点的创建，如图 5-70 所示。

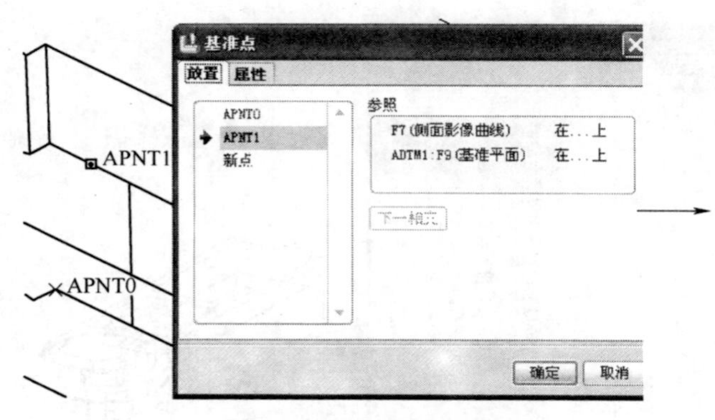

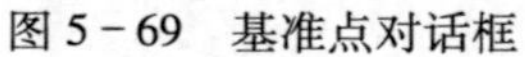
图 5-69　基准点对话框

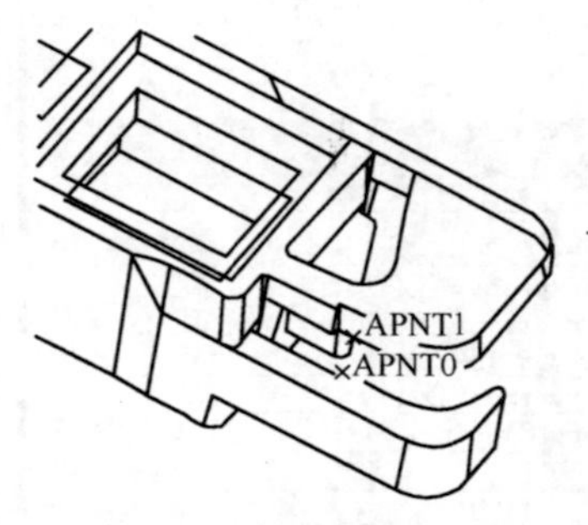

图 5-70　基准点创建完成

单击工具条中的“草绘”命令，以图 5-68 中创建的基准平面作为草绘平面，绘制图 5-71 所示草图，完成后如图 5-72 所示。

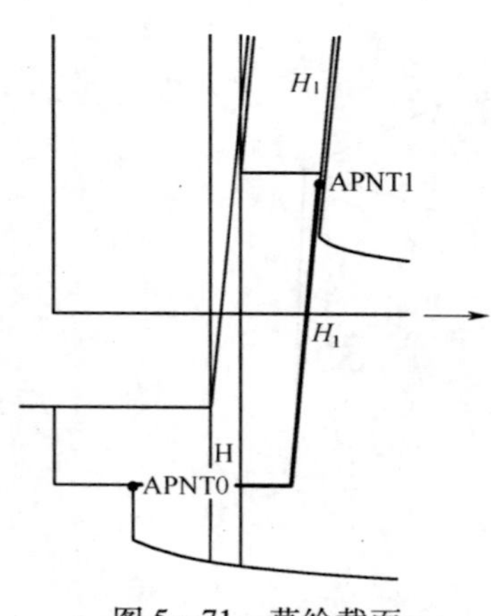

图 5-71　草绘截面

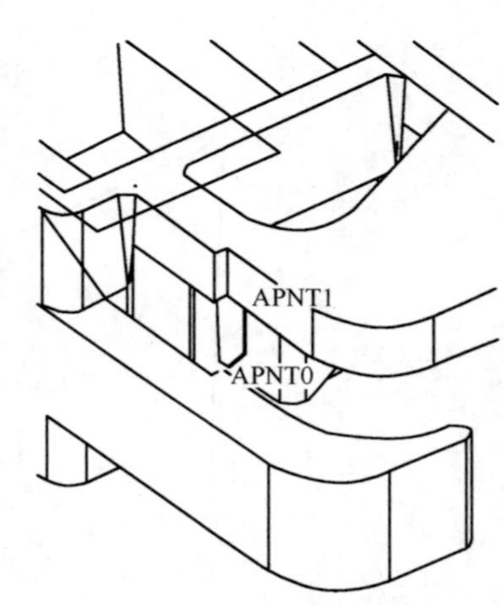

图 5-72　草绘完成结果

(4) 再次单击工具条中的“基准点”命令，弹出“基准点”对话框，分别以图 5-73 所示模型的边及侧面作为参照，单击“确定”按钮，完成基准点的创建。

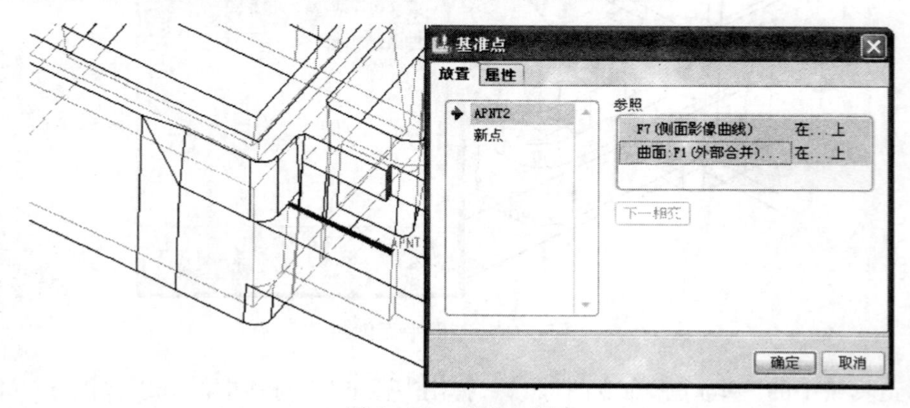

图 5-73　基准点创建

单击工具条中的“草绘”命令，以图 5-74 中模型侧面作为草绘平面，绘制图 5-75 所示草图,完成后如图 5-76 所示。

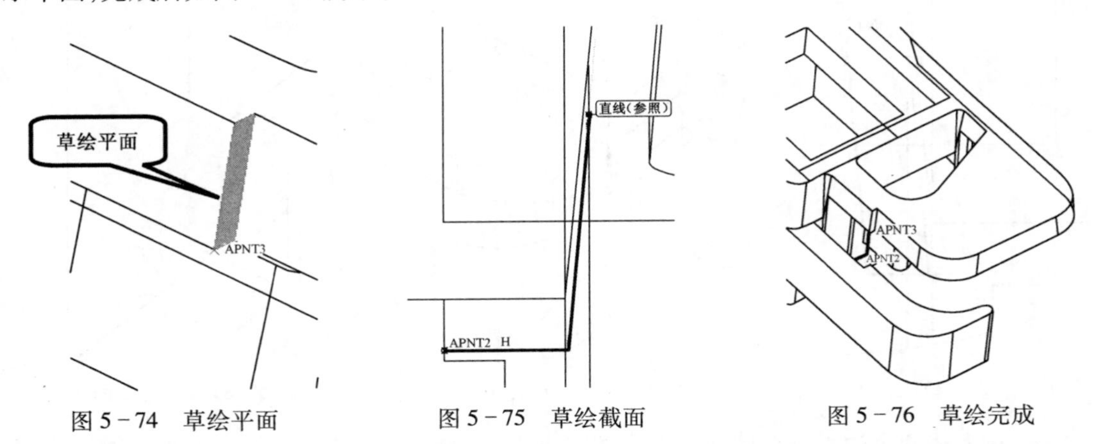

图 5-74 草绘平面　　图 5-75 草绘截面　　图 5-76 草绘完成

选择主菜单“插入”→“边界混合”命令,弹出“边界混合”对话框,“第一方向”和“第二方向”分别选择图 5-77 所示链,单击“✓”按钮完成。

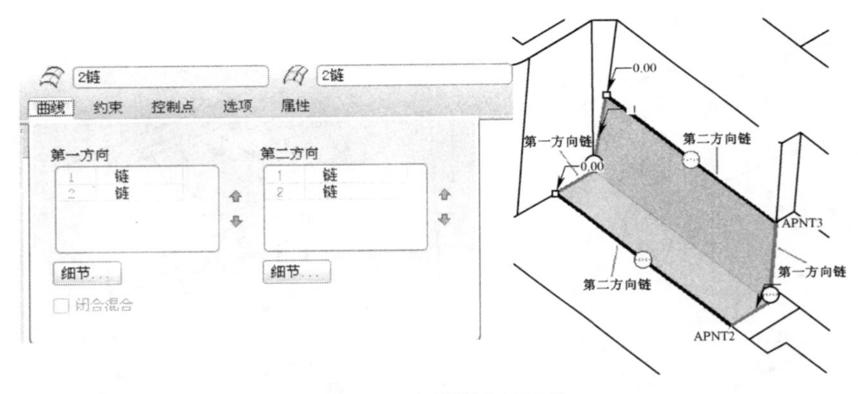

图 5-77 边界混合链选取

提示:① 第一方向与第二方向的链可以互换。

② 在选取链时,可以在链选中的状态下按住鼠标右键不放,弹出图 5-78 所示快捷菜单,选择“修剪位置”命令对该链进行修剪(修剪参照可以为点、线、面),以得到所需要的线段。

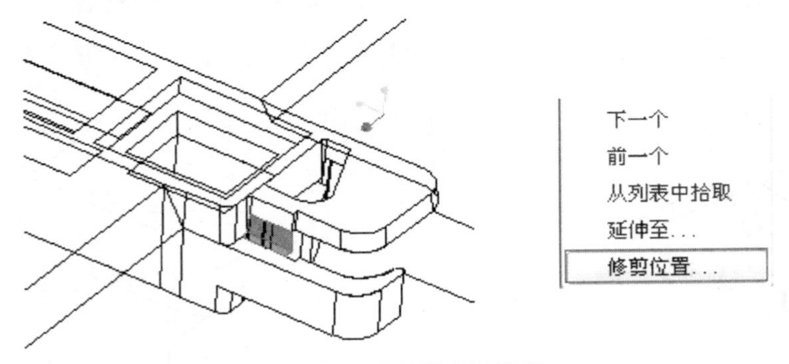

图 5-78 边界混合链编辑

(5) 以图 5-74 所示平面作为草绘平面,绘制图 5-79 所示草图,完成后如图 5-80 所示。利用“边界混合”命令完成图 5-81 所示曲面的创建。

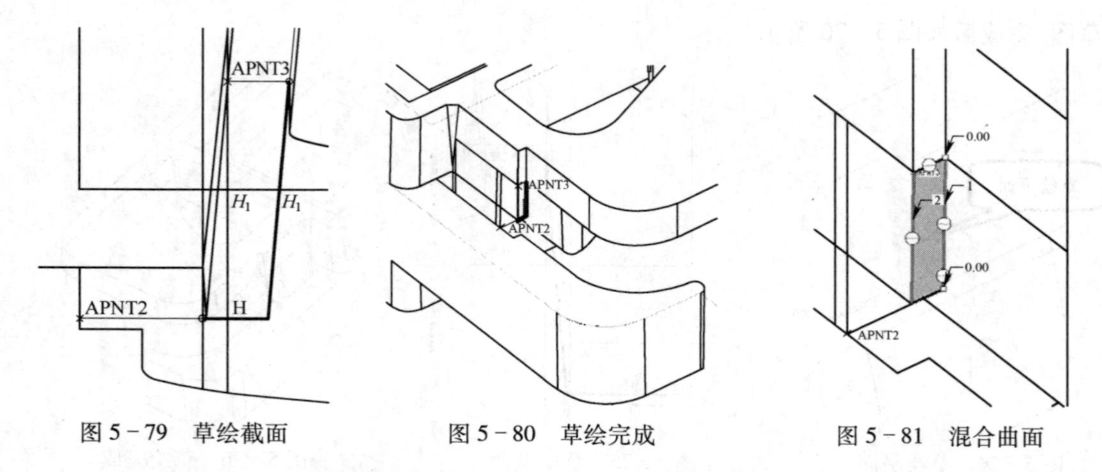

图 5－79　草绘截面　　　图 5－80　草绘完成　　　图 5－81　混合曲面

（6）在上述两个边界混合曲面被选中的状态下，选择主菜单“编辑”→“合并”命令，使之成为同一面组。

（7）再次利用“边界混合”命令创建图 5－82 所示曲面，并与之前创建的曲面合并，这里不再赘述。

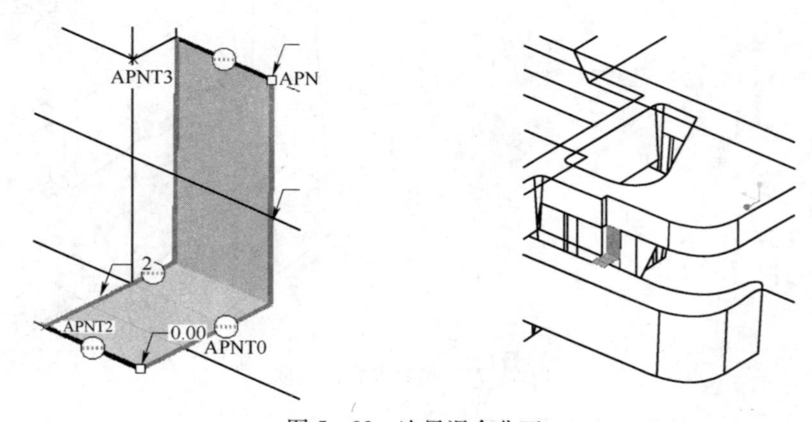

图 5－82　边界混合曲面

提示：合并命令只能用于对两个面组进行合并。

（8）选取图 5－83 所示曲面，单击工具条中的“复制”按钮，然后单击工具条中的“粘贴”按钮，此曲面被原位复制。选择图 5－84 所示曲面边，然后选择主菜单“编辑”→“延

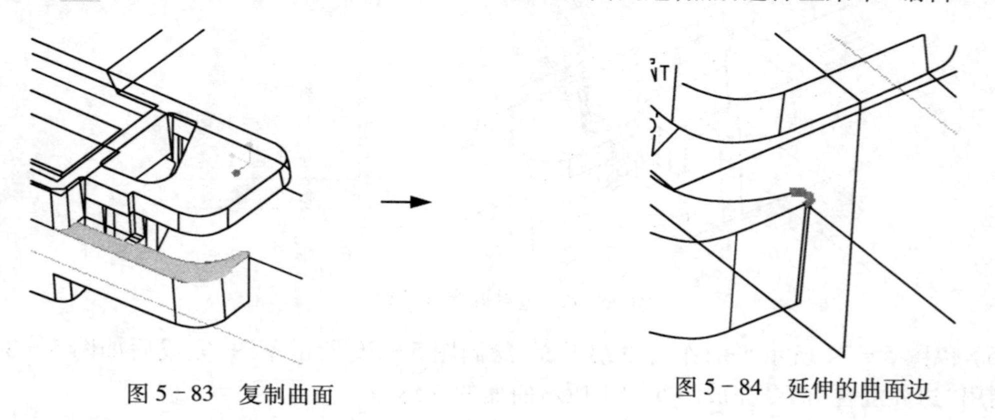

图 5－83　复制曲面　　　图 5－84　延伸的曲面边

伸”命令，弹出如图 5-85 所示对话框，切换成“将曲面延伸到参考平面”方式，选择图 5-86 所示平面(模型的 RIGHT 面)作为延伸参考平面，单击“”按钮。

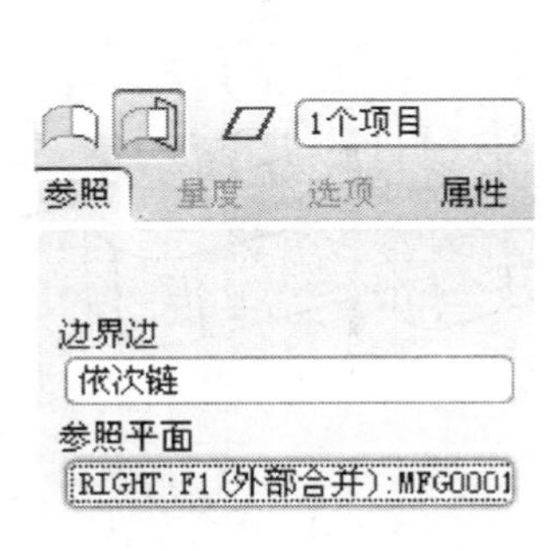

图 5-85　延伸上滑面板

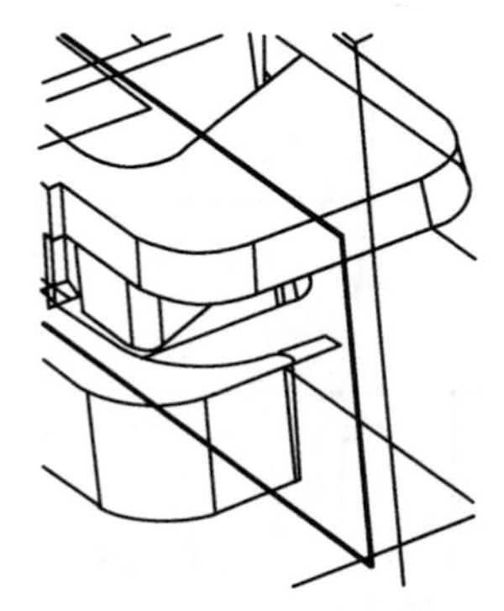
图 5-86　延伸参照

提示：Pro/E 中的延伸命令只能用于延伸曲面边，而不能用于实体边的延伸。

在图 5-87 所示曲面被选中的状态下，选择主菜单“编辑”→“修剪”命令，保留箭头指向侧，单击“”按钮。

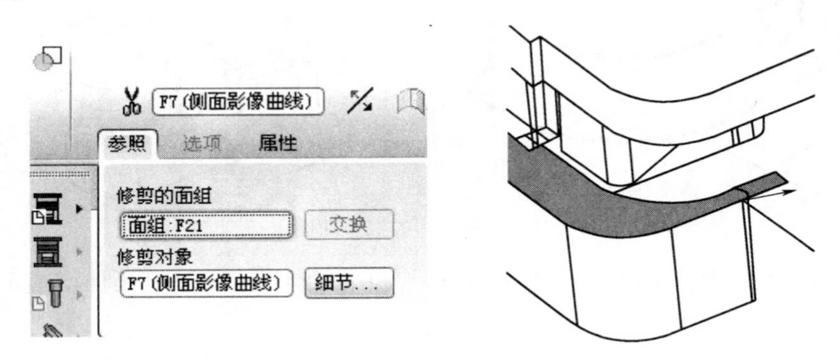

图 5-87　修剪曲面

提示：Pro/E 中分型面可以允许和模型相交，在上述复制、延伸、修剪的操作中可以省略修剪操作，本案例为使读者更清楚分型面的构成，在此修剪掉多余的曲面。

(9) 再次利用“延伸”命令创建图 5-88 所示曲面，并利用“合并”命令将图 5-88 所构造的曲面与主分型面(裙边曲面)合并，这里不再赘述。

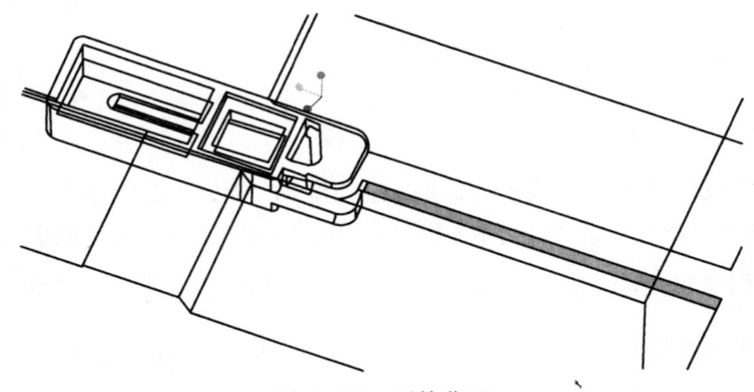
图 5-88　延伸曲面

（10）以模型的RIGHT面作为草绘平面，绘制图5-89所示草图，完成后如图5-90所示。

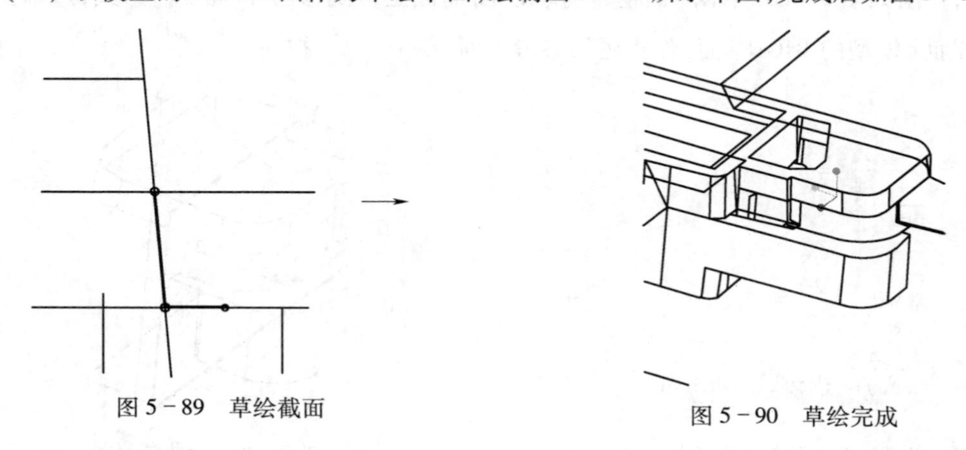

图5-89　草绘截面

图5-90　草绘完成

利用边界混合命令创建图5-91所示曲面，并利用"合并"命令合并所有连接曲面。

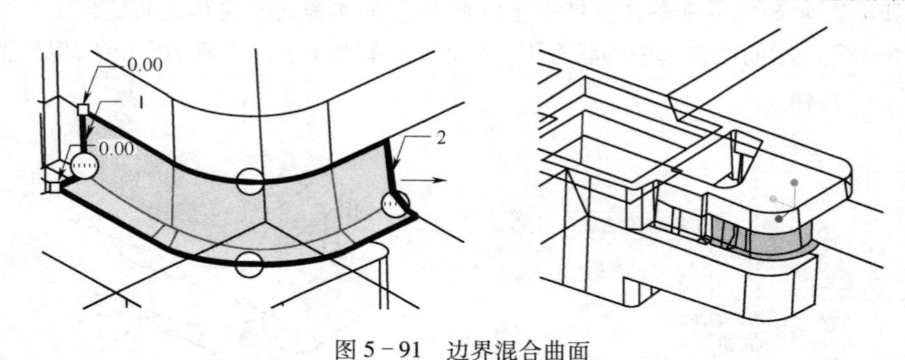

图5-91　边界混合曲面

（11）在图5-92所示曲面边选中的状态下，利用"延伸"命令将其延伸至图5-93所示模型的底面。

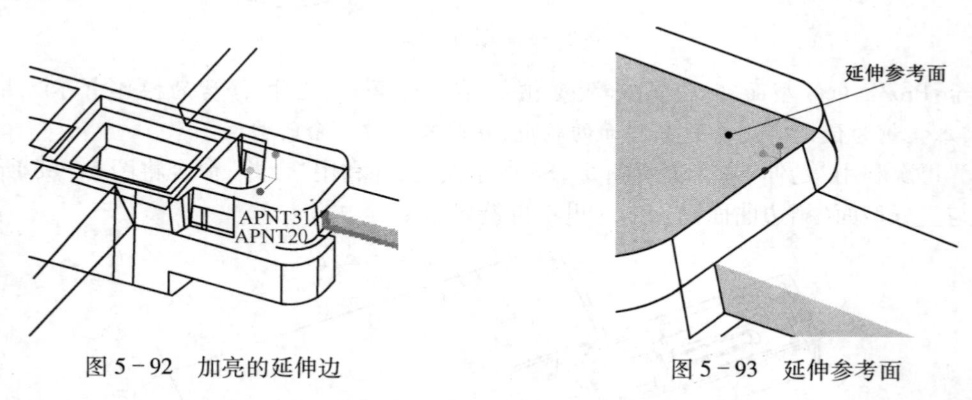

图5-92　加亮的延伸边

图5-93　延伸参考面

对上述延伸生成的曲面进行拔模处理，拔模角度为30°，如图5-94所示。利用"边界混合"命令构造如图5-95所示曲面，再利用"合并"命令将此曲面与裙边曲面合并。

（12）选中图5-96所示曲面，单击工具栏中的"复制"按钮，然后单击工具条中的"粘贴"按钮，此曲面被原位复制。选择图5-97所示曲面边，然后选择主菜单"编辑"→"延伸”命令，在弹出的“延伸”对话框中输入延伸距离为 2mm，单击“✔”按钮，再次利用主菜单中的“编辑”→“修剪”命令修剪该曲面，保留箭头指向侧，如图 5-98 所示。

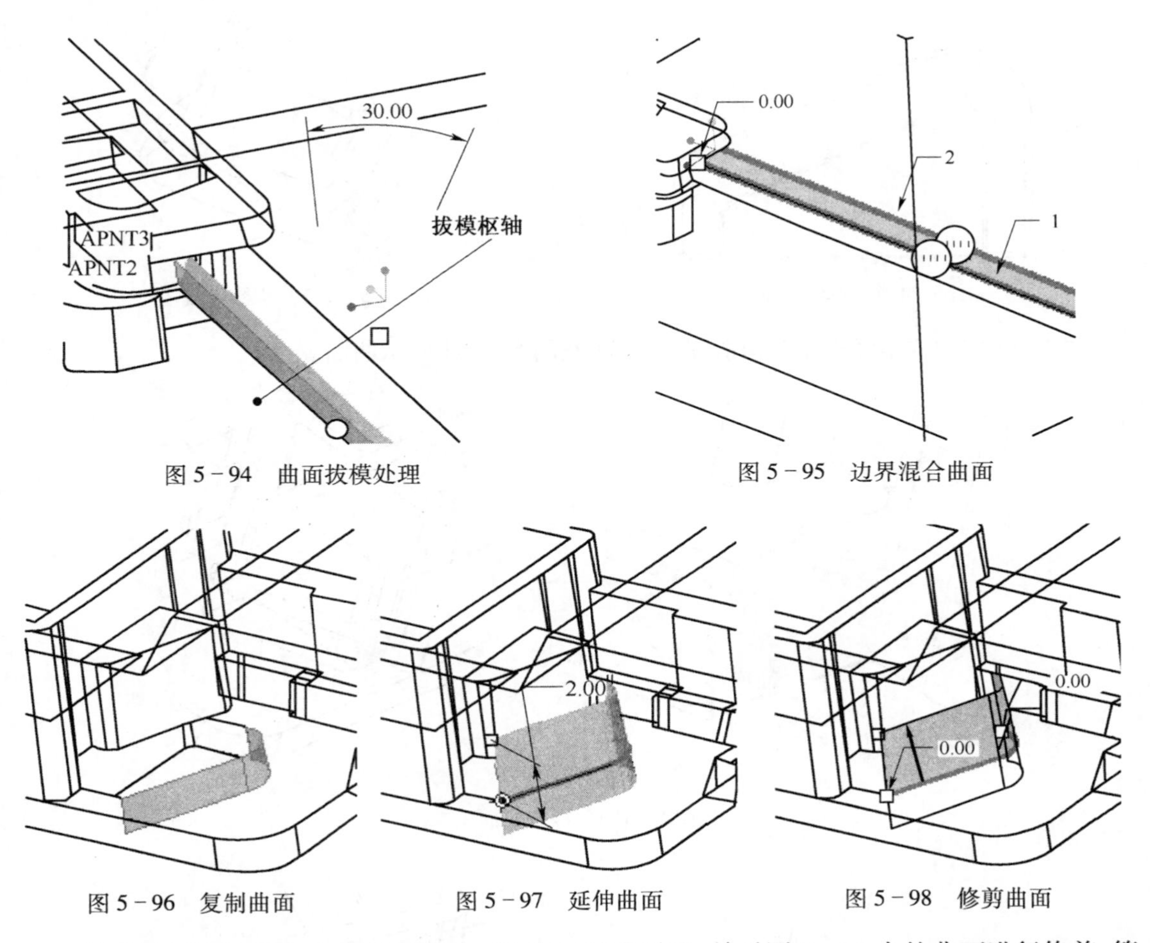

图 5-94　曲面拔模处理

图 5-95　边界混合曲面

图 5-96　复制曲面

图 5-97　延伸曲面

图 5-98　修剪曲面

利用“基准平面”命令创建如图 5-99 所示基准平面，并对图 5-98 中的曲面进行修剪，箭头指向保留侧，如图 5-100 所示。

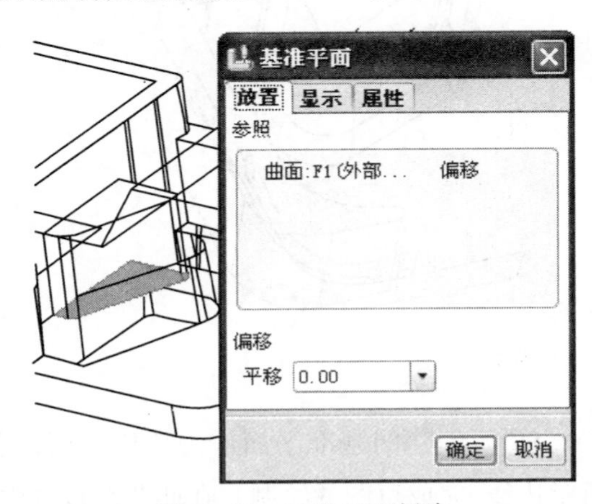

图 5-99　基准平面创建

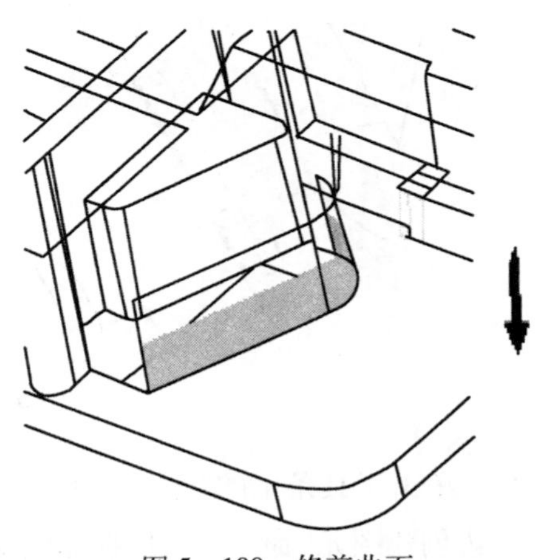

图 5-100　修剪曲面

（13）单击工具条中的“草绘”命令 ，以图 5－99 所创建的基准平面作为草绘平面，绘制如图 5－101 所示草图，完成后如图 5－102 所示。

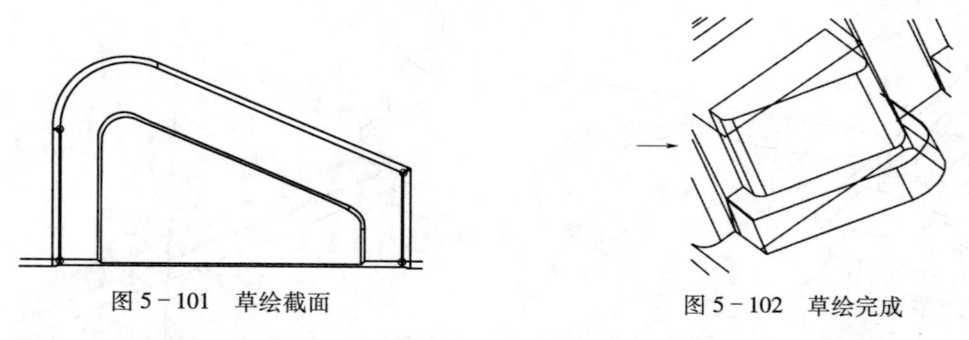

图 5－101　草绘截面　　　　图 5－102　草绘完成

再次利用“边界混合”命令构造图 5－103 及图 5－104 所示曲面。

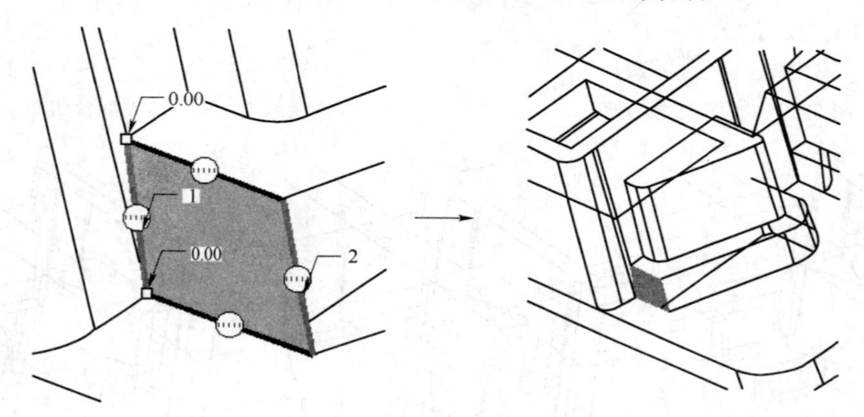

图 5－103　混合曲面 1

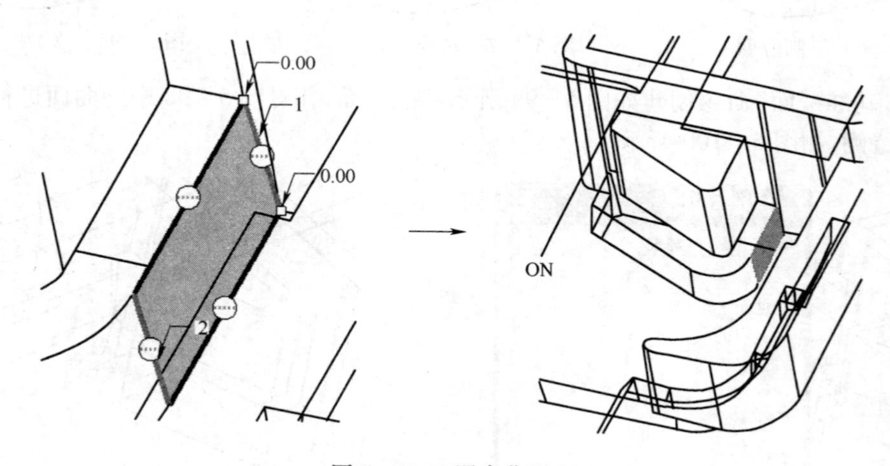

图 5－104　混合曲面 2

（14）单击工具条中的“草绘”命令 ，以图 5－99 所创建的基准平面作为草绘平面，利用“通过边创建图元”命令 ，捕捉如图 5－105 所示边线，完成草图的绘制。在此草图被选中加亮的状态下，选择主菜单“编辑”→“填充”命令，构造如图 5－106 所示曲面。

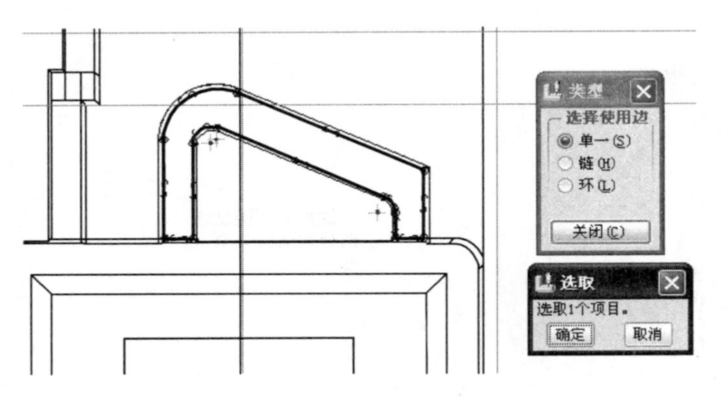

图 5－105　通过边创建草绘图元

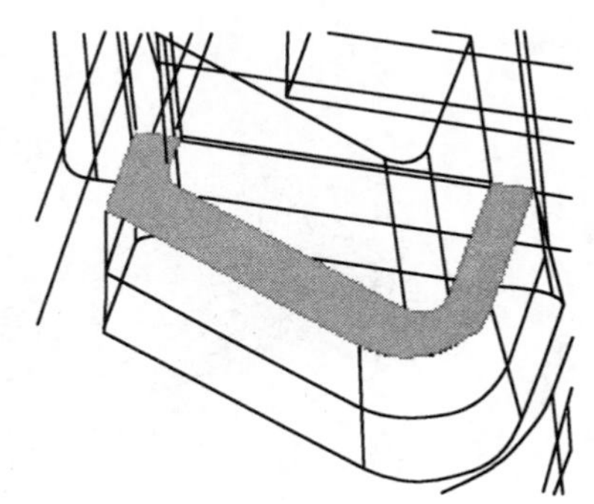

图 5－106　填充曲面

最后利用合并曲面命令，把上述通过“延伸”、“边界混合”、“填充”方式创建的四组曲面合并成一个曲面，即产品的主分型面。

7. 以分型面进行拆模

(1) 选择模具工具条中的“体积块分割”按钮，弹出的菜单管理器如图 5－107 所示。选择“两个体积块”→“所有工件”→“完成”菜单，弹出“分割”对话框，如图 5－108 所示。

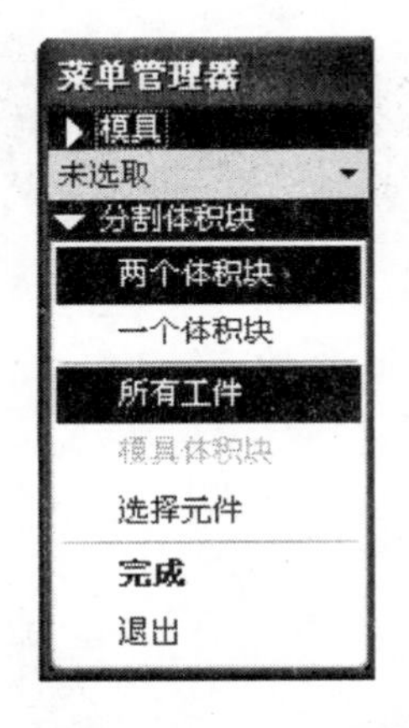

图 5－107　菜单管理器

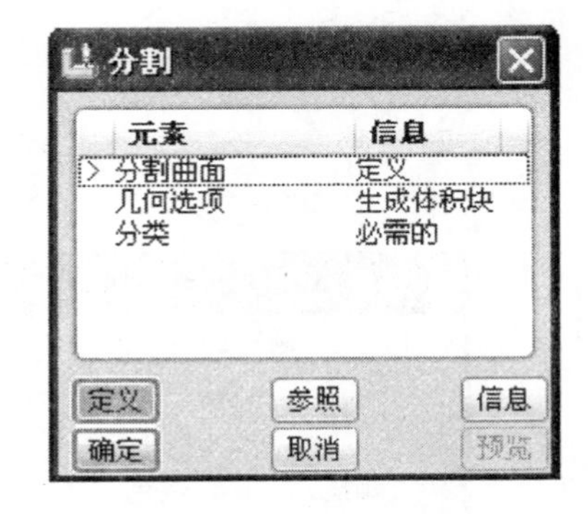

图 5－108　“分割”对话框

(2) 将鼠标指针移到裙边分型面处，系统会自动加亮显示裙边分型面。选中裙边分型面，按住 Ctrl 键，复选图 5－109 所示曲面，单击“选取”对话框中的“确定”按钮，返回“分割”对话框，再单击“确定”按钮完成模具体积块的分割。

(3) 在弹出的“属性”对话框中的“名称”文本框中输入“core”作为型芯体积块的名称，单击“着色”按钮，可见如图 5－110 所示的型芯体积块。

(4) 单击“确定”按钮后再次弹出“属性”对话框。在“名称”文本框中输入“cavity”作为型腔体积块的名称，单击“着色”按钮，可见如图 5－111 所示的型腔体积块，单击“确定”按钮，完成模具体积块的分割。

8. 由体积块生成模具元件

(1) 单击模具工具条中的“创建模具元件”图标，选择“创建模具元件”对话框中的“全

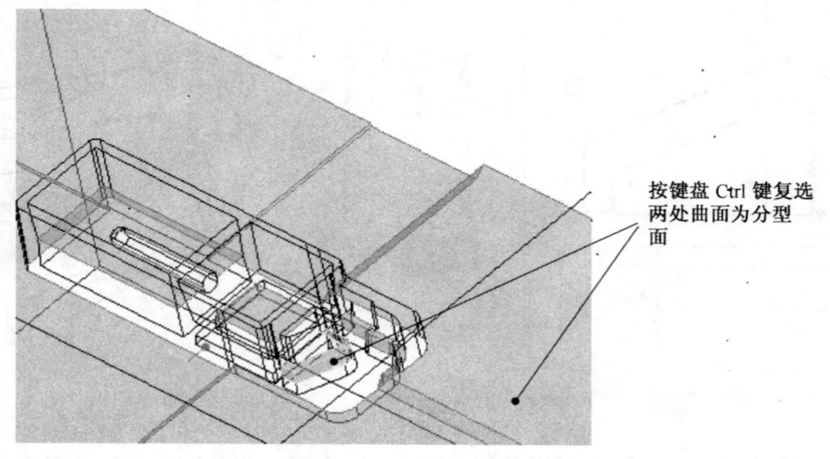

图 5－109　分型面选取

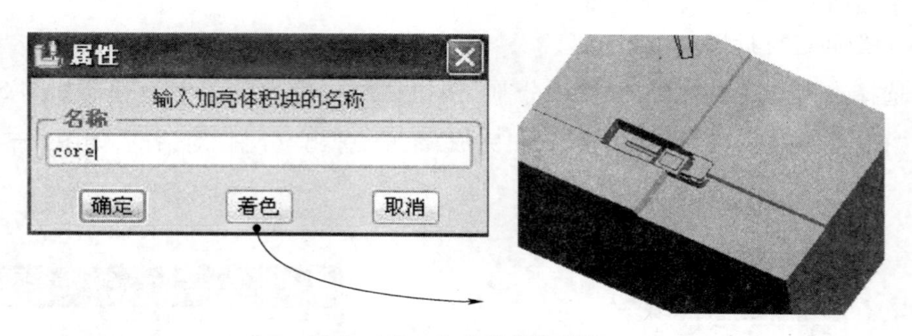

图 5－110　生成型芯体积块

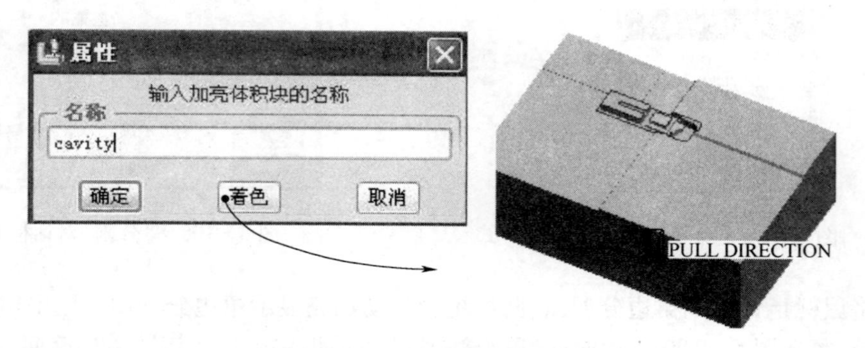

图 5－111　生成型腔体积块

选图标"",以对所有体积块进行抽取。在对话框中单击"高级 "下拉箭头,选中图标,然后单击"复制自"图标,选择"mmns_part_solid. prt"模板所在的路径,单击"打开"按钮,如图 5－112 所示。然后单击"确定"按钮完成模具元件的抽取。

(2）一腔变两腔。用鼠标右键单击模型树中的"Core"元件,在弹出的快捷菜单中选择"打开","CORE"元件窗口被激活。选择元件任意曲面,按住鼠标右键,在弹出的快捷菜单中选择"实体曲面"命令,如图 5－113 所示,元件所有曲面被选中。单击工具栏中的"复制"按钮,然后单击"粘贴"按钮,元件所有曲面被原位复制,鼠标选中被复制的曲面,再次单击工

图 5-112　创建模具元件对话框

具栏中的“复制”按钮，然后单击工具栏中的“选择性粘贴”按钮，选中沿“Z”轴偏移 50mm，如图 5-114 所示。

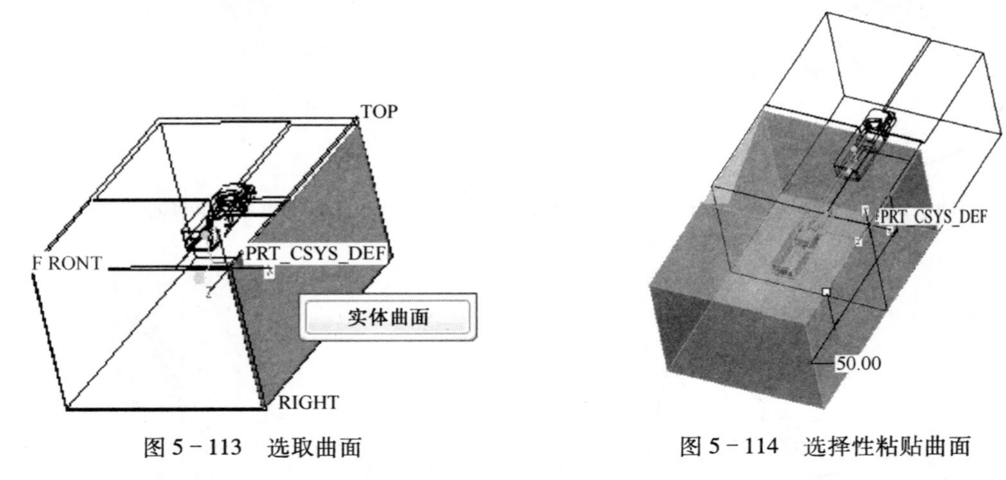

图 5-113　选取曲面　　　　图 5-114　选择性粘贴曲面

提示：PRO/E 中的“选择性粘贴”命令只能用于曲面组不能用于实体面组，所以需要复制两次。

鼠标选中图 5-115 所示“CORE”元件的侧面，选择主菜单“编辑”→“偏移”命令，弹出“偏移”上滑面板。选择“展开特征”方式，偏移距离为 15mm，以避开成型特征，并保证足够的封胶距离，如图 5-116 所示，单击“”按钮。

用鼠标选中图 5-117 所示被复制的曲面特征，再次利用“偏移”命令中的“展开特征”，向箭头侧偏移 25mm，如图 5-118 所示。然后对最终形成的曲面特征进行实体化操作，使之与“CORE”元件成为一个实体特征。

用鼠标选中图 5-119 所示曲面，再次利用“偏移”命令中的“展开特征”，向箭头侧偏移 40mm，符合排穴图中的尺寸要求，如图 5-120 所示。

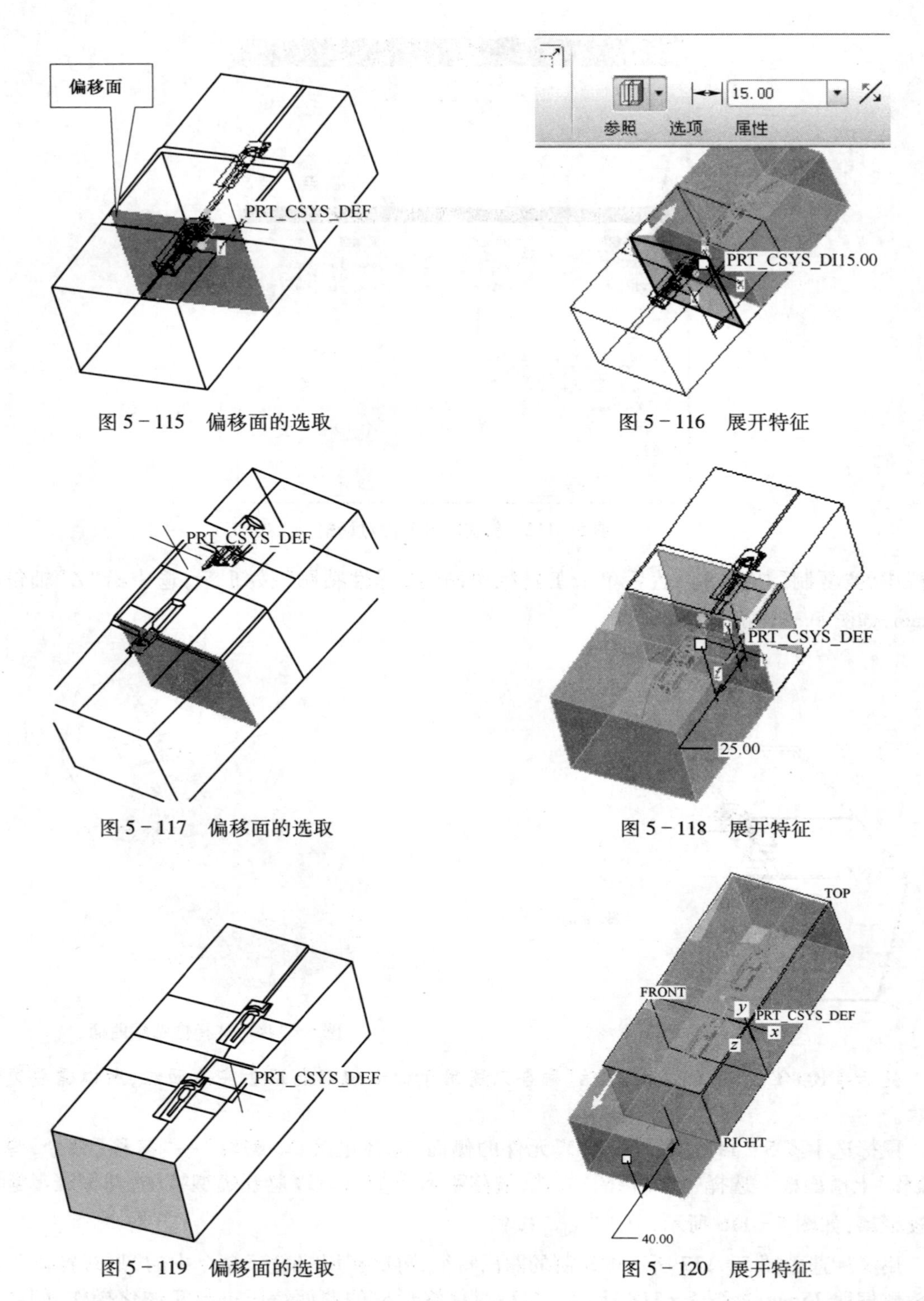

图 5 - 115　偏移面的选取

图 5 - 116　展开特征

图 5 - 117　偏移面的选取

图 5 - 118　展开特征

图 5 - 119　偏移面的选取

图 5 - 120　展开特征

（3）两腔变四腔。选中“CORE”元件的所有曲面，单击工具栏中的“复制”按钮，然后单击“粘贴”按钮，元件所有曲面被原位复制。鼠标选中被复制的曲面，再次单击工具条栏的“复制”按钮，然后单击工具栏中的“选择性粘贴”按钮。在弹出的“偏移”上滑面板中，切换至“相对选定参照旋转特征”方式，选中沿 Y 轴作为旋转轴，输入旋转角度为 180°，如图 5－121 所示，并利用实体化命令生成实体特征。

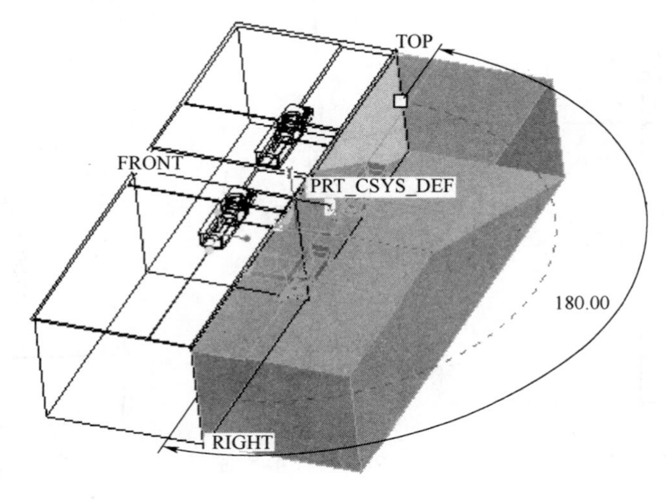

图 5－121　选择性粘贴

（4）型芯后处理。

① 单击工具条上的“拉伸”命令，以“CORE”元件的成型最高面为草绘平面，绘制图 5－122 所示草图，拉伸到台阶底面，如图 5－123 所示，使型芯的外围阶梯面变成平面，以利于模具加工，完成后如图 5－124 所示。

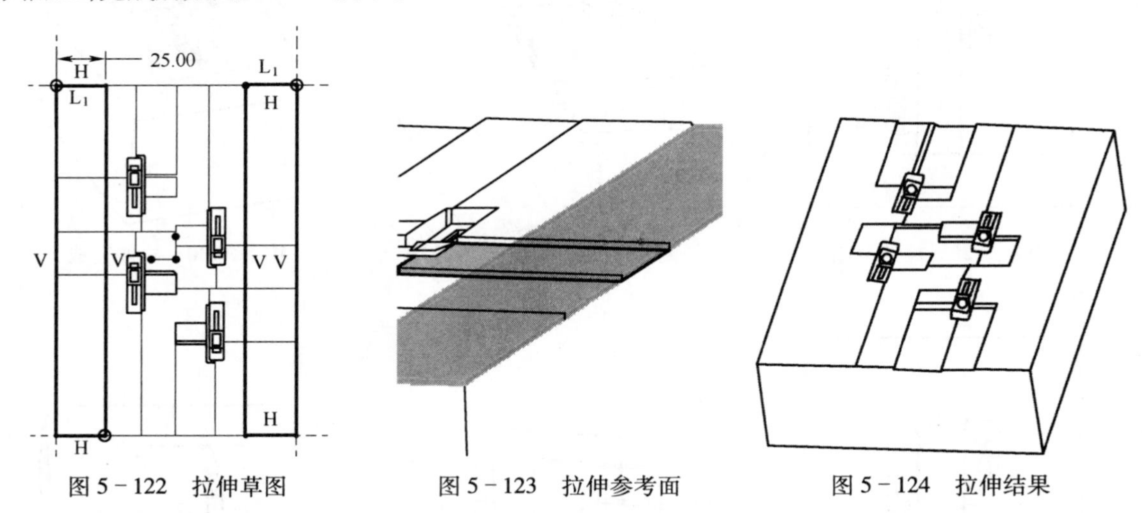

图 5－122　拉伸草图　　图 5－123　拉伸参考面　　图 5－124　拉伸结果

② 对型芯的另外两侧做同样处理，拉伸草图如图 5－125 所示，拉伸到如图 5－126 所示面，完成后如图 5－127 所示。

③ 继续处理中间部分的台阶面，如图 5－128～图 5－130 所示。

④ 利用“拉伸移除材料”的方式切除中间的高台面（4 处），如图 5－131～图 5－133 所示。

⑤ 继续利用“拉伸”命令，补平台阶面，如图 5－134～图 5－136 所示。

⑥ 复制图 5－137 所示曲面，鼠标选中图 5－138 所示曲面，选择主菜单“编辑→偏移”命令，在弹出的“偏移面板”中选择“替换曲面特征”选项，单击图 5－137 中被复制的曲面作

为替换参考，单击✔按钮，完成后如图 5－139 所示。

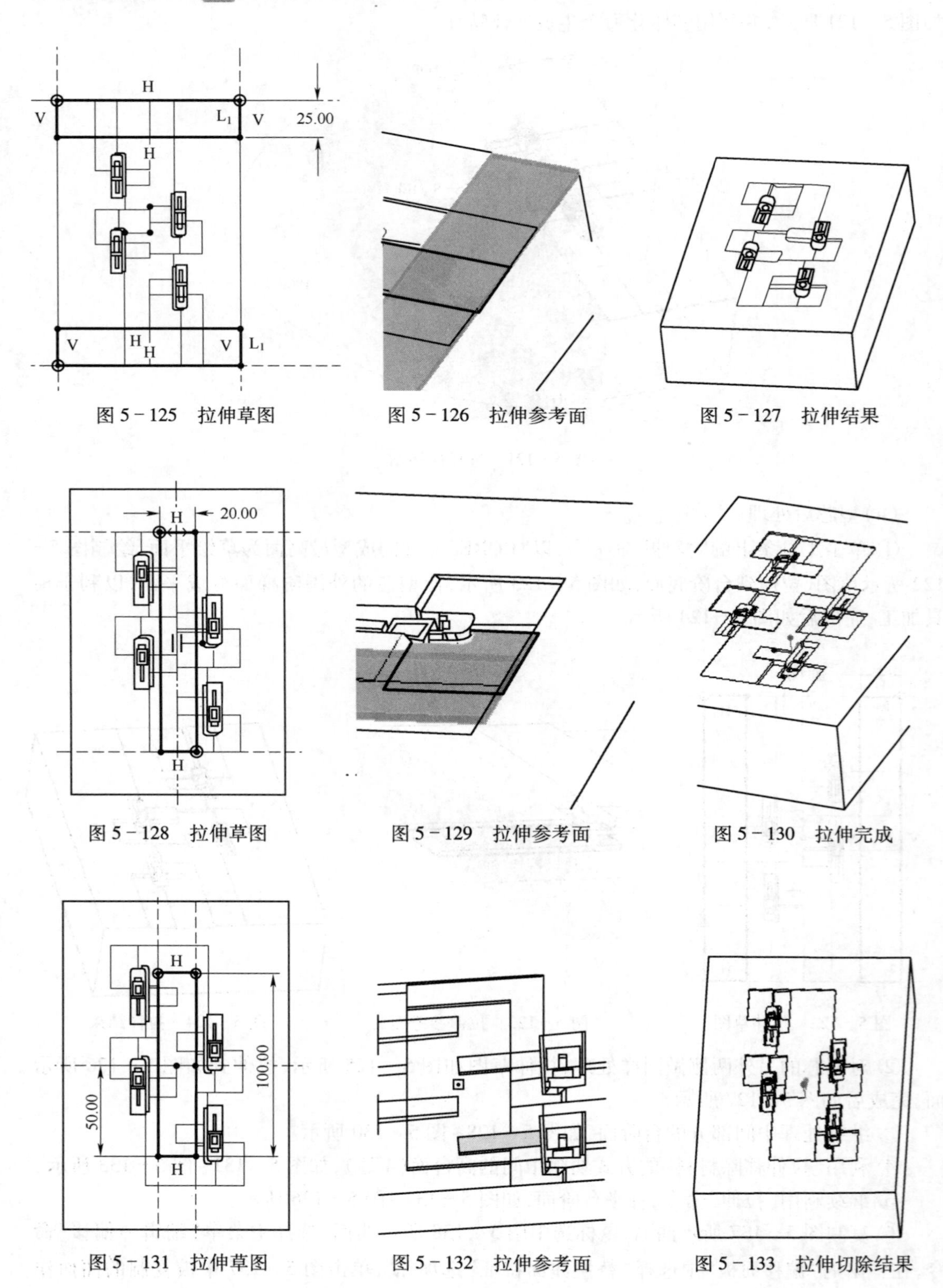

图 5－125　拉伸草图

图 5－126　拉伸参考面

图 5－127　拉伸结果

图 5－128　拉伸草图

图 5－129　拉伸参考面

图 5－130　拉伸完成

图 5－131　拉伸草图

图 5－132　拉伸参考面

图 5－133　拉伸切除结果

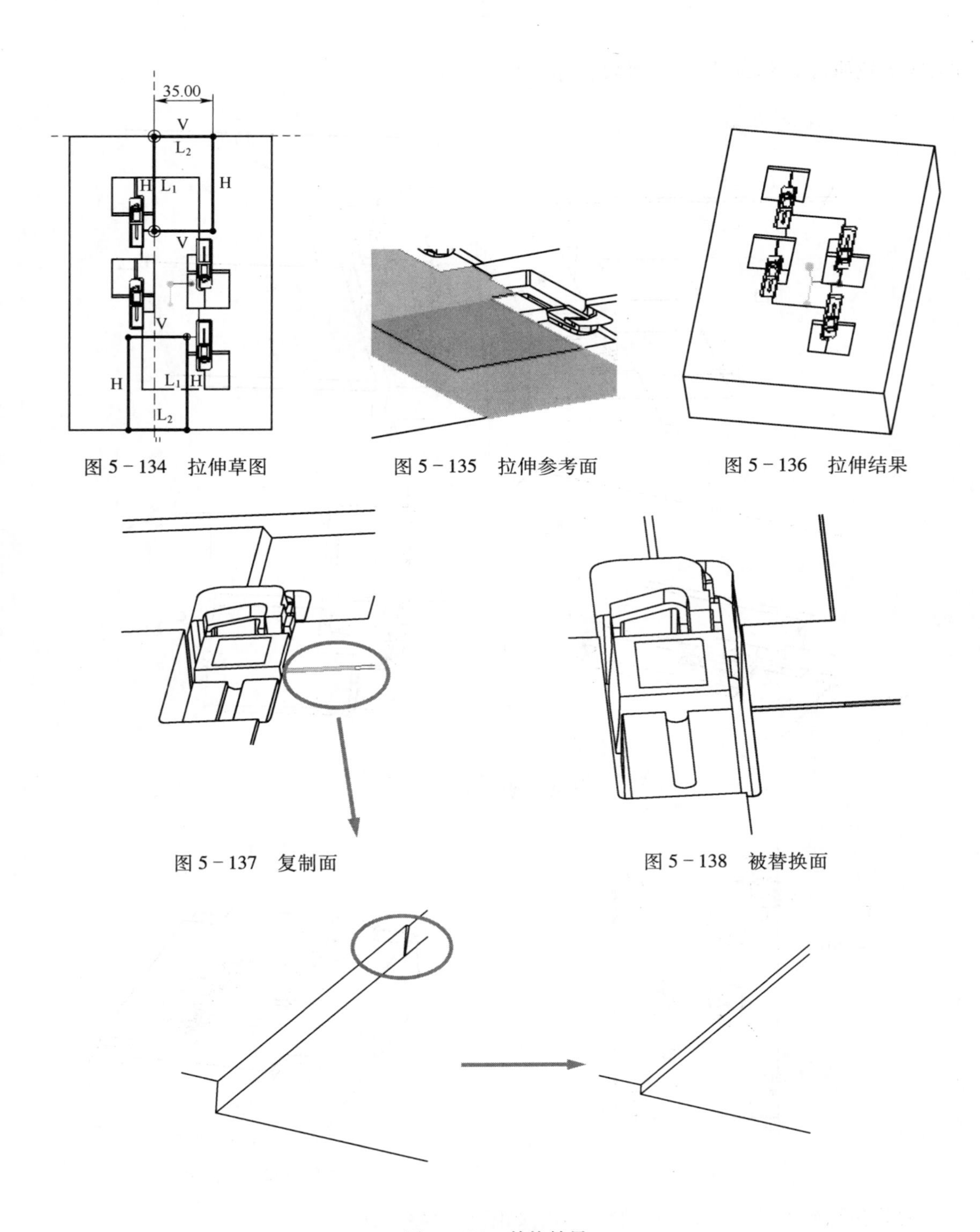

图 5 - 134　拉伸草图

图 5 - 135　拉伸参考面

图 5 - 136　拉伸结果

图 5 - 137　复制面

图 5 - 138　被替换面

图 5 - 139　替换结果

对型芯的另一侧面做同样处理,这里不再赘述。

⑦ 对处理后的竖直面拔模,如图 5 - 140 所示(四穴各竖直面均要拔模)。

提示:可以运用拔模分析工具查找拔模遗漏处。

⑧ 在型芯上设计管位。以“CORE”元件的成型上表面为草绘面,绘制如图 5 - 141 所示草

图，向下拉伸切除5mm，如图5－142所示。

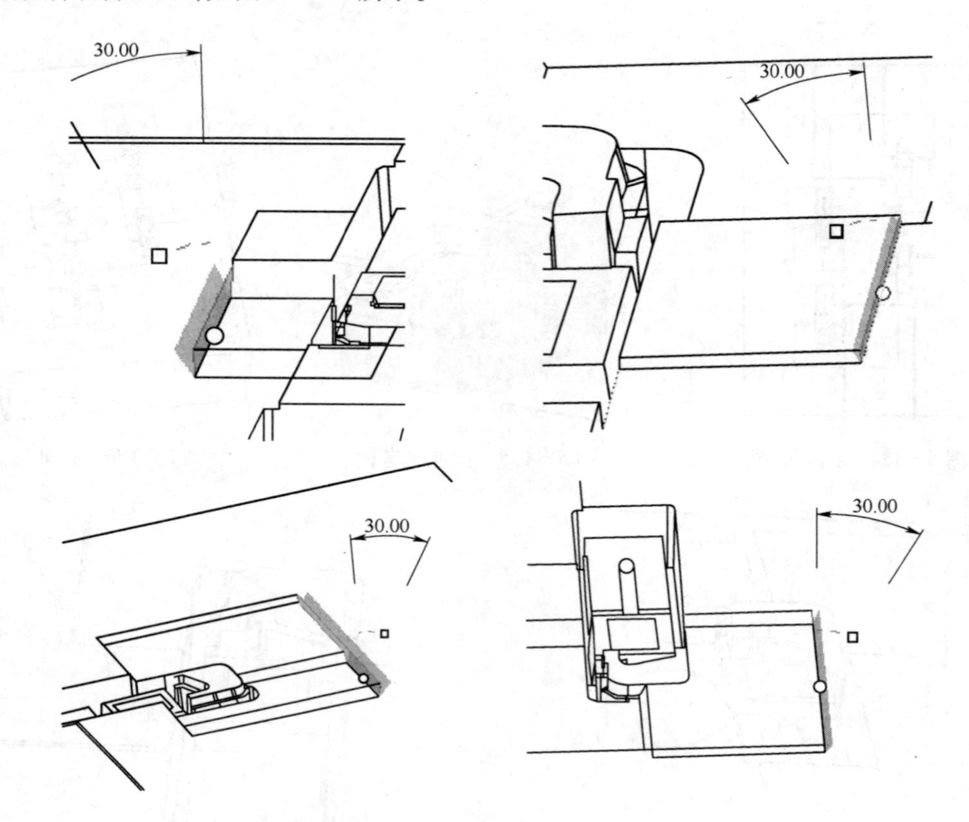

图5－140　拔模处理

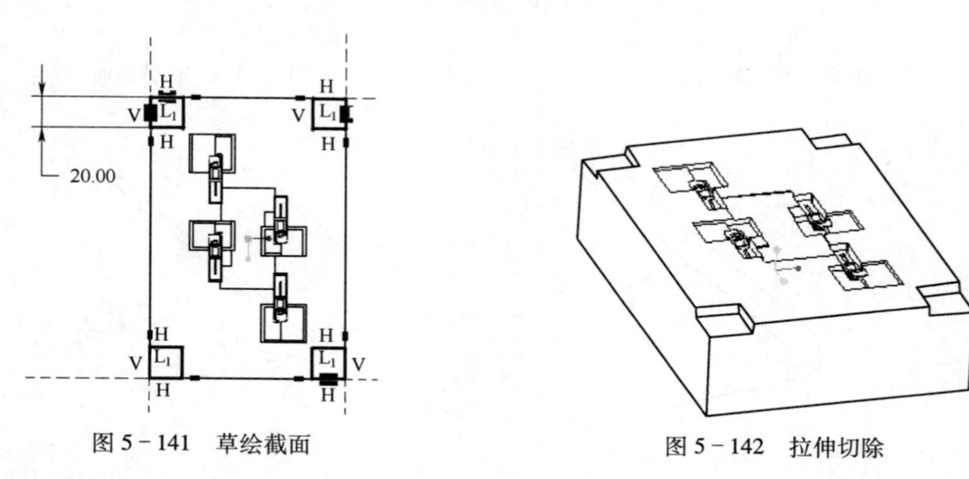

图5－141　草绘截面

图5－142　拉伸切除

对管位擦破面处拔模5°，并做避空*R*5，如图5－143所示。

⑨ 调整“CORE”元件为TOP方向视图，如图5－144所示，对型芯右下角的边线倒角C8，作为装配基准，其他所有周边倒角C1，完成后如图5－145所示。

（5）型腔后处理。

① 关闭“CORE”元件窗口，返回模具制造窗口。用同样的方式打开“CAVITY”元件，对“CAVITY”元件进行一穴变四穴处理，与处理“CORE”元件的方法相同，完成后如图5－146所

示。对型腔进行后处理,参照处理型芯的方法与步骤,将各台阶面填平,这里不再赘述,完成后如图 5-147 所示。

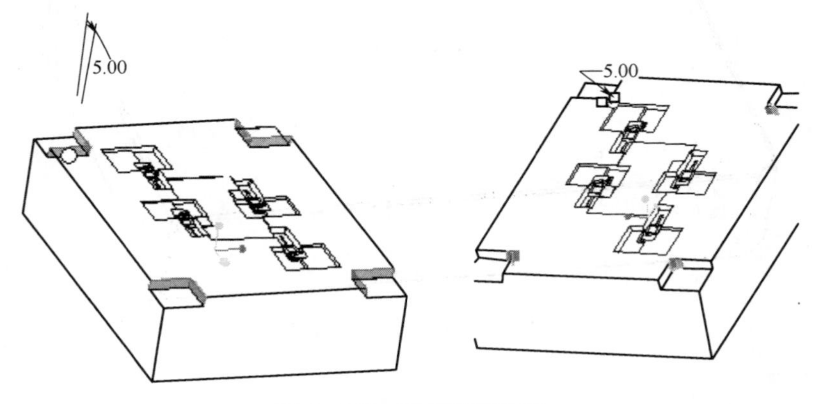

图 5-143　拔模避空处理

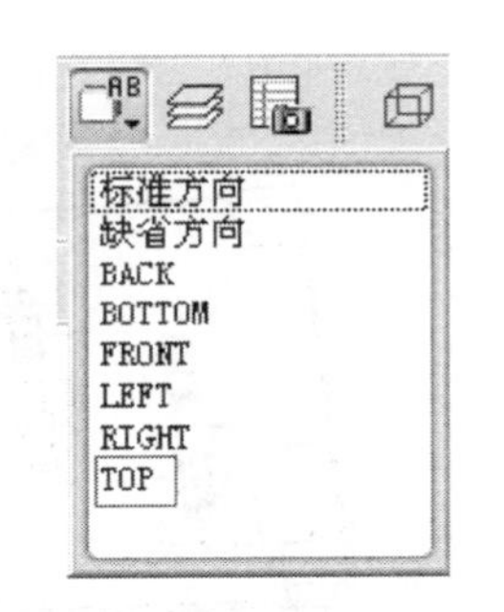

图 5-144　视图方向调整

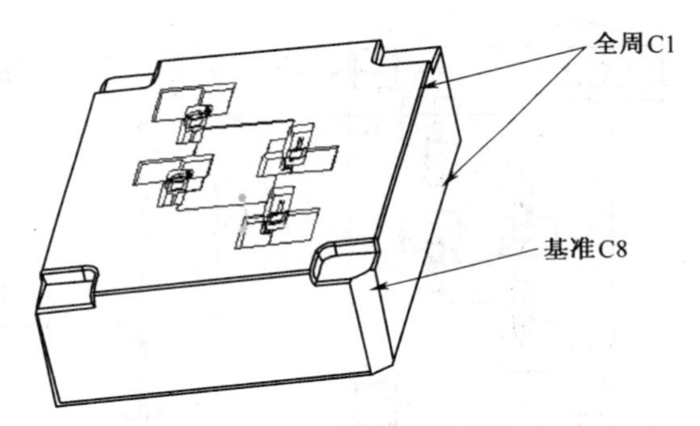

图 5-145　倒角完成

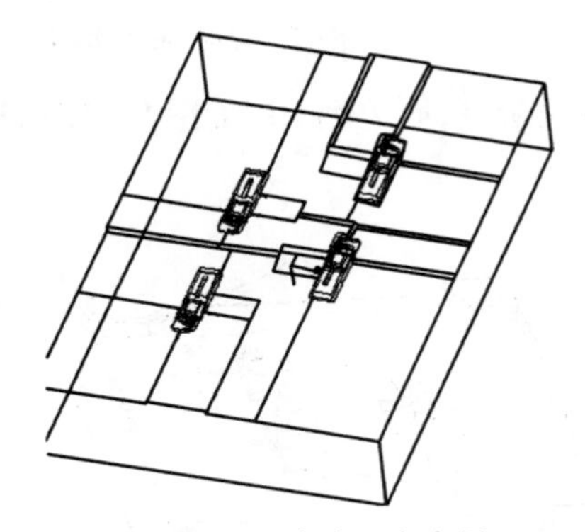

图 5-146　完成四穴布局

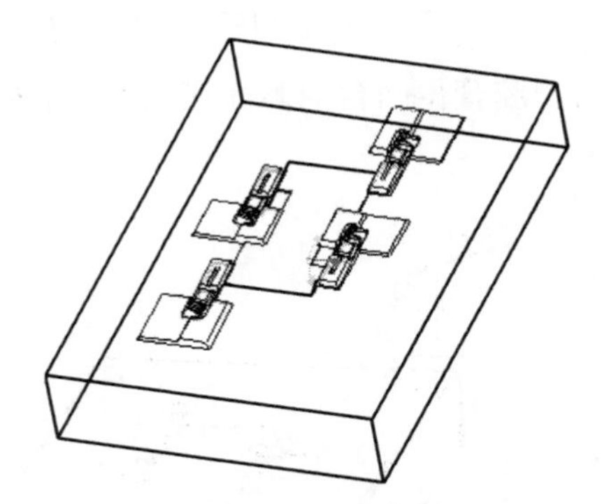

图 5-147　台阶面处理结果

提示:在型芯中增加的材料,在型腔中要对应去除材料,保证两个元件不发生干涉。型腔竖直面拔模时,选定的拔模枢轴应和型芯中对应的拔模枢轴一致。需注意"拔模枢轴"和"材料添加移除方向"的设置,避免产品出现倒扣。

② 对型腔"CAVITY"对应位置做基准,周边倒角,与"CORE"元件处理方法相同,如图 5-148 所示。

③ 处理型腔"CAVITY"元件管位。以"CAVITY"元件成型上表面为草绘面,绘制如图 5-149 所示草图,向上拉伸 5mm,完成后如图 5-150 所示。

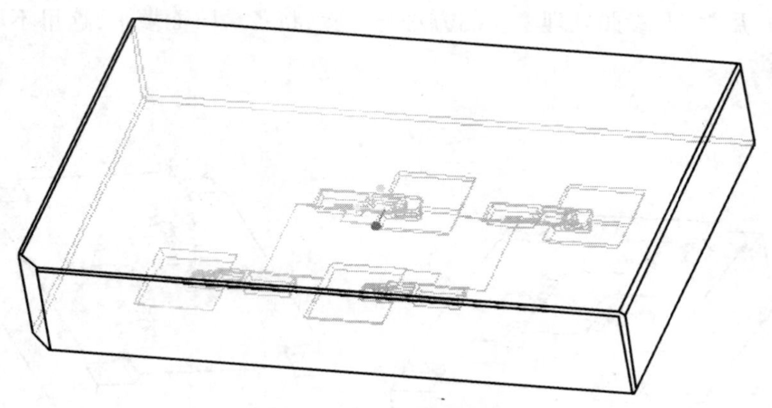

图 5-148　周边倒角处理

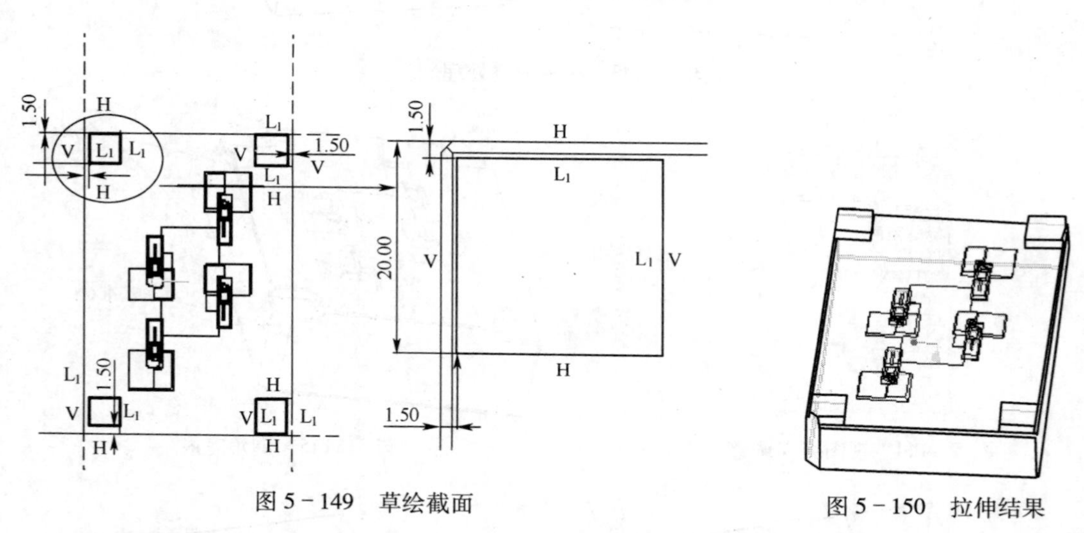

图 5-149　草绘截面　　图 5-150　拉伸结果

对型腔管位凸台的侧面拔模 5°，并对相应边倒 C5 角避空，周边倒 C1，如图 5-151 所示。

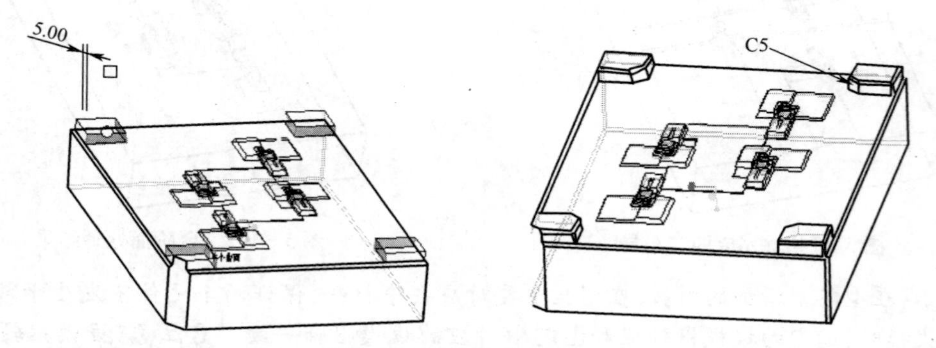

图 5-151　拔模、倒角处理

提示：图 5-149 的型腔管位草绘图中的尺寸“1.50”表示其与公模板的避空距离。

9. 创建浇注系统

(1) 创建一级分流道。选取主菜单“插入”→“流道”命令，“形状”选择“梯形”，将流道的断面形状设置为梯形；输入流道宽度为 5，深度为 2，侧角度为 15，拐角半径为 0.5。在分型面上绘制如图 5-152 所示的流道草绘线，单击“完成”按钮。在“相交元件”中选择“CORE”型芯部分，然后单击“确定”按钮，返回流道对话框后再次单击“确定”按钮，完成分流道的创建。

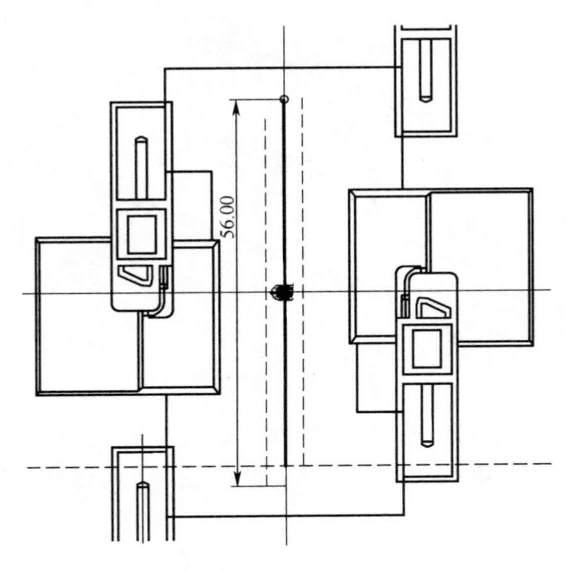

图 5-152　流道草图

(2) 创建主流道。选取主菜单“插入”→“旋转”，按住鼠标右键，在快捷菜单中选取“定义内部草绘”选项，选取“MOLD_RIGHT”为草绘平面，绘制如图 5-153 所示截面，单击✔按钮完成草绘，单击上滑面板的“✔”按钮，完成主流道的创建。

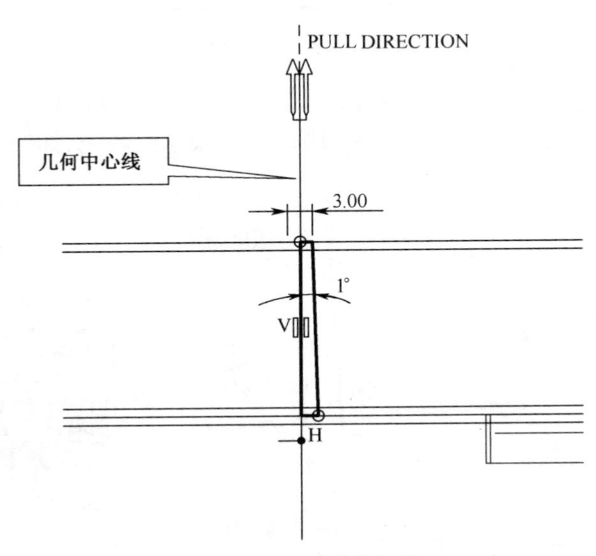

图 5-153　主流道草绘截面

(3) 创建冷料穴。激活“CORE”元件，以流道处分型面为草绘平面绘制直径为 $\phi 5$ 的圆，拉伸切除冷料穴。拉伸切除深度为 5，侧面拔模 5°，底部倒圆角 R0.5，如图 5-154 所示。

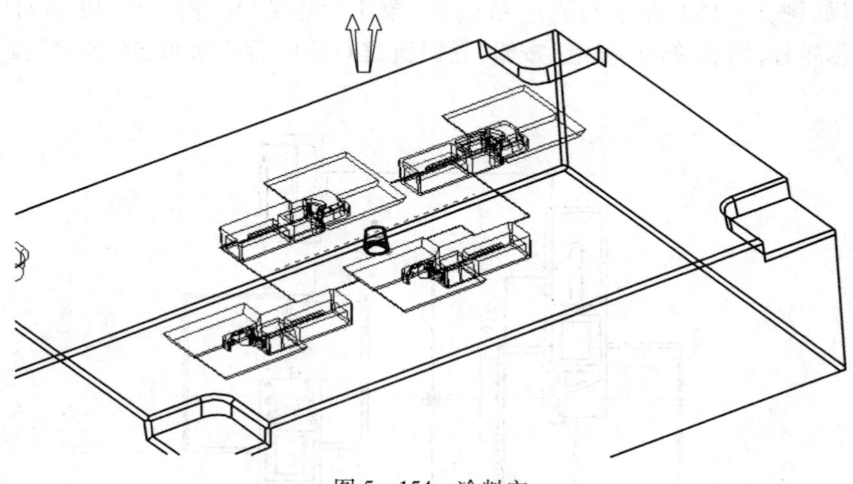

图 5－154　冷料穴

（4）创建二级分流道及浇口　选取主菜单栏“插入”→“混合”→“切口”命令，弹出菜单管理器。接受默认混合选项，单击“完成”按钮，弹出“混合”对话框，属性选择“直”，单击“完成”按钮，如图 5－155 所示。

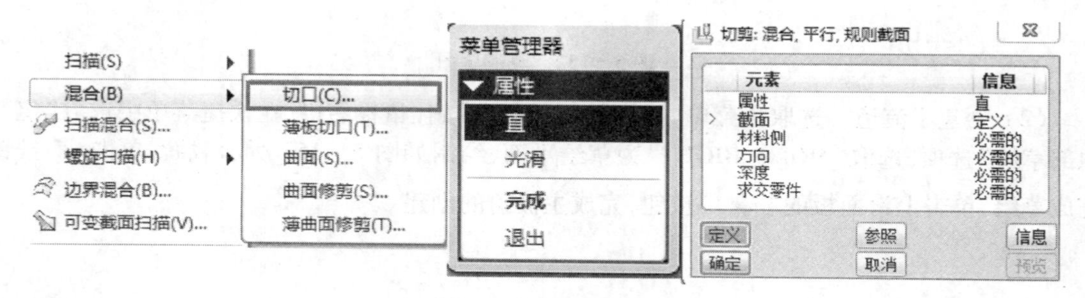

图 5－155　混合切口

单击 mold_right 面作为草绘平面，方向单击“反向”，使其指向参考模型，单击“确定”按钮。菜单管理器中的“草绘视图”选项选择“缺省”，进入草绘环境，如图 5－156 所示。

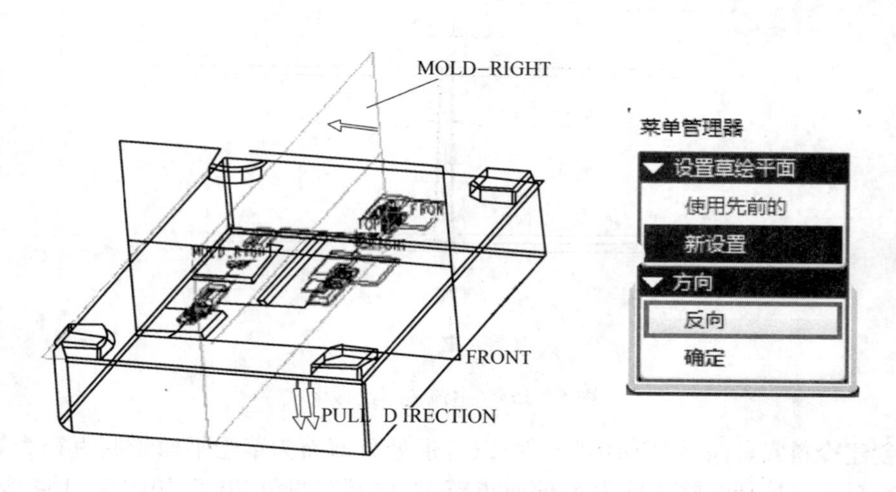

图 5－156　混合草绘视图设置

添加产品 RIGHT 面和分型面作为草绘图形参考,绘制截面 1(上底为 5,高为 2,两侧边夹角为 30°)。在绘图窗口的空白区按住鼠标右键不放,弹出快捷菜单,选择“切换截面”,绘制混合截面 2,与截面 1 相同,继续绘图空白区按住鼠标右键不放,在弹出的快捷菜单中选择“切换截面”,绘制混合截面 3,如图 5 - 157 所示,单击“ ”按钮退出草绘。

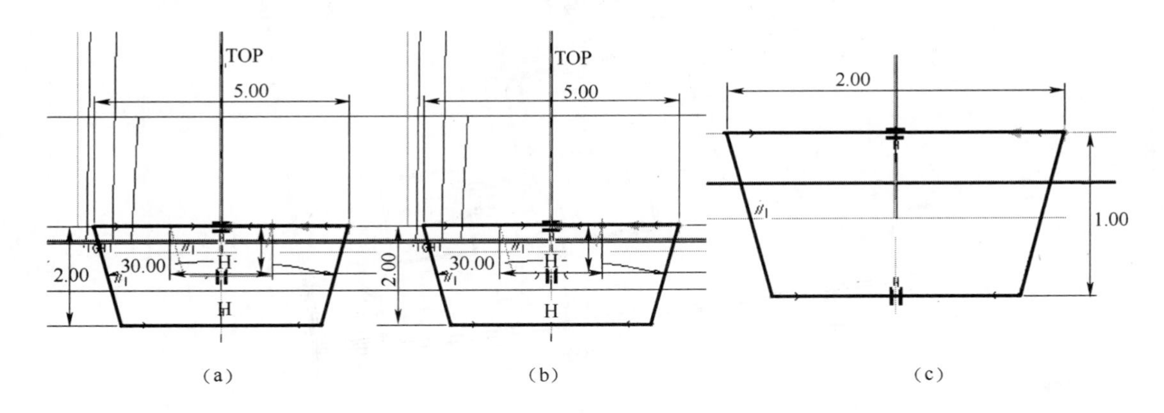

图 5 - 157　混合截面

确认切除侧方向,“深度”选项定义为“盲孔”,输入截面 2 的深度为 13,单击“ ”按钮,输入截面 3 的深度 3,单击“ ”按钮,“相交元件”对话框中选择“CAVITY”元件作为相交模型,单击“混合剪切”对话框中的“确定”按钮,完成后如图 5 - 158 所示。

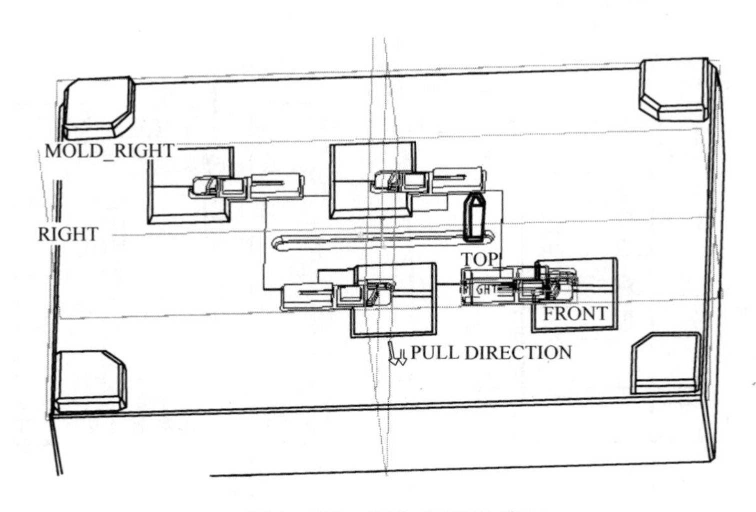

图 5 - 158　混合分流道、浇口

(5) 创建另外三穴的二级分流道及浇口。选中图 5 - 158 中的混合剪切特征,选择主菜单“编辑”→“镜像”命令,完成其余三穴的分流道及浇口创建。激活型腔,对分流道底边倒圆角 *R*0.5,完成后如图 5 - 159 所示。

10. 创建冷却水路

(1) 选取主菜单“插入”→“等高线”命令,确定冷却水路的直径为 8,单击模具工具条中的“基准平面”图标 ,选择公模仁底面为参考,向内偏移 25,以此平面作为公模冷却水路的

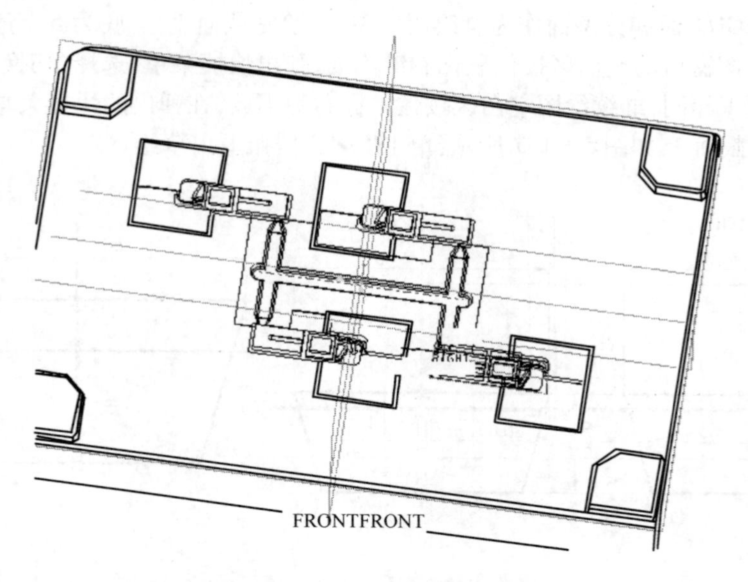

图 5-159　分流道创建结果

草绘平面。绘制如图 5-160(a)所示截面,单击"✔"按钮,在"相交元件"对话框中单击"自动添加"按钮,保留型芯部分,然后单击"确定"按钮,返回"等高线"对话框单击"确定"按钮,公模水路创建完成。

以公模仁底面为草绘平面,拉伸切除直径为 8 的圆,切除深度为 25,使得水路进出口与公模板连通,草绘如图 5-160(b)所示。

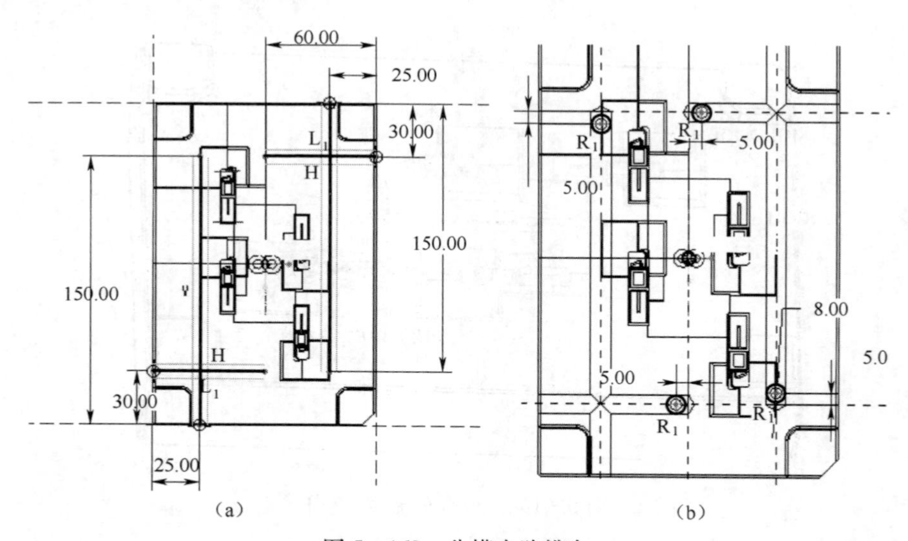

图 5-160　公模水路排布

(2) 用同样的方法创建出母模仁水路。选取主菜单"插入"→"等高线"命令,确定冷却水路的直径为 8,单击基准特征工具栏的"基准平面"图标▱,选择母模仁底面为参考,向内偏移 15,以此平面作为母模冷却水路的草绘平面,绘制如图 5-161(a)所示截面,单击"✔"按钮。在"相交元件"对话框中单击"自动添加"按钮,保留型腔部分,然后单击"确定"按钮,返回"等高线"对话框,单击"确定"按钮,母模水路创建完成。

以母模仁底面为草绘平面，拉伸切除直径为 8 的圆，使得水路进出口与母模板连通，草绘截面如图 5-161(b)所示。

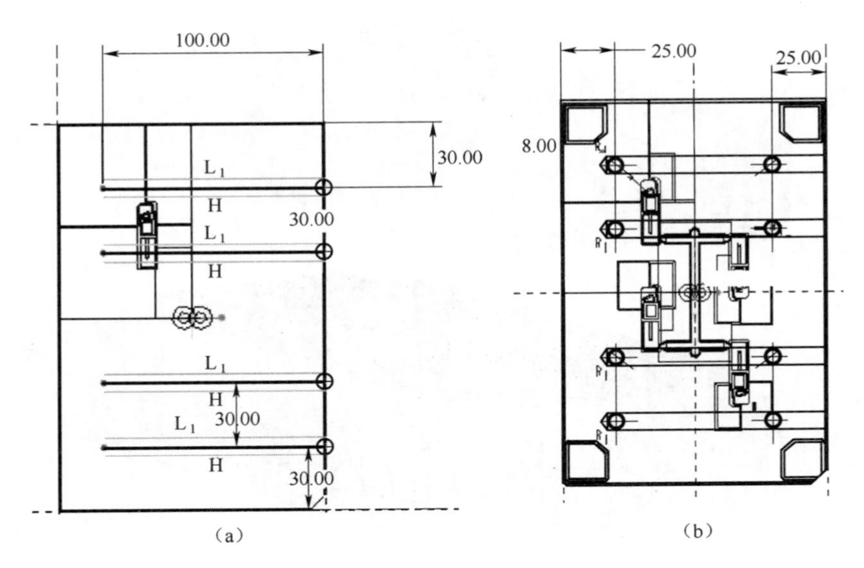

图 5-161　母模水路排布

最终的公母模仁完成结果如图 5-162 所示。

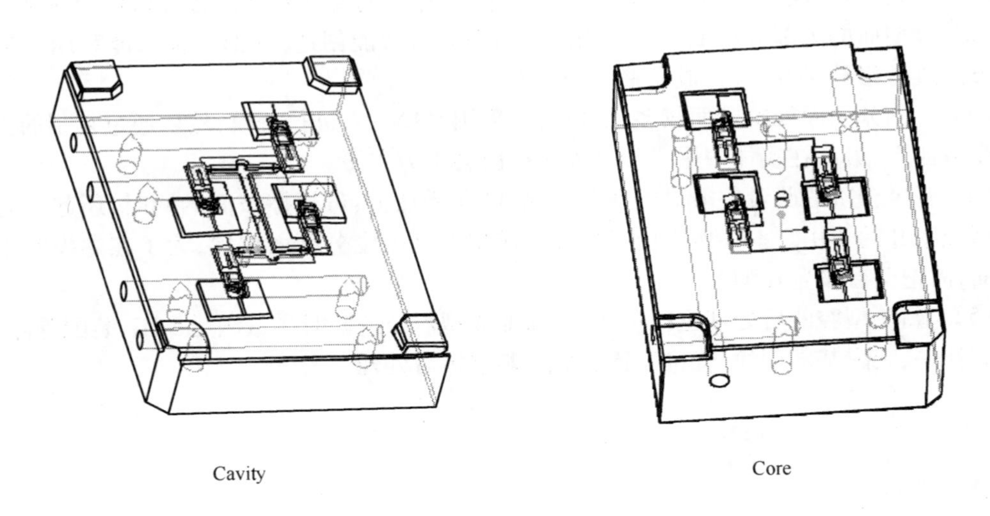

图 5-162　公母模仁完成结果

11. 模具开模模拟

首先遮蔽分型面、毛坯和参照模型，利用模具工具条上的“模具开模”命令，模拟模具开模结果，如图 5-163 所示。

12. 保存文件并从内存中拭除

单击工具栏中的，在弹出的“保存”对话框中单击“确定”按钮，接受默认的文件名。选择主菜单“文件”→“拭除”→“当前”命令，将零件从内存中拭除。

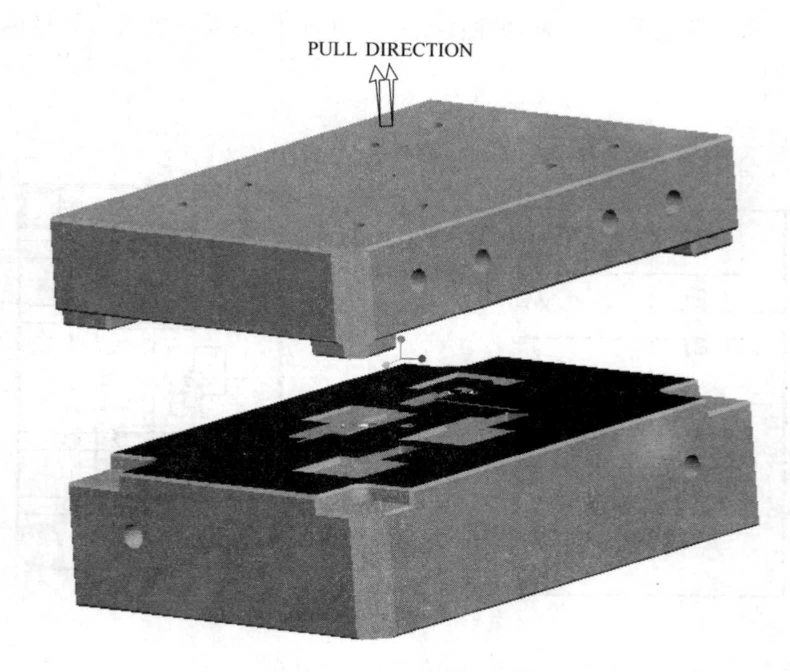

图 5-163　开模模拟

技术总结：

（1）进胶位置设在成品的一侧，为了进胶平衡，排穴时要注意保证各浇口位置对称。

（2）分型面的大部分特征可以利用裙边曲面方式智能创建，局部特征只能利用一般创建面的方法进行修补，最后合并成完整的分型面。

（3）产品分型面处阶梯面较多，所以首先采用一模一穴进行分模，然后通过复制的方式由一穴变成四穴，最后在实体中进一步处理阶梯面会更为方便。

（4）管位台阶的凸台一般设置在型芯侧，可在增加公、母模擦破面的同时，还起到防止进胶时型腔胀开的作用。本案例中由于型腔侧成型面高出主分型面位置，为了在翻模时不碰伤成型面，故把凸台设置在型腔一侧。

（5）型芯、型腔的后处理也很重要，在保证成型需要的同时尽量满足加工、装配等需求，如台阶面补平、装配基准创建、管位设置、倒角、避空等后处理。

6 项目6　电源按钮模具设计

滑块,又称行位,是指在模具开模动作中,垂直于开模方向或与开模方向成一定角度滑动的模具元件。一般而言,当零件有侧孔或侧凹特征时,则需使用滑块或斜销才能顺利脱模。

滑块的运动平稳性比斜销好,一般来讲,模具设计中,能用外滑块时不用斜销;能用斜销时不用内滑块。本案例中的"电源按钮"产品,在垂直开模方向有侧孔,故采用外滑块进行成型。

本项目以"电源按钮"为载体介绍了其塑料模具CAD的设计方法和过程。重点介绍了体积块分模的方法及标准模架的调用,使读者掌握体积块的创建方法并对标准模架的设计有一个初步的认识和了解。

■知识目标

（1）侧向分型斜导柱侧滑块的设计。
（2）体积块法分模原理。
（3）标准模架的选择。
（4）标准件的选用。

■能力目标

（1）掌握体积块创建的方法及适用场合。
（2）掌握标准模架的调用方法。
（3）掌握滑块的创建方法和有关参数设计。
（4）掌握冷却系统中各部件的设计方法。
（5）掌握顶出机构的设计方法。

任务一　电源按钮塑件结构分析

如图 6－1 所示，该产品为相机等数码产品上使用的电源按钮塑料件。产品整体尺寸不大，约 16.16mm×16.22mm×4.00mm，因此考虑采用一模多穴的模具结构，本设计中采用一模四穴的布置方式。产品上有侧孔和倒勾，如图 6－2 所示，因此，模具结构上需考虑需采用合理的侧向分型与抽芯机构。另外，产品上表面处为外观面，不允许有进胶痕迹、飞边等成型缺陷，因此，设计分型面和流道时应考虑产品表面质量要求，如图 6－3 所示。产品材料为 ABS，缩水率为 6/1000，平均肉厚 1.0mm，年产量 80 万件。

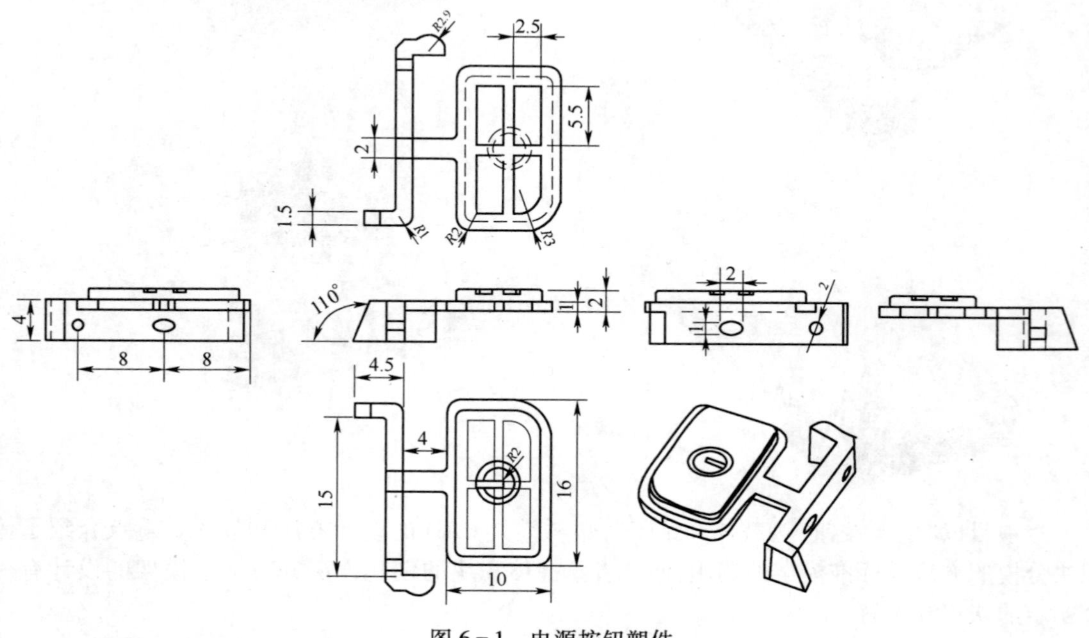

图 6－1　电源按钮塑件

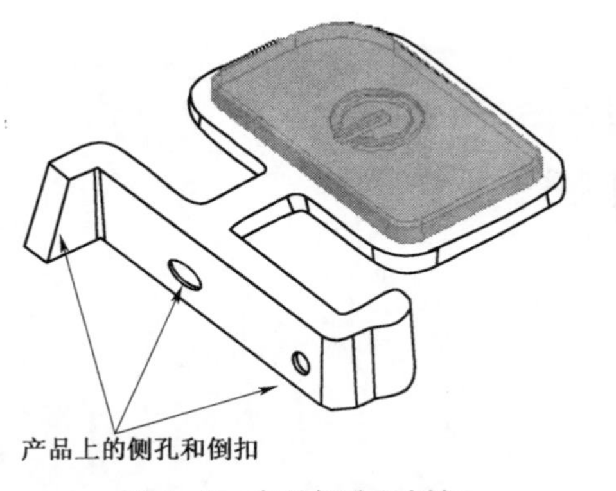

图 6-2　产品侧孔和倒勾

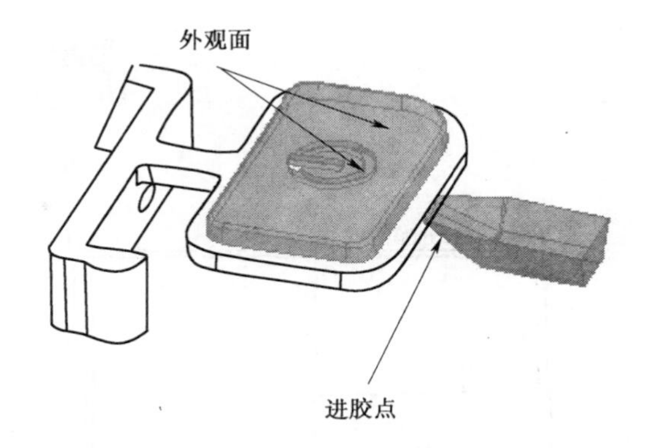

图 6-3　外观面和进胶点

任务二　产品成型方案论证

该模具结构上采用一模四穴的两板模形式，侧向直接进胶，浇口设置见图 6-3。产品上的侧孔和倒扣采用滑块进行成型，模具主分型线 PL 线和滑块 PL 设置如图 6-4 所示，采用扁顶杆和圆顶杆顶出产品。

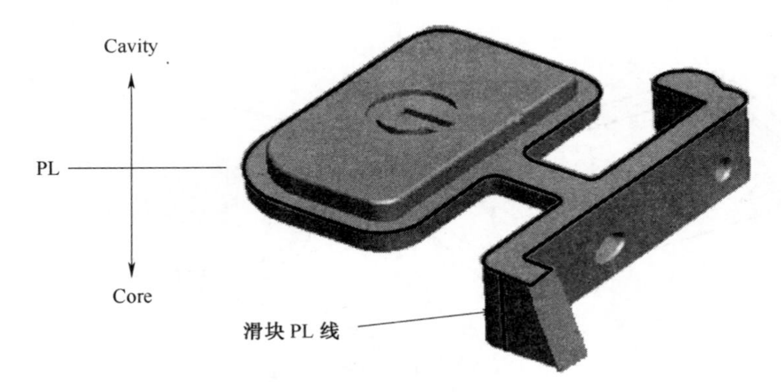

图 6-4　主 PL 线和滑块 PL 线设置

任务三　电源按钮塑件造型

启动 Pro/E 并设置好工作目录，新建一个模型文件，“类型”选择“零件”，“子类型”选择“实体”，去掉“使用缺省模板”选项前的复选勾，单击“确定”按钮。在新建文件选项中选择“mmns _ part _ solid”模板，单击“确定”按钮进入零件设计环境。

1. 创建按钮主体平面特征

（1）拉伸方式生成按钮主体特征。单击工具条上的“拉伸”按钮，弹出图 6-5 所示拉伸上滑面板，在绘图区按住鼠标右键不放，在弹出的快捷菜单中选择“定义内部草绘”命令，选择 TOP 面为草绘平面，FRONT 面为参考平面后进入草绘界面。绘制图 6-6 所示截面，单击“✔”按钮，选择“从草绘平面以指定深度拉伸”方式，拉伸深度为 1，结果如图 6-7 所示。

图 6-5　拉伸上滑面板

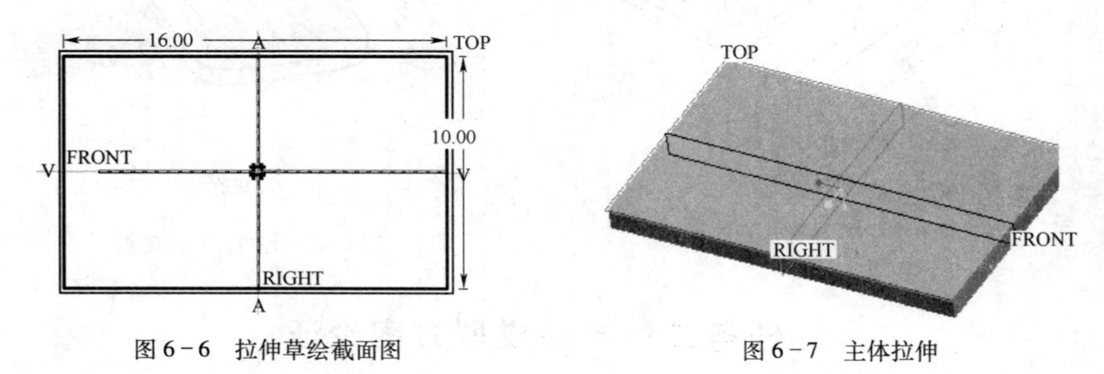

图 6-6　拉伸草绘截面图

图 6-7　主体拉伸

(2) 对拉伸体四个棱边倒圆角。单击工具条上的"倒圆角(Fillt)"按钮，弹出"倒圆角"上滑面板，对其中三条棱边倒 *R*2 圆角，单击"✔"按钮(或按鼠标中键)，完成特征编辑。同时对另一条棱边倒 *R*4 的圆角，如图 6-8 所示。

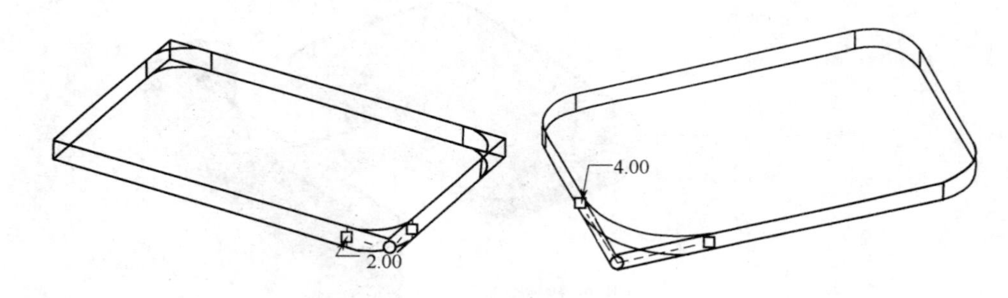

图 6-8　倒圆角特征

提示：倒同一半径的圆角值时，可在"倒圆角"上滑面板中点开"集"标签，选择"新建集"选项后，在模型上选择倒圆角特征，并设置不同的半径值，如图 6-9 所示。这样，在模型树上的圆角特征只显示一个，从而可以加快模型的再生速度(因为特征越少，模型再生速度越快)。

2. 在主体上创建凸台特征

(1) 拉伸方式生成凸台特征。单击工具条上的"拉伸"按钮，在绘图区按住鼠标右键，在弹出的快捷菜单中选择"定义内部草绘"命令，选择按钮主体的一个底面为草绘平面，FRONT 面为参考平面，进入草绘界面。此处可通过偏移前一草绘截面方式生成新的草绘线。

(2) 在工具条上单击"通过边创建图元"按钮旁边的箭头，选择"通过偏移一条边或草绘图元来创建图元"选项按钮，如图 6-10 所示。系统弹出"类型"对话框，选择"环"选项，如图 6-11 所示。用鼠标选择上一步所生成截面轮廓的任意一位置，整个轮廓加亮显示(加亮表示选中)，同时弹出"输入偏移值"文本框，根据箭头指向和实际需求情况，输入正、负偏移值。由图 6-12 可知，箭头指向和实际需求相反，因此输入偏移值-1，单击"✓"按钮完

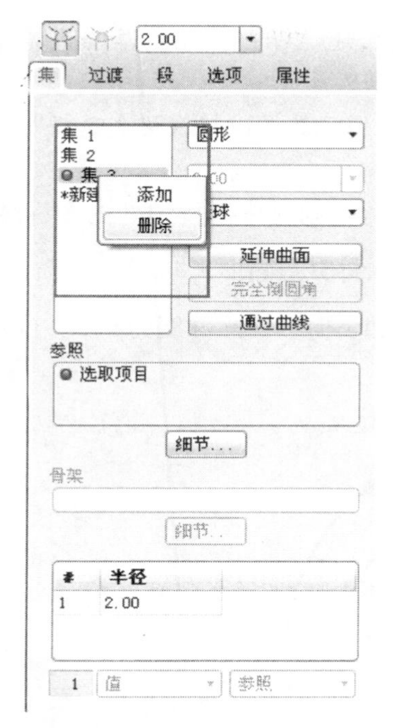

图 6-9　创建不同圆角特征值

成偏移。单击“✔”按钮退出草绘，拉伸深度输入 1，按中键完成拉伸特征，结果如图 6-13 所示。

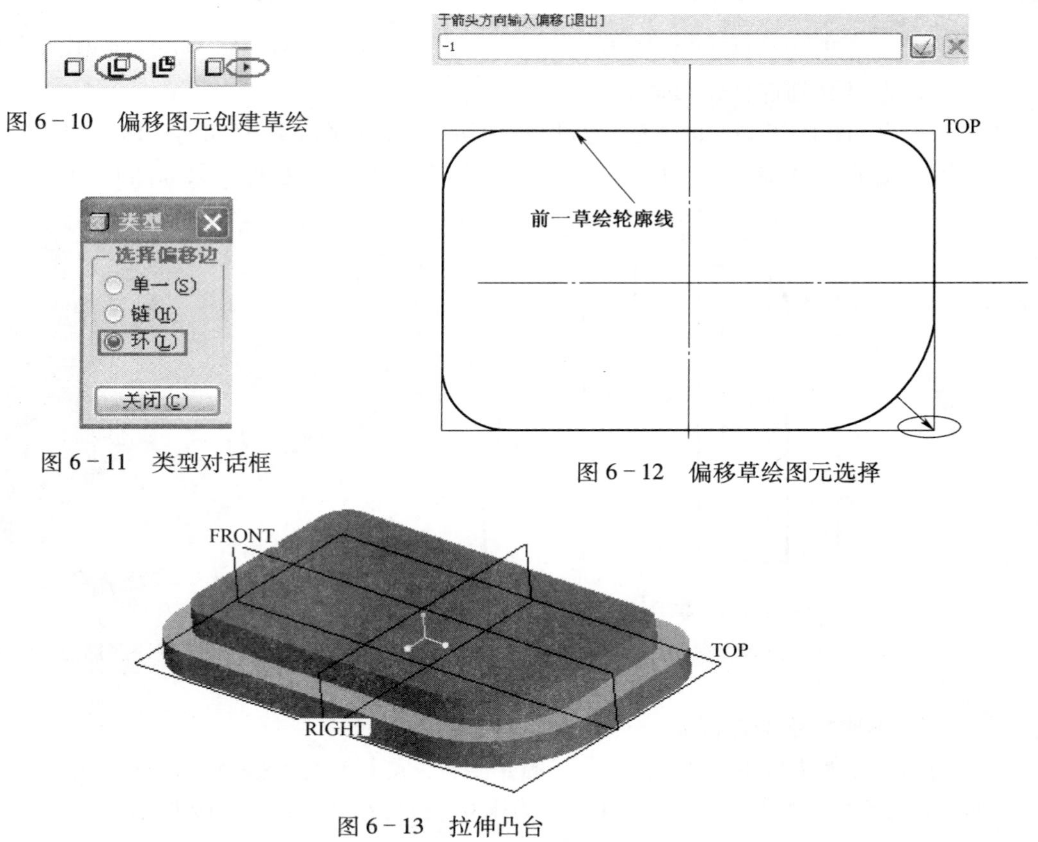

图 6-10　偏移图元创建草绘

图 6-11　类型对话框

图 6-12　偏移草绘图元选择

图 6-13　拉伸凸台

提示:在 Pro/E 模型设计中,通过参照或偏移草绘边界图元可大大提高设计效率和精确度。当偏移单个图元边界时只能选择“单一”方式;当偏移部分连续的图元边界时建议优先选择“链”方式;当偏移完全封闭的图元边界时建议优先选择“环”方式。

3. 在凸台上创建按键图标特征

采用拉伸“切除方式”在凸台上创建按钮按键处的图标特征。单击工具条上的“拉伸”按钮 ,在上滑面板上选中“去除材料”按钮 ,选择台阶上表面为草绘平面,FRONT 面为参考平面,绘制如图 6-14 所示截面,向下切除深度为 0.3。拉伸结果如图 6-15 所示。

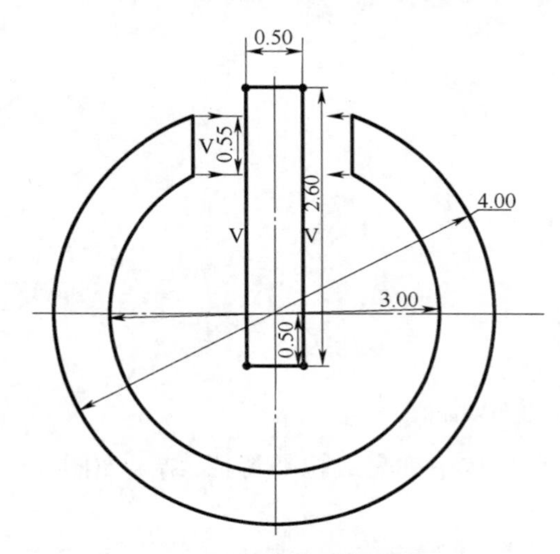

图 6-14 按键图标草绘截面

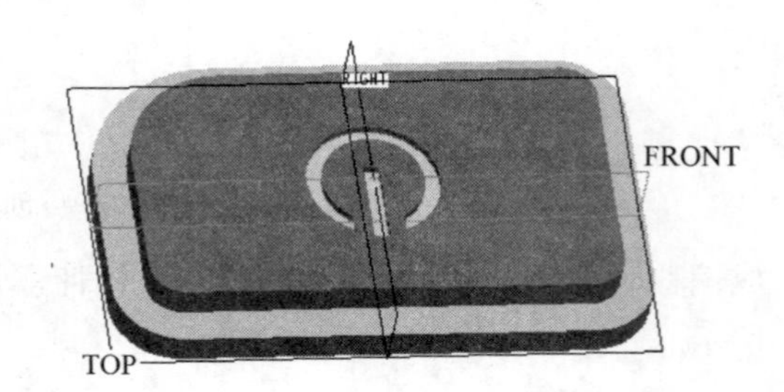

图 6-15 按键图标拉伸切除结果

4. 创建按钮底部切口特征

采用同步除了同样的方法,通过“拉伸切除” 方式在主体底部创建切口特征。选择主体底面为草绘平面,绘制图 6-16 所示截面,切除深度为 1.0。拉伸结果如图 6-17 所示。

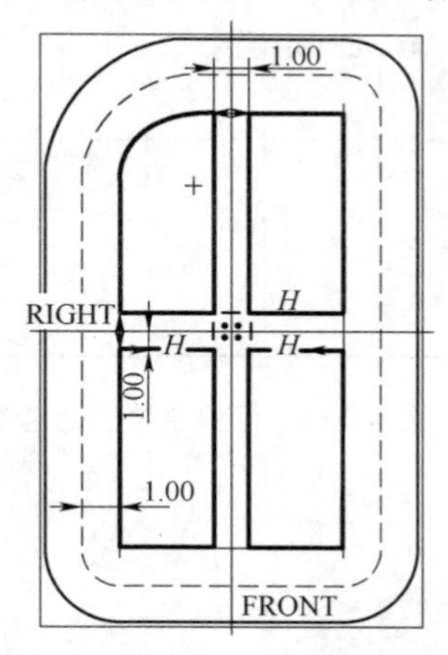

图 6-16 按钮底部切口草绘截面图

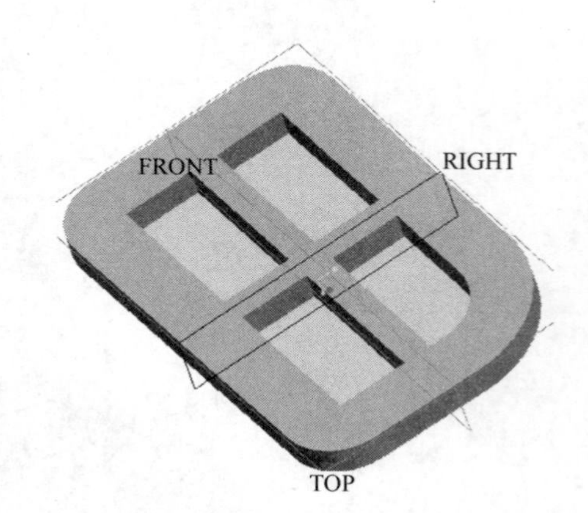

图 6-17 按钮底部切口结果

5. 创建按钮卡勾特征

(1) 拉伸生成卡勾连接特征。通过拉伸生成卡勾的连接特征。选择主体底面为草绘平面,绘制图 6-18 所示截面,拉伸深度为 1.0。拉伸结果如图 6-19 所示。

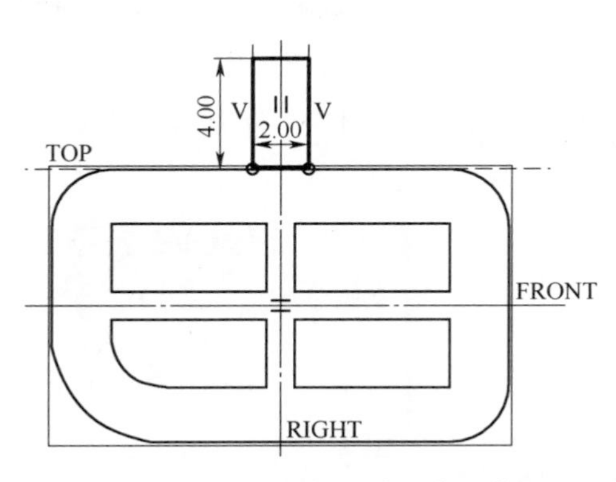

图 6－18　按钮卡勾连接处草绘截面

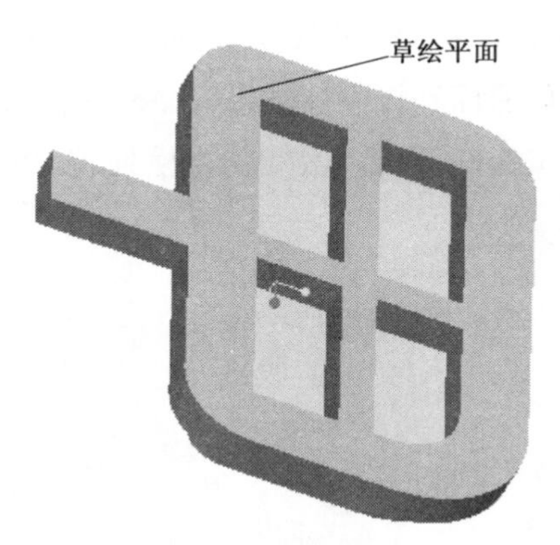

图 6－19　按钮卡勾连接处拉伸结果

（2）拉伸生成卡勾特征。选择卡勾连接体的上表面为草绘平面，绘制图 6－20 所示截面，拉伸深度为 4.0。拉伸结果如图 6－21 所示。

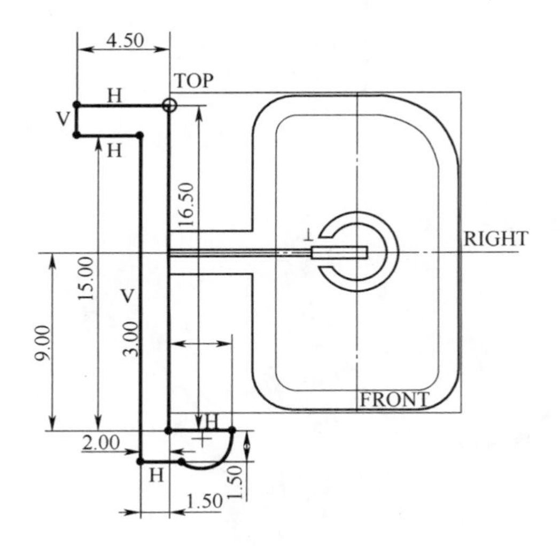

图 6－20　按钮卡勾草绘截面

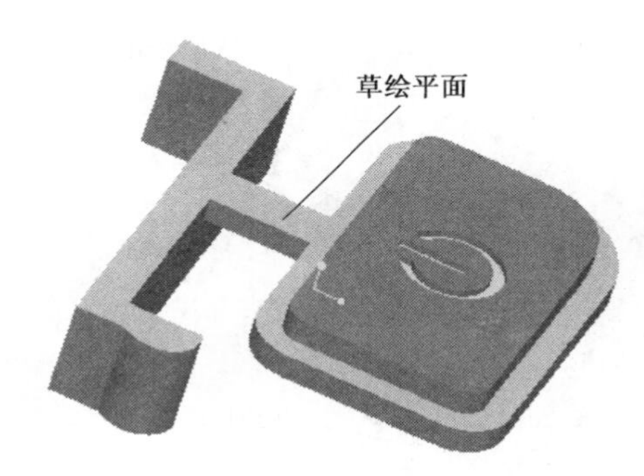

图 6－21　按钮卡勾拉伸结果

（3）拉伸切除生成卡勾端部斜面特征。选择卡勾外表面为草绘平面，绘制如图 6－22 所示截面，拉伸切除结果如图 6－23 所示。

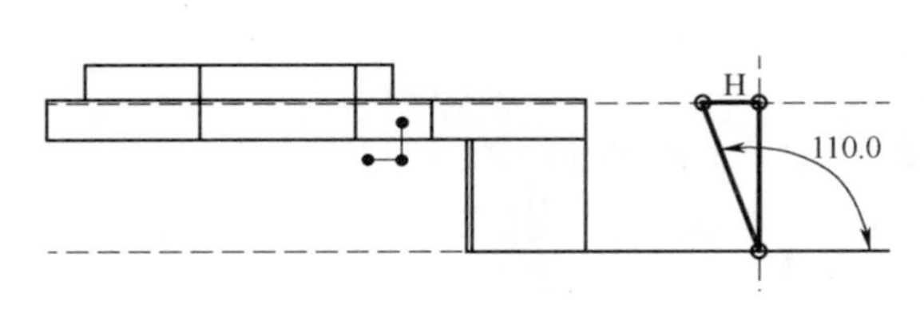

图 6－22　卡勾端部斜面切除草绘

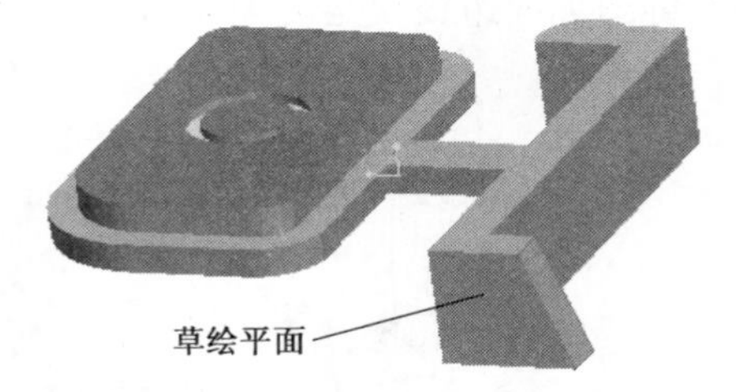

图 6－23　卡勾端部斜面切除结果

6. 对产品做拔模斜度

为便于产品脱模，需要对产品做拔模斜度处理。

（1）单击模具工具条上的“拔模”按钮，弹出如图 6－24 所示上滑面板。打开“参照”

选项，单击“细节按钮”，弹出“曲面集”对话框，如图 6－25 所示。参照图 6－26 所示，选择相应的拔模曲面和拔模枢轴进行减胶拔模，拔模角度为 3°。单击“✔”按钮完成拔模特征。

对按钮底部切口做减胶拔模处理，拔模曲面和拔模枢轴选择如图 6－27 所示，拔模角度为 3°。

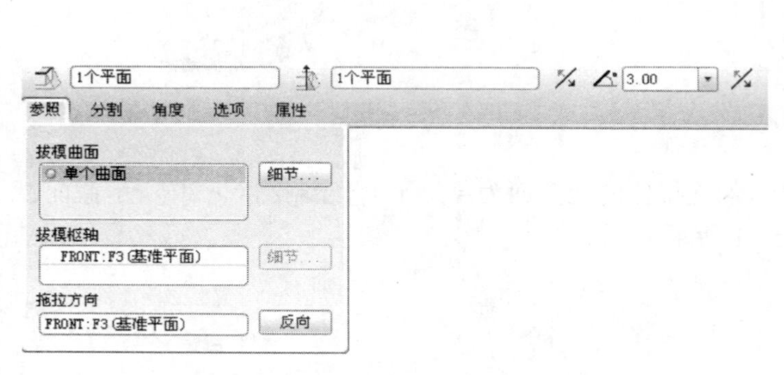

图 6－24　拔模上滑面板

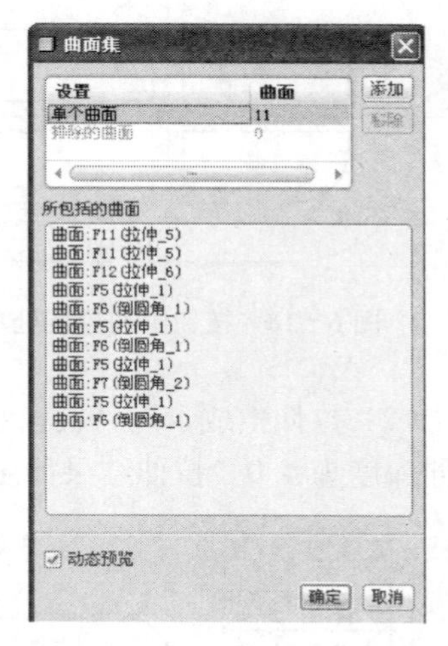

图 6－25　拔模曲面集对话框

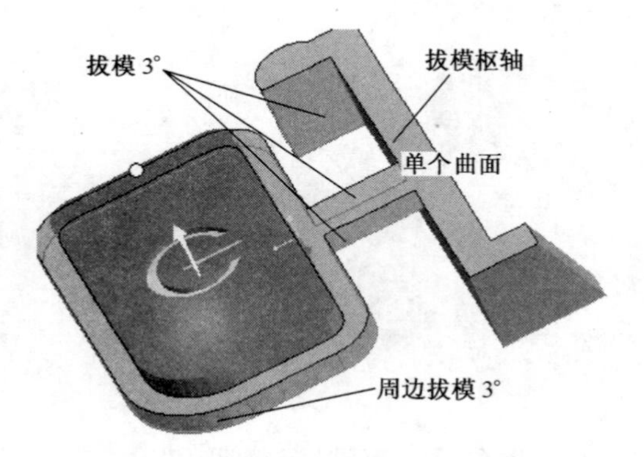

图 6－26　PL 面以下减胶拔模 1

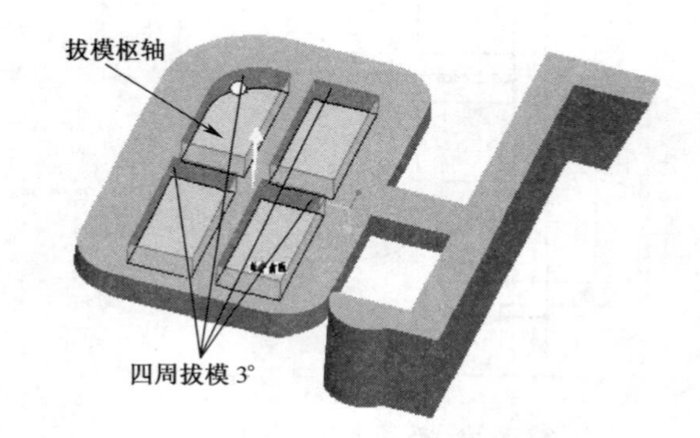

图 6－27　PL 面以下减胶拔模 2

（2）采用相同的方法，对 PL 面以上特征进行拔模，拔模曲面和拔模枢轴选择如图 6－28 所示，按键图标周边拔模角度为 3°；凸台周边拔模角度为 3°。

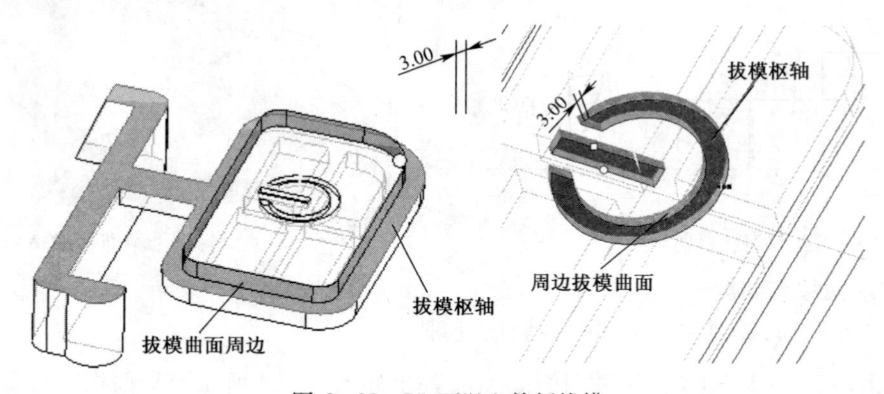

图 6－28　PL 面以上特征拔模

7. 创建倒圆角特征

单击模具工具条上的“倒圆角”按钮 ,按如图 6－29 所示对有关棱边进行倒圆角处理。

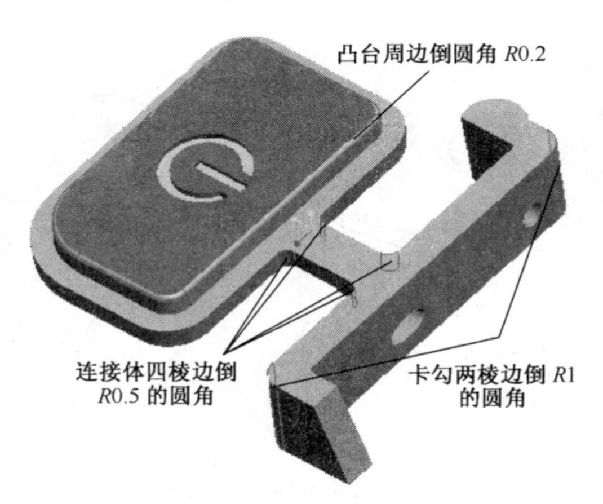

图 6－29　倒圆角特征

提示:图 6－30 中的各个圆角特征,其半径值不同,可以分别创建多个圆角特征,也可以按照步骤 1 中所讲的通过创建多个圆角集对象进行一次创建。

8. 创建卡勾上的侧孔并倒圆角

通过拉伸切除方式生成卡勾侧面的孔。选择卡勾外表面为草绘平面,绘制图 6－30 所示截面,贯穿切除,并对侧孔倒角 C0. 1。拉伸切除及倒角结果如图 6－31 所示。

对卡勾的其它三处棱边倒 R0. 2 的圆角,如图 6－32 所示。

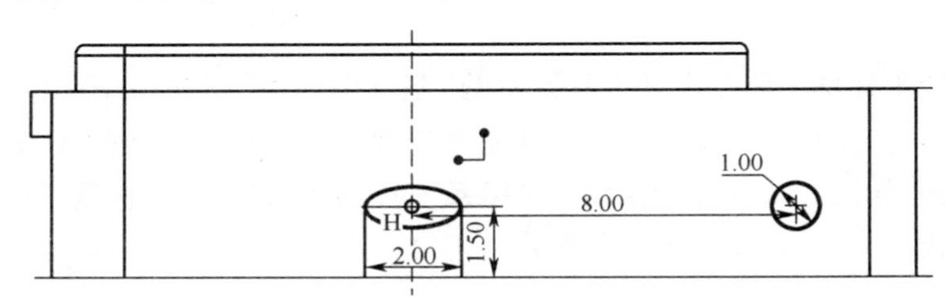

图 6－30　侧孔草绘

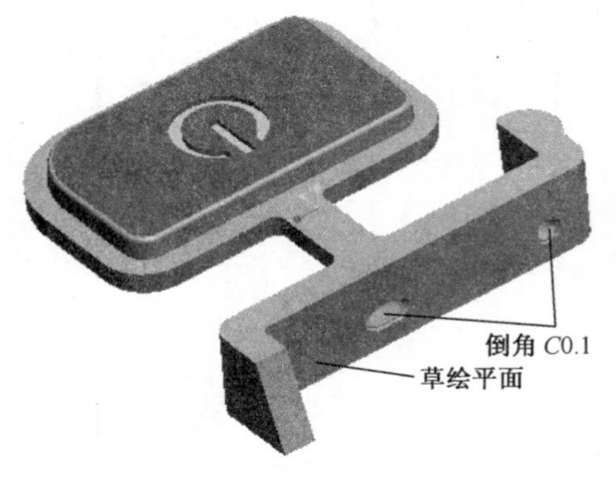

图 6－31　侧孔倒 C 角

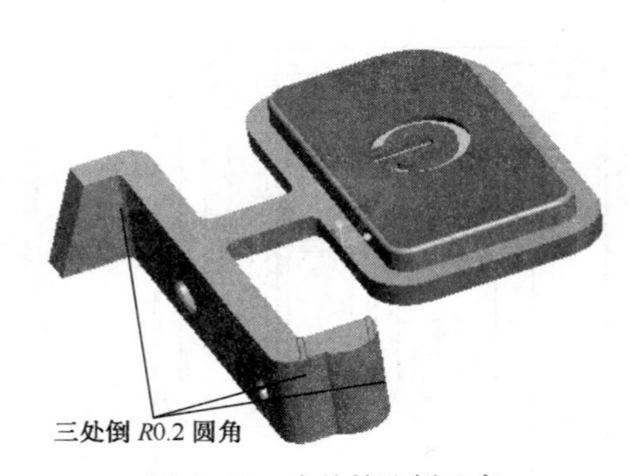

图 6－32　卡钩棱边倒 R 角

造型完成的电源按钮三维模型如图 6－33 所示。

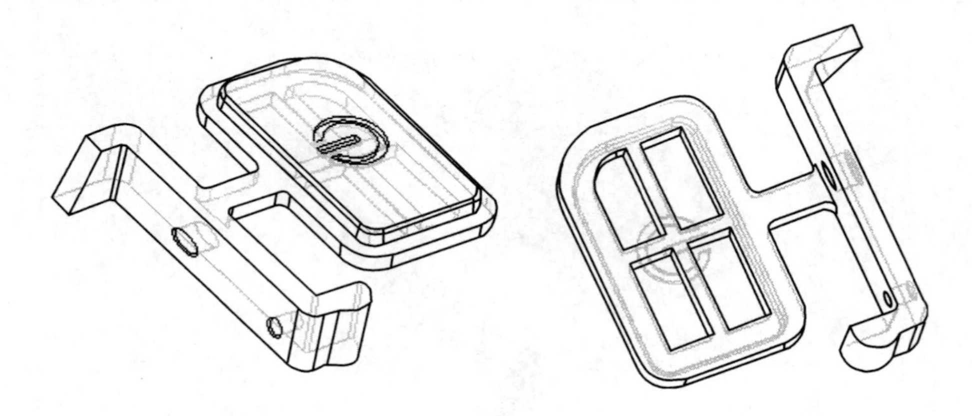

图 6－33　电源按钮三维模型

9. 模型坐标系调整

由于造型时未考虑坐标系在模型中的位置，为便于后续的模具设计布局及模架调入，坐标系应使 Z 轴正向指向顶出方向；X、Y 轴处于分型面上，并依据进胶位置调整 X、Y 轴的具体指向。因此，需要在模型上创建参照坐标系。

（1）创建草绘线。单击模具工具条中的“草绘”图标，选择 PL 线所在面为草绘平面，进入草绘环境。选择“直线”命令图标，绘制如图 6－34 所示的两条草绘线，单击“✔”按钮完成草绘。

（2）创建参照坐标系。单击模具工具条中的“基准坐标系”图标，弹出“坐标系”对话框，如图 6－35 所示。按住 Crtl 键分别选择两条草绘线作为参照坐标系的 X、Y 轴，观察各坐标轴指向是否正确，如果方向有误，则单击“坐标系”对话框中的“方向”标签，调整相关选项达到改变各坐标轴指向的目的，如图 6－36 所示。

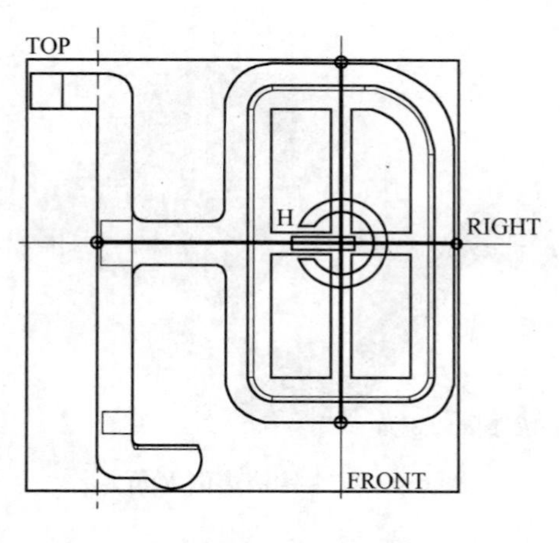

图 6－34　草绘线绘制

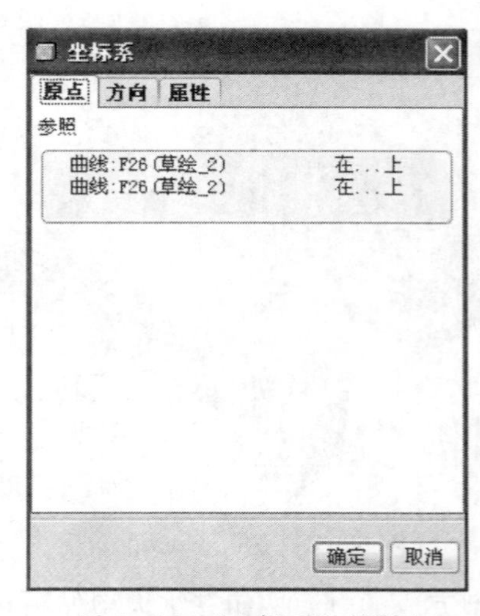

图 6－35　“坐标系”对话框

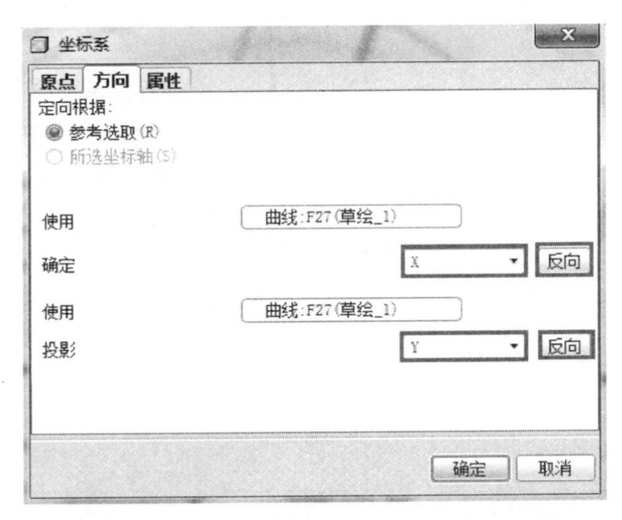

图 6-36 坐标轴方向调整

提示：选择坐标系的 X、Y 轴时，首先选择的草绘线将默认作为 *X* 轴，所以，按 Crtl 键多选时应注意选择顺序。

最终坐标系调整结果如图 6-37 所示。

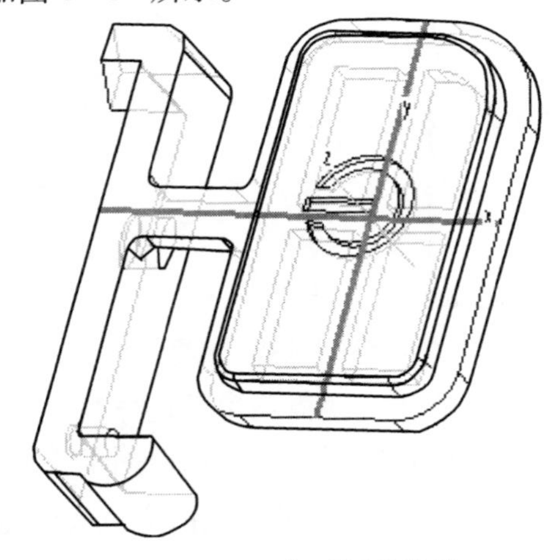

图 6-37 坐标系调整结果

在工具栏上单击“保存”按钮，完成对文件的保存(默认文件名“prt0001”)，选择主菜单“文件→删除→旧版本”命令，将该文件的所有旧版本从硬盘中删除，以减小文件存储空间。选择主菜单“文件→拭除→当前”命令，将此文件从内存中清除。

10. 复制几何

为减少模型的父子特征关联，可通过复制几何的方式拷贝出前面造型曲面。

(1) 新建一个零件文档，模板选择公制下的“mmns _ part _ solid”，零件命名为“key”。选择主菜单“插入”→“共享数据”→“复制几何”命令，取消“仅限发布几何”的默认选择状态，选择“打开几何形状将被复制的模型”按钮，选择文件“prt0001”并打开，如图 6-38 所示。

(2) 在弹出的“放置”对话框中，选择“坐标系”对齐的放置方式，“外部模型坐标系”选择图 6-37 中所示的坐标系，“局部模型坐标系”选择新建零件的默认坐标系，单击“确定”按钮，如图 6-39 所示。

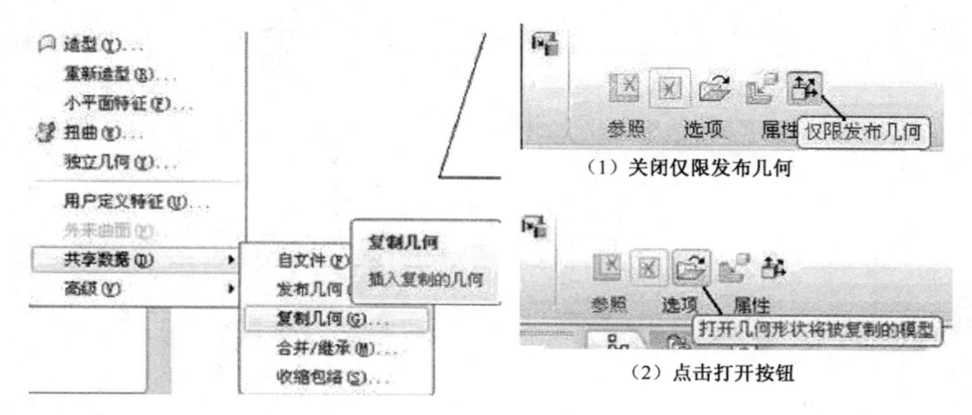

图 6-38　复制几何

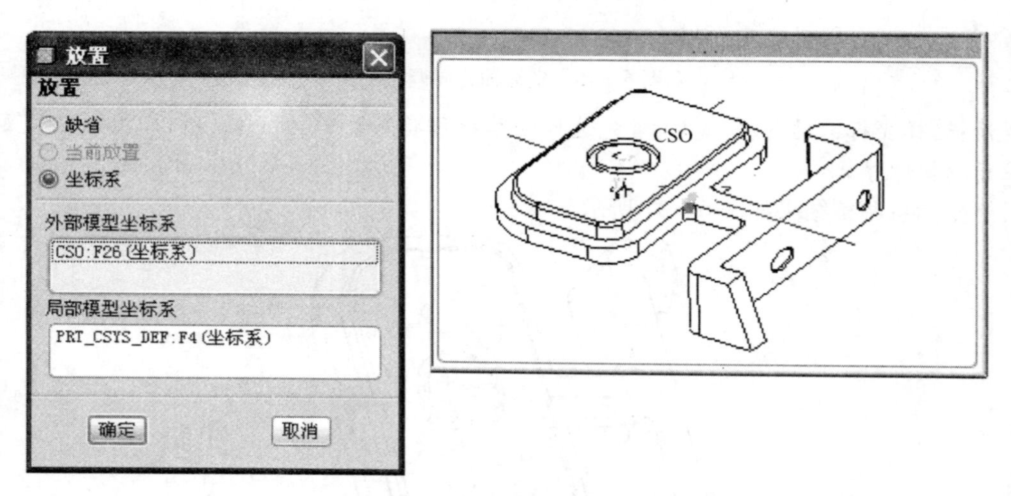

图 6-39　放置坐标系

（3）在绘图区按住鼠标右键，在弹出的快捷菜单中选择“曲面集”选项，鼠标左键选择图6-40所示模型的任意曲面，按住鼠标右键，在弹出的快捷菜单中选择“实体曲面”选项，模型所有曲面加亮，单击“复制几何”对话框中的“✔”按钮，完成实体几何的复制。

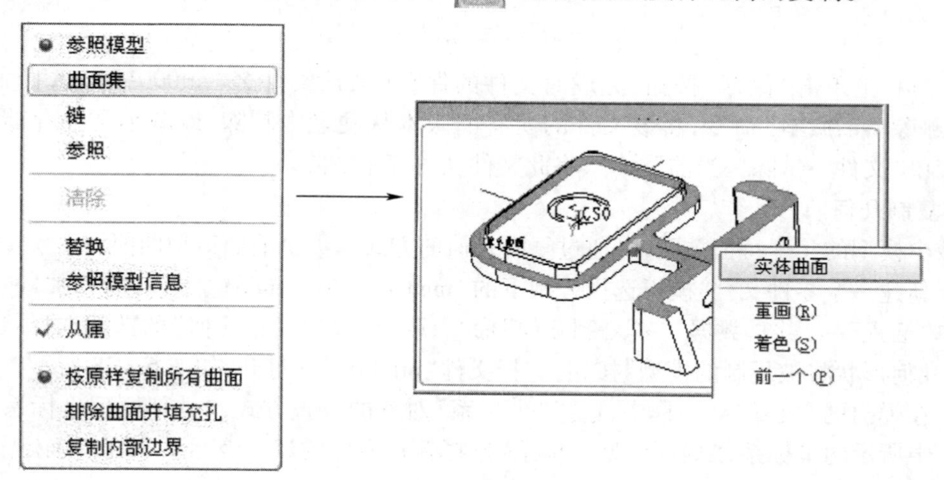

图 6-40　曲面复制

（4）在所有被复制的实体曲面选中加亮（红色显示）的状态下，选择菜单栏中的“编辑”→“实体化”命令，生成实体几何，如图 6－41 所示，单击“保存”按钮保存文件。

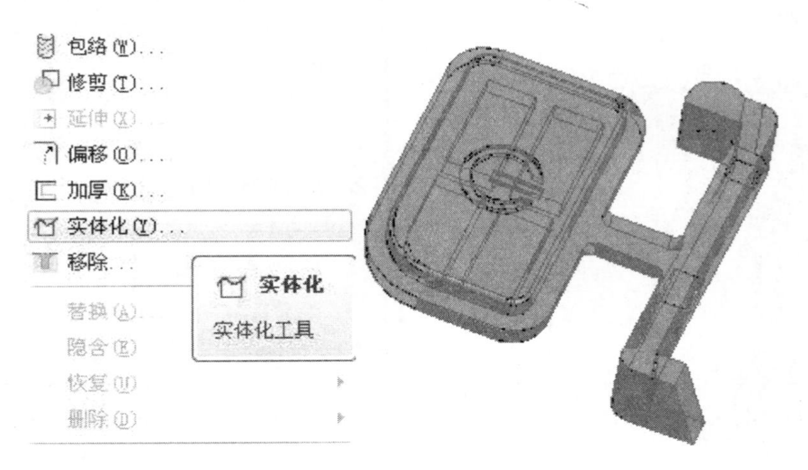

图 6－41　实体化几何

任务四　电源按钮模具设计

1. 设置工作目录

首先建立一个模具专用文件夹，并将之前创建好的模型文件“key. prt”复制到当前模具文件夹中。进入 Pro/E 应用程序界面后，选择主菜单“文件”→“设置工作目录”命令，将此文件夹设置为当前工作目录。

2. 创建模具文件

设置好工作目录后，创建一个新的模具文件，类型为“制造”，子类型为“模具型腔”，将模型名称命名为“key _ mold”，取消选中“使用缺省模板”复选框，单击“确定”按钮，选择模板类型为“mmns _ mfg _ mold”，单击“确定”按钮。

3. 对参照零件进行布局

（1）进入模具设计模块环境后，单击模具工具条中的“定位参照零件”按钮，系统弹出如图 6－42 所示的“布局”对话框，并同时打开模具文件所在的工作目录，选择被布局的参照零件“key. part”，单击“打开”按钮，弹出“创建参照模型”对话框。

（2）在如图 6－43 所示的“创建参照零件”对话框中，选中“按参照合并”单选按钮，接受系统默认的参照模型名称“LOCK _ BUTTON _ MOLD _ REF”，单击“确定”按钮，返回“布局”对话框。

（3）单击“预览”按钮，零件显示在工作窗口，因为模具布局为一模四穴，所以需调整参照模型布局设置。在“布局”选项区中选择“矩形”选项，“方向”选项区中选择“Y 对称”。在“矩形”选项区中输入 X 方向的“型腔”数目为 2，“增量”为 22；Y 方向的“型腔”数目为 2，“增量”为 30，布局参数设置及参照模型布局结果如图 6－44 所示，单击“确定”按钮，完成参照零件的布局工作。

图 6-42　布局对话框

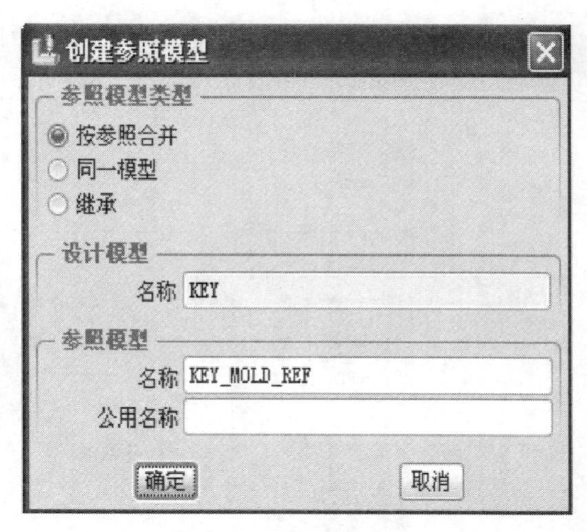

图 6-43　参照模型布局对话框

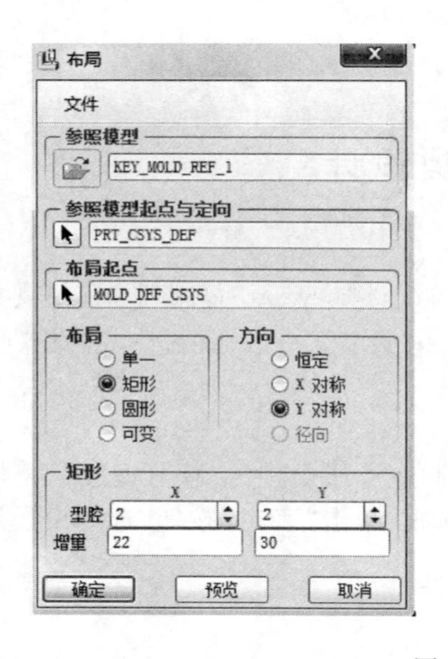

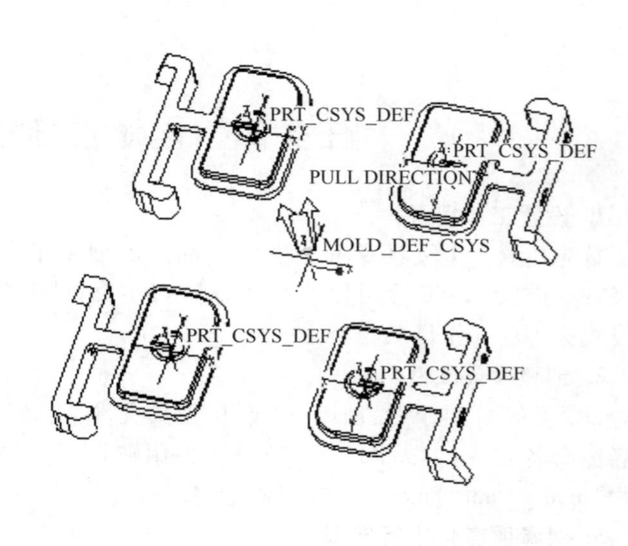

图 6-44　参照模型布局设置

提示：若产品坐标系的 X、Y 轴方向设置不当，可以通过设置 X 或 Y 方向的增量为负值来调节布局。

4. 设置参照零件收缩率

单击模具工具条中的“按比例缩放”图标，在“按比例收缩”对话框中选取零件坐标系“PRT_CSYS_DEF”作为零件缩放的原点，此时若弹出 Warning 对话框，提示“在此选择外部坐标系会导致循环参照”，可以忽略此警告，单击“确定”按钮，输入收缩率 0.006，单击“ ”按钮，完成参照零件收缩率的设置。

5. 创建工件

单击模具工具条中的“自动工件”按钮，弹出“自动工件”对话框。接受“工件名”文本框中的默认设置,选择坐标系“MOLD _ DEF _ CSYS”作为模具原点。在“偏移”选项组中“统一偏距”文本框中输入 30,此时看到“整体尺寸”中的 X、Y、Z 数值为小数,对其进行调整,以满足模具标准化设计的要求,如图 6-45 所示。将工件设为线框显示,以便于设计过程中的观察和操作。

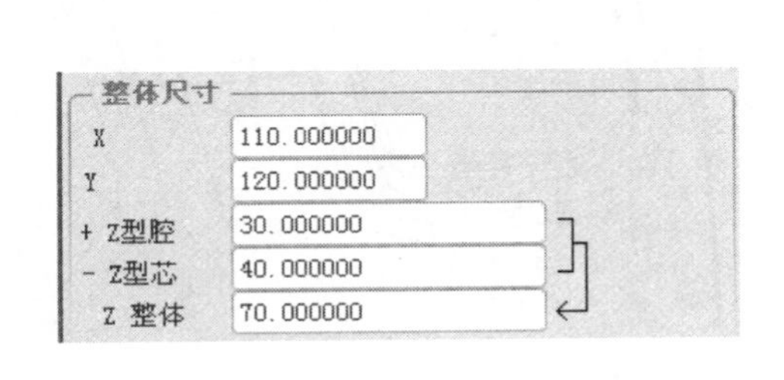

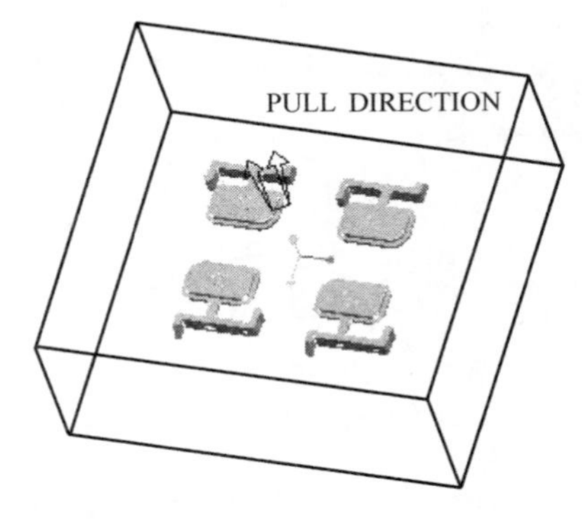

图 6-45　工件创建

6. 创建滑块

设计滑块时可通过分型面分割创建,也可以通过创建体积块的方式创建,滑块体积块的创建方法有以下三种:

手动创建滑块曲面:选择模具工具条上体积块图标,通过“拉伸”等方式逐步进行曲面特征的创建及编辑,以生成分割滑块所需的曲面。

自动创建滑块曲面:选择模具工具条上的体积块图标,选取主菜单“插入”→“滑块”命令,通过 计算底切边界 命令自动计算干涉曲面,生成滑块所需的曲面。

手动收集滑块体积块:选择模具工具条上的体积块图标,选取主菜单“编辑”→“收集体积块”命令,由参照零件上逐步收集滑块体积块。

本项目中分别通过上述三种方法对滑块的创建过程进行介绍,使读者对各方法的优缺点有所掌握。

1)手动和自动创建滑块曲面方式创建其中一侧滑块

(1) 单击模具工具条中的“模具体积块(Create Mold volume)”按钮,将光标移至主窗口,然后按住鼠标右键,在快捷菜单中选取“属性”,输入体积块名称“1 _ slider-plug”,单击“确定”按钮。

(2) 选择主菜单“插入”→“滑块”命令,弹出“滑块体积块”对话框,选其中一个参照模型作为参照零件,单击“滑块体积块(Slider Volume)”对话框中的“ 计算底切边界 ”按钮,系统会自动计算出 2 个侧孔为干涉曲面,同时显示在画面上(选中对象加亮显示),按住 Ctrl 键,同时选中“排除”选项框中的所有干涉曲面面组,然后单击“«”按钮,将所选面组移到“包括”选项框中,以将这些面组纳入滑块体积块,如图 6-46 和图 6-47 所示。

提示:若“排除”列表框中的面组较多时,为方便选取,也可以按住 Shift 键,通过选取列表框中的首、末两个面组选项来实现对象选取。此方法同样适用其它对象选取操作,如抽取模具元件时的对象选取等。

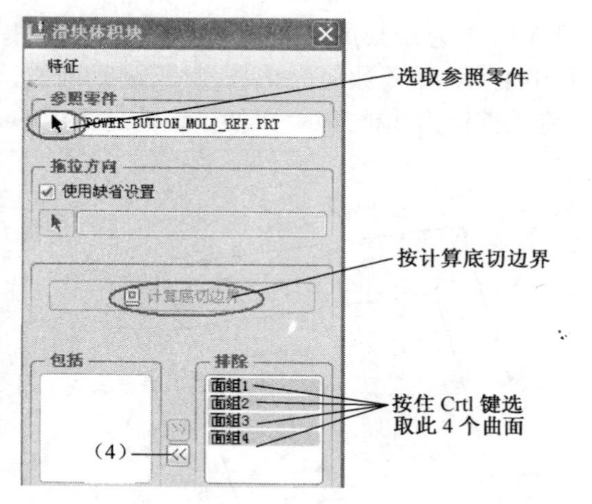

图 6-46　干涉曲面计算

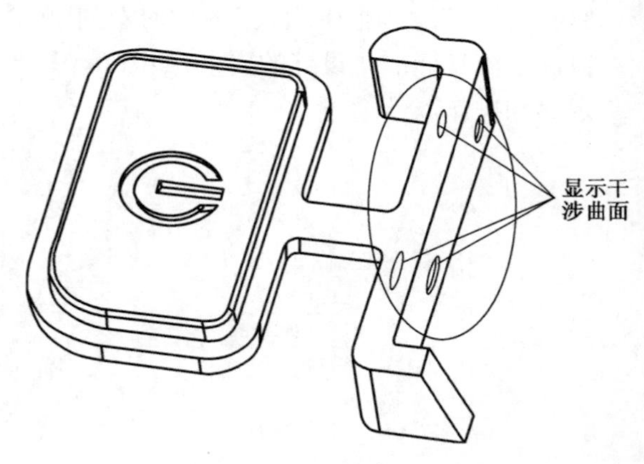

图 6-47　干涉曲面显示

单击对话框下方"投影平面(Projection Plane)"选项栏下的"选择"图标 ，选择工件侧面为投影面，如图 6-48 所示，使干涉曲面延伸至此平面，单击"滑块体积块(Slider Volume)"对话框的" "按钮，即可见所创建的部分滑块体积块，如图 6-49 所示。

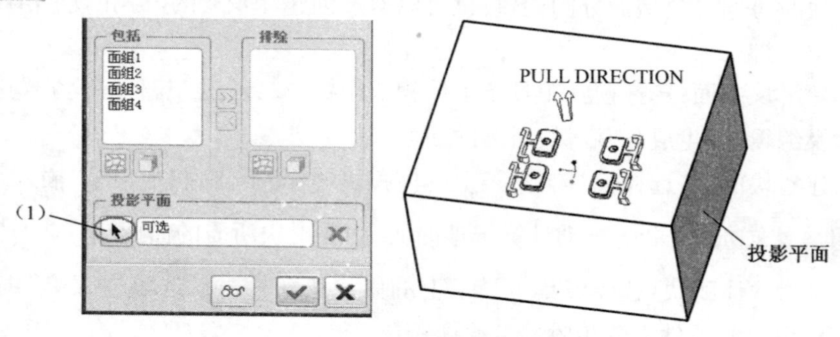

图 6-48　选取投影平面

(3) 用同样的方法，完成同侧另一参照零件的滑块创建。选取主菜单栏中的"插入"→"滑块"菜单命令，选中与上一参照模型同侧的另一参照模型作为新建滑块的参照零件，以创建另一侧孔滑块，如图 6-50 所示。

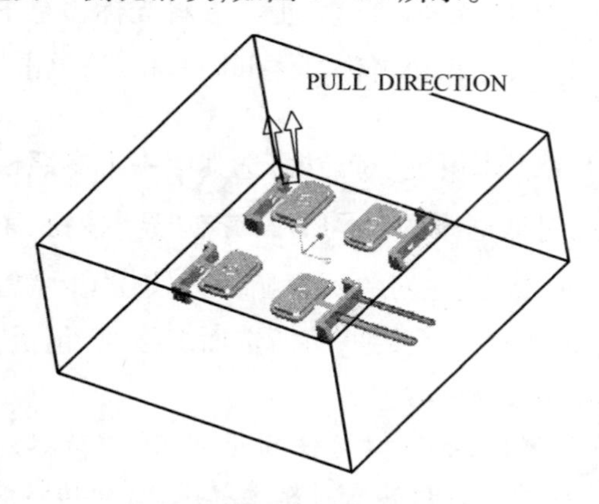

图 6-49　创建体积块 1

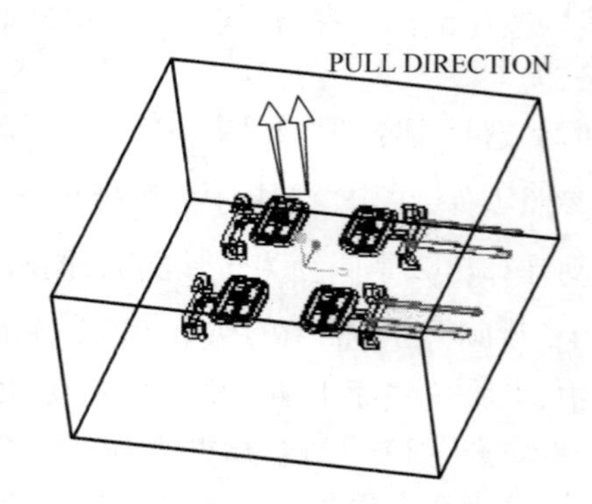

图 6-50　创建体积块 2

（4）单击模具工具条中的“拉伸”图标，在主窗口空白处按住鼠标右键，在快捷菜单中选取“定义内部草绘”命令，选择工件侧面为草绘平面，工件顶面为参照平面，如图6－51所示。

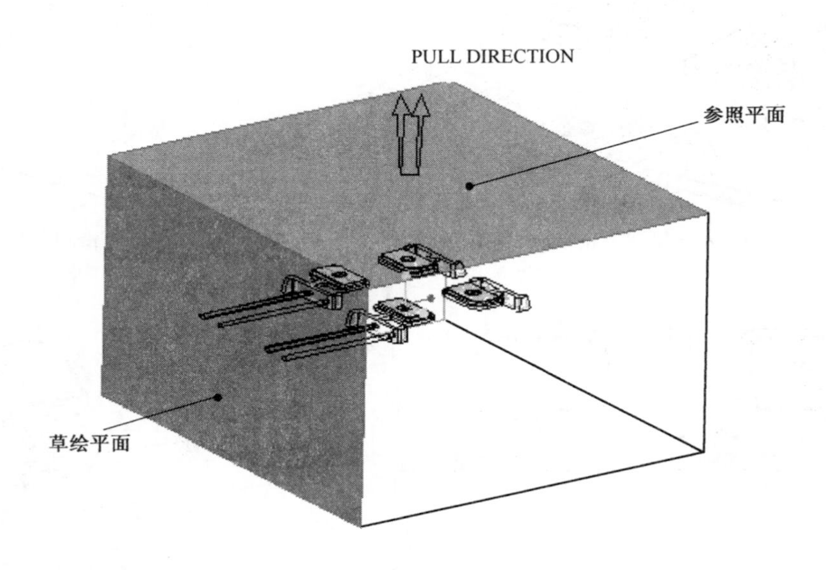

图6－51　拉伸草绘面选取

单击“草绘”按钮，进入草绘界面，绘制如图6－52所示截面，单击“ ”按钮。单击拉伸上滑面板中的“拉伸到所选的曲面”图标，选择图6－53曲面为拉伸终止面，单击“ ”按钮完成倒勾部分滑块体积块的生成，结果如图6－54所示。

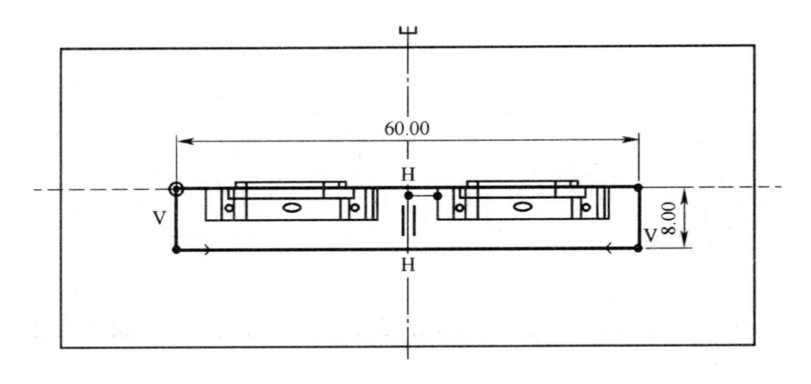

图6－52　拉伸草绘面截面1

（5）单击模具工具条中的“拉伸”图标，在主窗口空白处按住鼠标右键，在快捷菜单中选取“定义内部草绘”命令，选择“MAIN _ PARTIN G _ PLN”为草绘平面。绘制长度为4的矩形框包覆图示圆角面，以防在公模仁上产生尖铁，如图6－55所示。将上滑面板中拉伸方式切换至“拉伸到指定的点、线、面”选项，拉伸至图6－56所示平面，单击“ ”按钮完成。

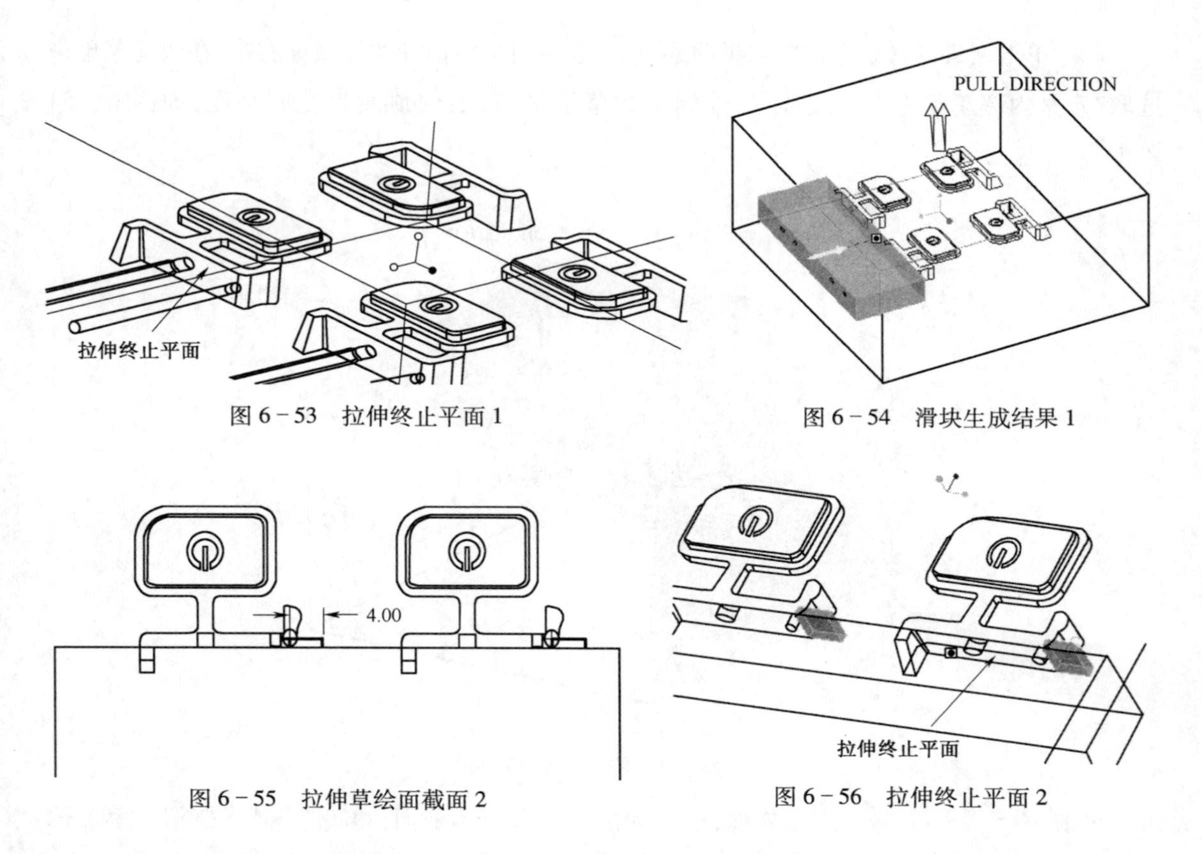

图 6－53　拉伸终止平面 1

图 6－54　滑块生成结果 1

图 6－55　拉伸草绘面截面 2

图 6－56　拉伸终止平面 2

提示：绘制包覆圆角面的矩形时，为便于草绘，应选择圆角特征和图 6－54 中所生成滑块 1 的上平面为草绘参照，以使所绘制矩形截面的一边通过圆心，另一边通过滑块 1 的上平面，如图 6－57 所示。

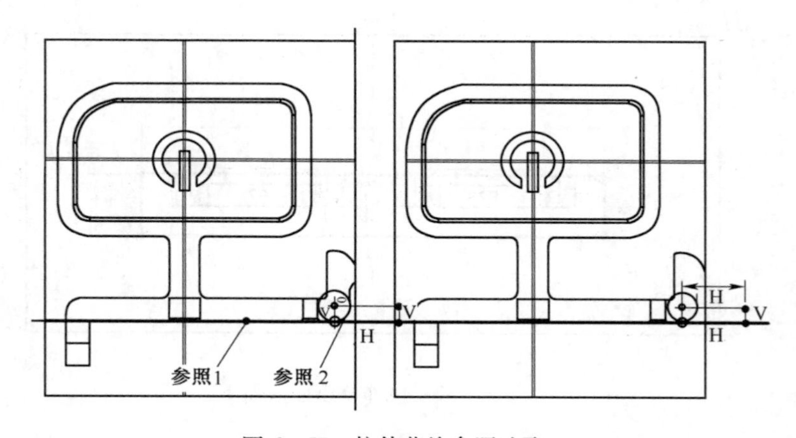

图 6－57　拉伸草绘参照选取

（6）选择主菜单“编辑”→“修剪→参照零件切除”命令，单击模具工具条中的“✔”按钮，完成侧滑块的创建。选取主菜单“视图→可见性→着色”命令，系统弹出“搜索工具(Search Tool)”对话框，选中搜索到的面组，单击“>>”按钮，单击“关闭”按钮，创建的体积块以着色样式显示在主窗口中，如图 6－58 所示，单击级联菜单中“完成/返回”按钮，返回到模具设计主界面。

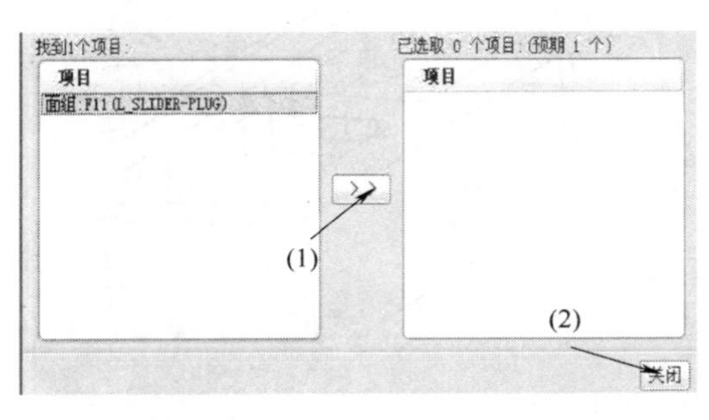

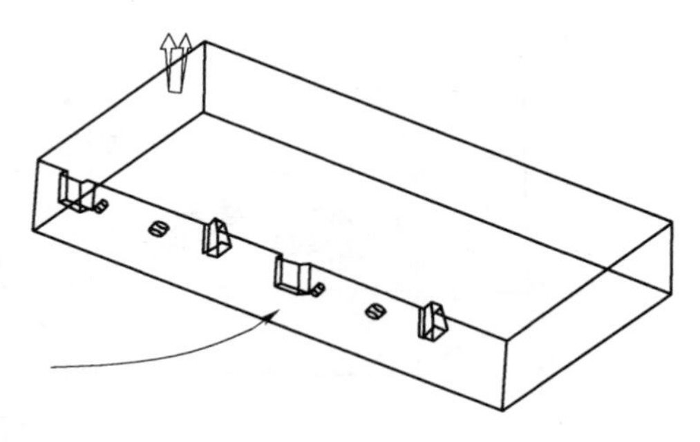

图 6-58　最终生成的体积块

提示:① 上述滑块创建过程步骤较多,主要通过两次自动计算圆孔干涉曲面、两次拉伸和修剪参照零件五个步骤生成。在滑块创建过程中,若某个特征遗忘,可通过在模型树中选中该步骤前的特征对象,单击鼠标右键,在快捷菜单中选取“重定义模具体积块”命令,返回滑块创建界面。但是体积块创建完成后要重新对参照零件进行修剪切除。

② 若某个特征创建错误,需要重新定义该特征,则可在快捷菜单中选择“编辑定义”命令。

2)手动收集滑块体积块方式创建另一侧滑块

其它两穴的滑块利用“收集体积块”和“草绘体积块”的方法进行创建。

(1)单击模具工具条上的“模具体积块”图标,在主窗口空白区按住鼠标右键,在弹出的快捷菜单中选取“属性”,输入体积块名称“r _ slider-plug”,单击“确定”按钮完成名称设置。

(2)选择主菜单“编辑”→“收集体积块”命令,弹出“菜单管理器”,在“聚合步骤”列表中选中“选取(Select)”和“封闭(Close)”复选项,单击“完成”按钮。在“聚合选取”列表中选中选择“曲面(Surfaces)”选项,单击“完成”按钮,鼠标选中如图 6-59 所示曲面,单击“确定”按钮,再单击“完成参考(Done Refs)”按钮。

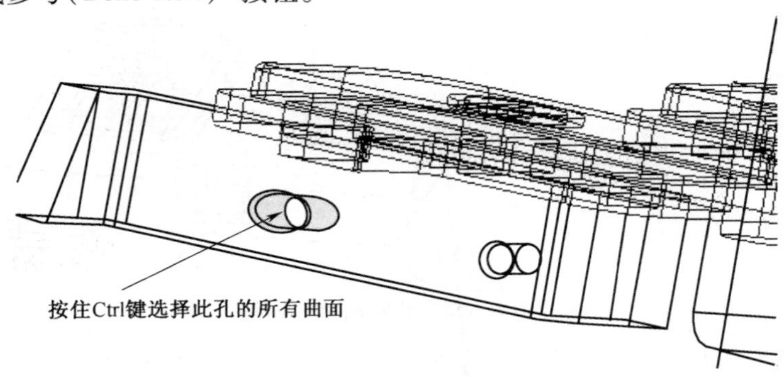

图 6-59　聚合曲面选取

提示:若上述孔曲面不易选取,则可先将鼠标靠近曲面处,按住鼠标右键切换至此面,然后单击左键选取即可。

(3)在“封闭(CLOSURE)”列表中选择“顶平面(Cap Plane)”和“选取环(Sel Loops)”选项,单击“完成”按钮。在绘图区选择图 6-60 所示工件侧面为“盖平面”,选择图中孔的边缘线作为参照边,单击“完成/返回”按钮返回上一级级联菜单。

(4)在“封闭”列表中再次选择“顶平面”和“选取环”选项,单击“完成”按钮,在绘图区选择图 6-61 所示参考模型的平面为盖平面,选择图中孔的边缘线作为参照边,单击“完成/返

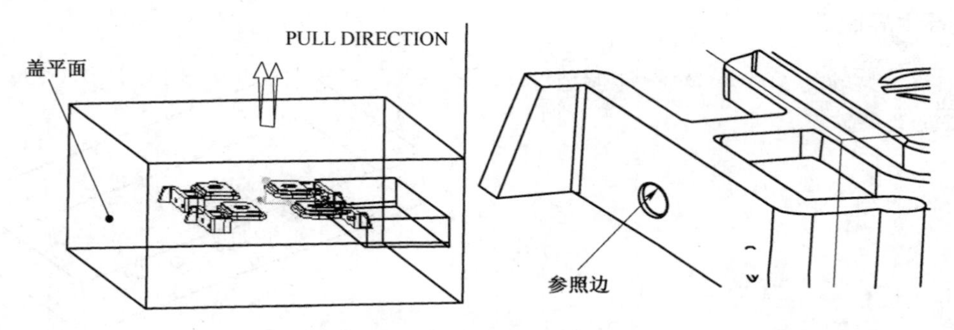

图 6-60　顶平面 1 和环 1 选取

回”按钮返回上一级级联菜单。

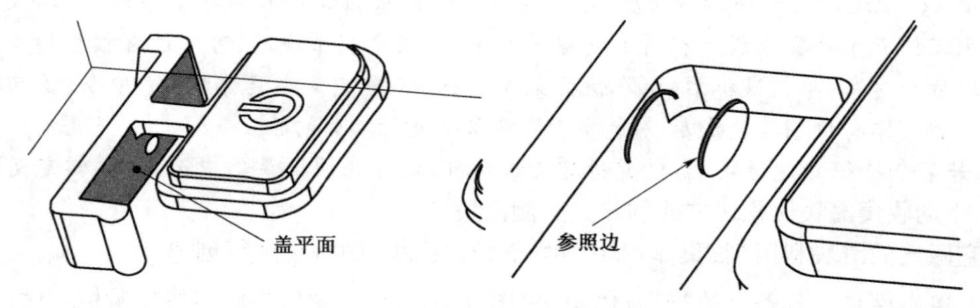

图 6-61　顶平面 2 和环 2 选取

单击“聚合体积块(VOL GATHER)”菜单栏中的“显示体积块(Show Volume)”命令,预览创建的模具体积块是否成功生成。单击“完成”按钮,结果如图 6-62 所示。

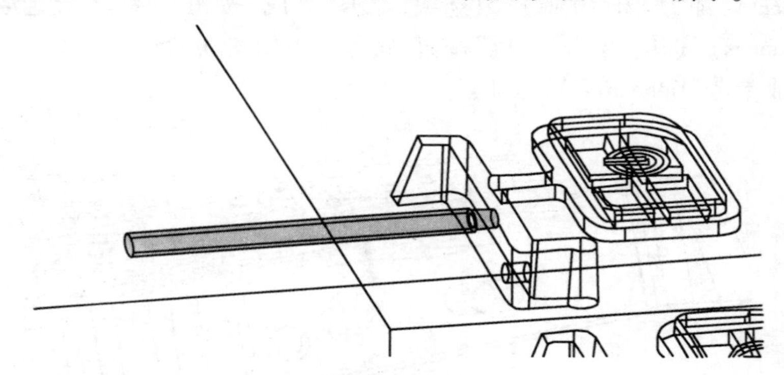
图 6-62　收集滑块体积块

(5)利用草绘体积块的方式创建滑块的其余三个侧抽芯部分。单击模具工具条中的“拉伸”图标,在主窗口空白处按住鼠标右键,在快捷菜单中选择“定义内部草绘”命令,选取工件侧面为草绘平面,工件顶面为参照平面,如图 6-63 所示。

单击“草绘”按钮进入草绘环境。选择“通过边创建图元”命令,捕捉如图 6-64 所示图元,单击“ ”按钮,点选上滑面板上的“拉伸到所选的曲面”图标,选择如图 6-65 所示平面作为拉伸终止面,单击上滑面板“ ”按钮,完成拉伸体积块特征。选取主菜单“编辑”→“修剪”→“参照零件切除”命令,结果如图 6-66 所示。

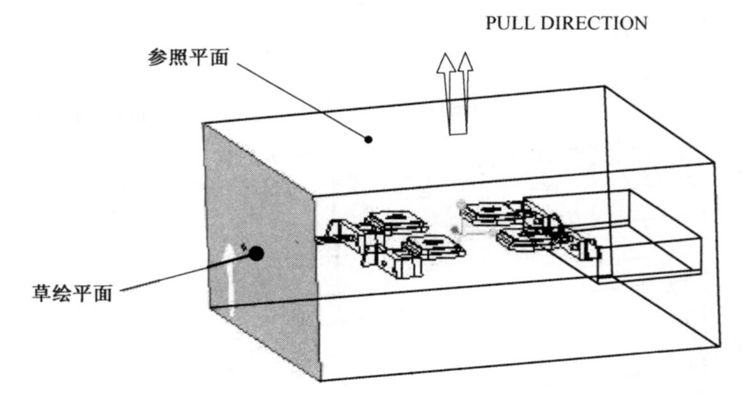

图 6－63　草绘滑块体积块 2

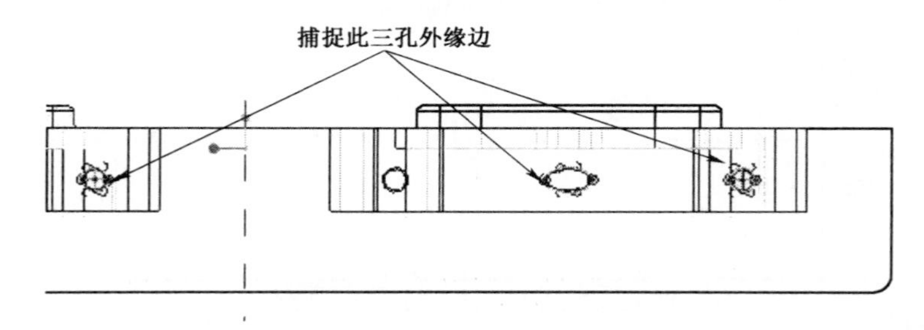

图 6－64　草绘截面

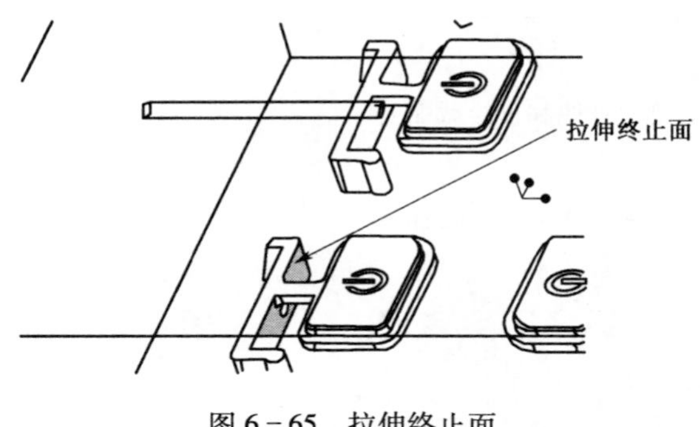

图 6－65　拉伸终止面

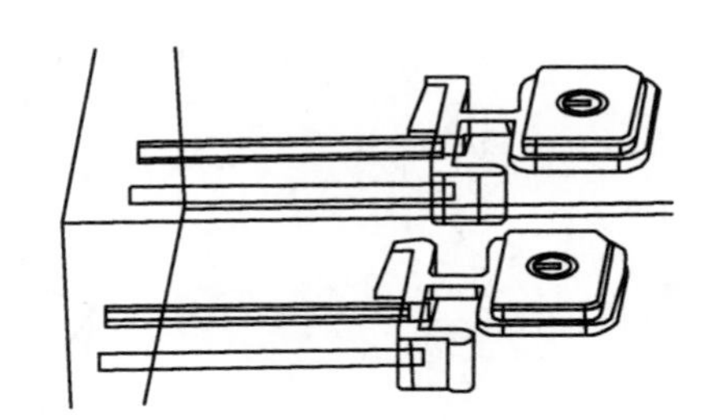

图 6－66　滑块 2 拉伸结果

(6) 继续创建此滑块的剩余部分，包括滑块整体部分和尖铁部分的拉伸处理，方法同图 6－52～图 6－58，这里不再赘述。滑块体积块完成结果如图 6－67 所示。

7. 创建主分型面

(1) 单击模具工具条中的“分型面”工具按钮，在主窗口空白区按住鼠标右键，在快捷菜单中选取“属性”，输入分型面名称“main _ surf”，单击“确定”按钮完成分型面名称设置。

(2) 单击模具工具条中的“拉伸”图标，在主窗口空白处按住鼠标右键，在快捷菜单中选取“定义内部草绘”，选择工件侧面为草绘平面，工件顶面为参照平面（即之前创建滑块体块的草绘平面及参照平面），绘制如图 6－68 所示截面，选择工件的另一侧面（与草绘平面平行的面）作为拉伸终止面，完成主分型面的创建，如图 6－69 所示，单击工具条中的“”按钮。

阶底面做为参照进行截面绘制。

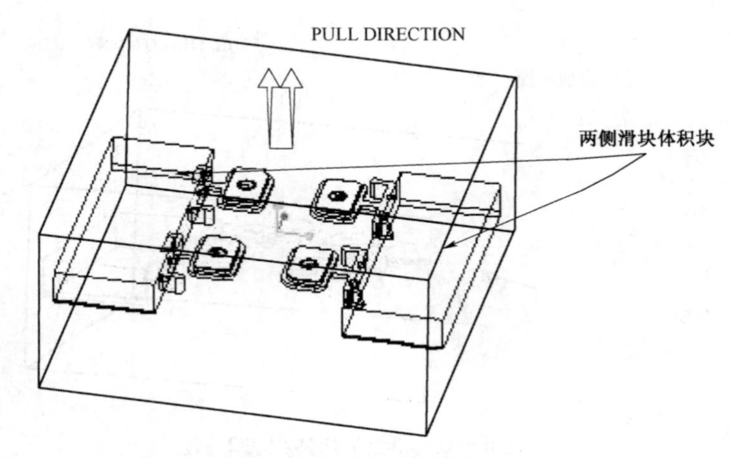

图 6-67 最终生成的滑块体积块

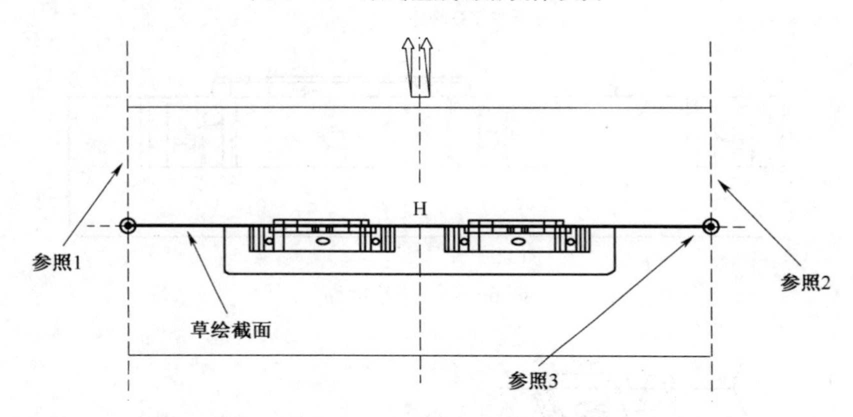

图 6-68 主分型面草绘参照和草绘截面

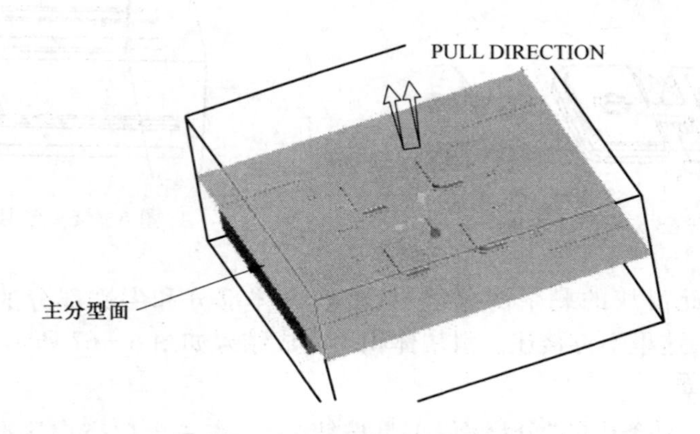

图 6-69 主分型面创建结果

提示:绘制主分型面草绘时,注意草绘参照的选择,选中工件的左、右侧面和参照零件的台阶底面做为参照进行截面绘制。

(3) 创建斜度定位凸台(内模管位)。在主分型面选中状态下,选择主菜单"编辑"→"偏移"命令,选择"具有拔模特征"图标 ,"偏移距离"输入 5,"拔模角度"输入 5,单击"选项"标签,在"侧曲面垂直于草绘"列表中选择"草绘"单选项,在主窗口空白处按住鼠标右键,在快捷菜单中选择“定义内部草绘”,如图 6-70 所示。选择主分型面为草绘平面,单击“草绘”按钮进入草图绘制环境。

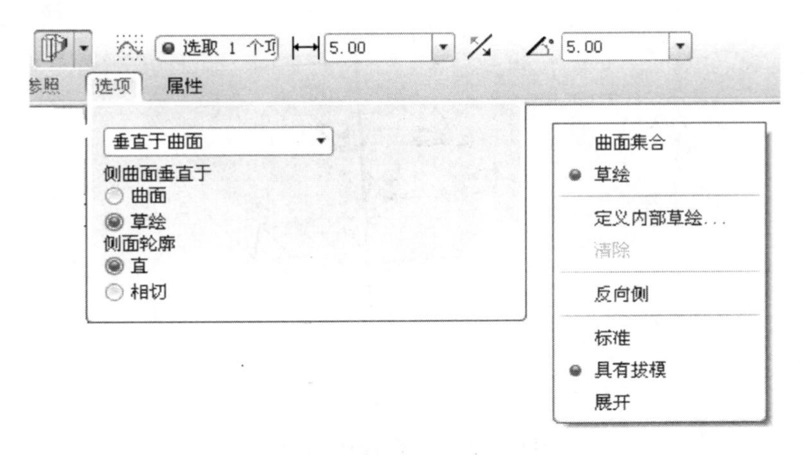

图 6-70 偏移选项设置

绘制如图 6-71 所示截面,单击“✓”按钮退出草绘模式,单击“偏距”对话框中的“✓”按钮,完成主分型面的偏移。

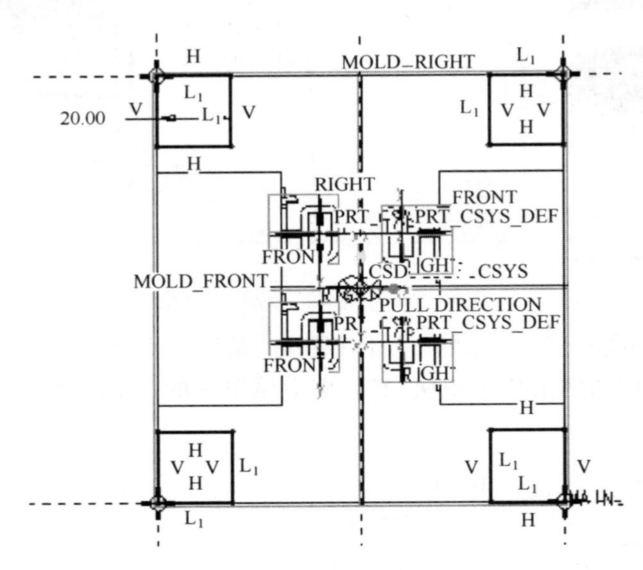

图 6-71 偏移草绘截面

最终完成的主分型面如图 6-72 所示。

提示:内模管位的草绘可以在“偏移”环境中通过“定义内部草绘”进行绘制;也可在“偏移”操作前通过工具条中“草绘”命令实现,具体可参考项目 2 中分型面的创建方法。

8. 以体积块和分型面进行拆模

(1) 单击模具工具条中的“体积块分割”按钮,在菜单管理器中选择“一个体积块”→“所有工件”→“完成”命令,弹出“分割”和“选取”对话框,如图 6-73 所示。

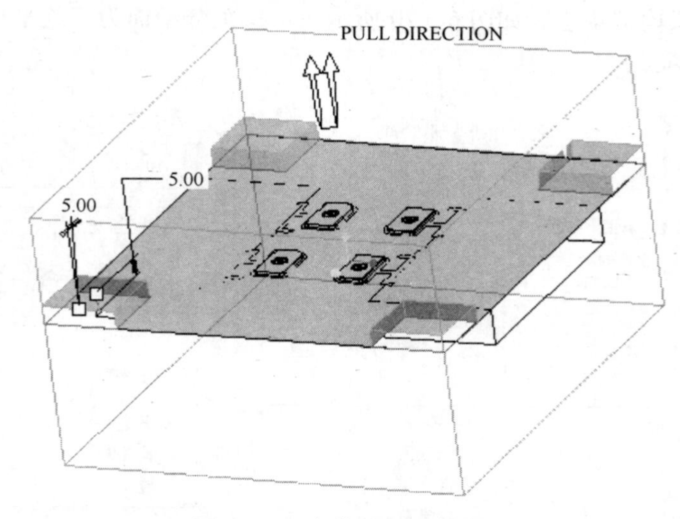

图 6-72　主分型面创建结果

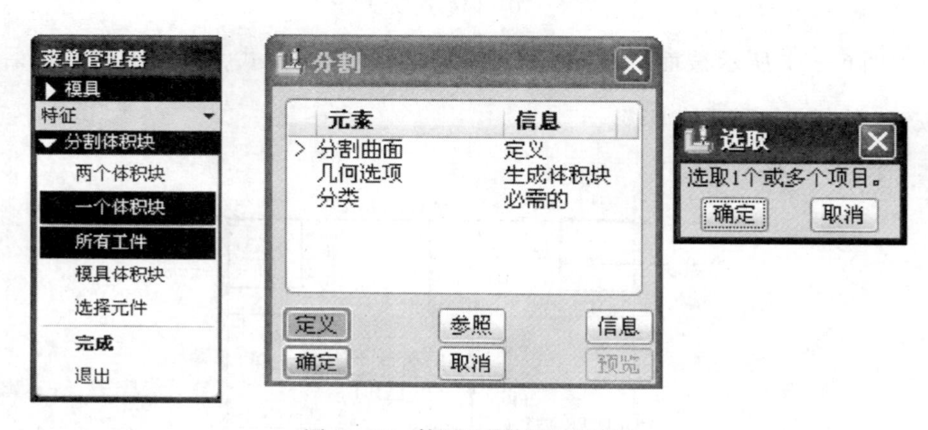

图 6-73　体积块"分割"对话框

（2）将鼠标移到图 6-74 所示的滑块体积块处，系统自动加亮色标识显示体积块，按住键盘 Ctrl 键，用鼠标选取两侧滑块体积块，然后单击菜单中的"确定"按钮，完成模具体积块的分割。

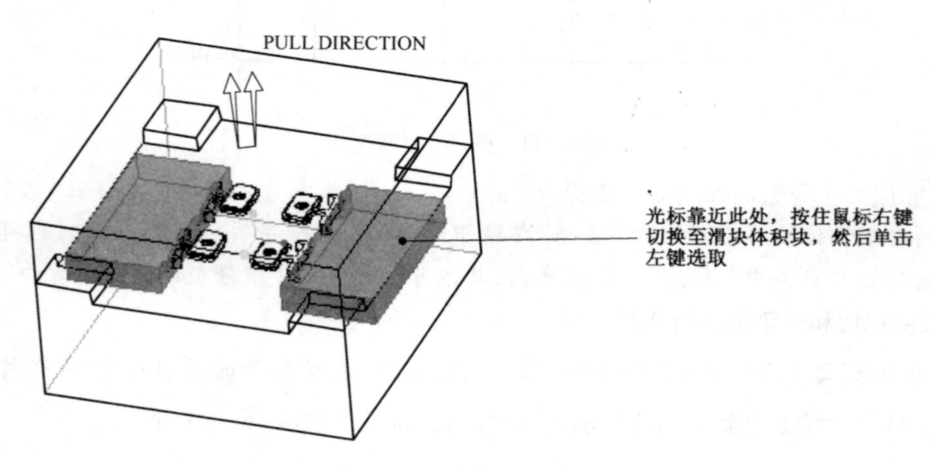

图 6-74　滑块体积块选取

提示：通过模具体积块方式所生成的滑块特征已经是体积块形式，而不是滑块分型面，可在后面直接抽取生成滑块零件。因此，此处选择“一个体积块”→“所有工件”选项，而不能选择“两个体积块”选项。

(3) 系统自动弹出“菜单管理器”，在“岛列表(Island List)”选项中列出各分割体积块。光标在列出的岛选项中移动，工作窗口区中加亮该体积块，选择“岛 1”以提取除去两个滑块后剩余的部分生成新的体积块，如图 6－75 所示，单击“完成选取”命令。

在弹出的“属性”对话框中接受系统默认的名称“MOLD_VOL_1”，单击“着色”按钮，对切割后的体积块进行预览，如图 6－76 所示。在对话框中单击“确定”按钮，完成体积块的创建。

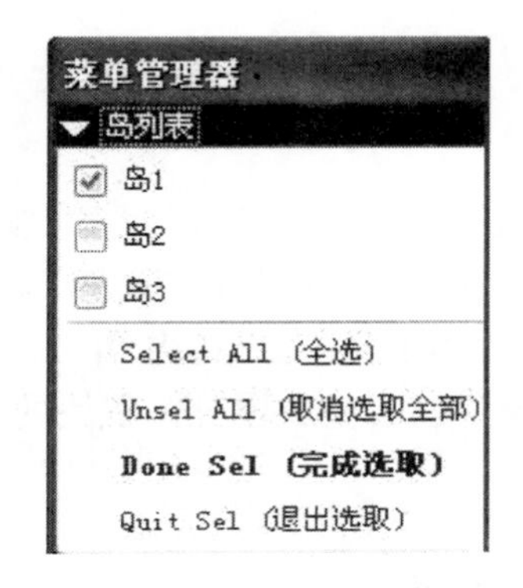

图 6－75　岛选取对话框

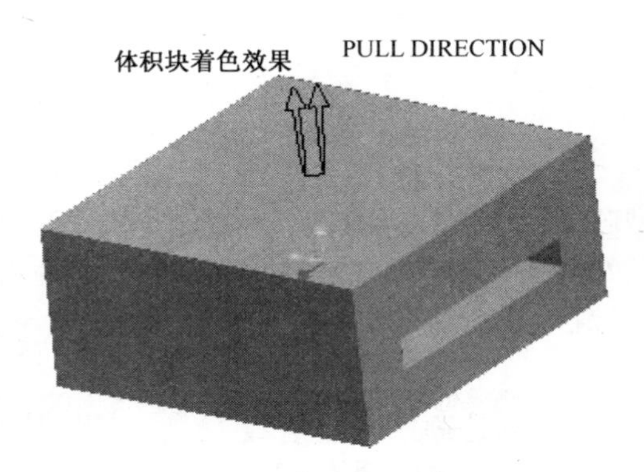

图 6－76　去除滑块后的体积块 1

提示：选择岛 1 所生成的体积块，是指去除两个滑块体积块后的剩余体积块，此体积块将要通过主分型面进一步分割生成型芯和型腔组件。因此，此处体积块的名称采用默认的“MOLD_VOL_1”。

(4) 单击模具工具条中的“体积块分割”按钮，在菜单管理器中选择“两个体积块”→“模具体积块”→“完成”命令，弹出“搜索工具(Search Tool)”对话框。在“搜索工具”对话框中选择左侧“项目(Items)”列表框中的“MOLD_VOL_1”，单击“>>”按钮，使其移动到右边列表框中，单击“关闭”按钮，如图 6－77 所示。

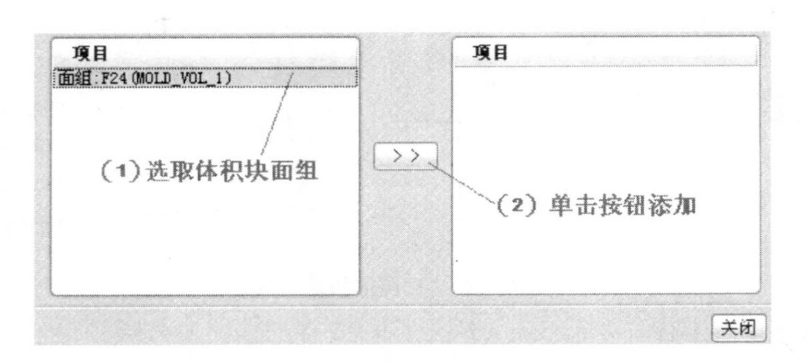

图 6－77　搜索对话框

用鼠标选取如图 6－78 所示主分型面，单击“选取”对话框中的“确定”按钮完成选取。

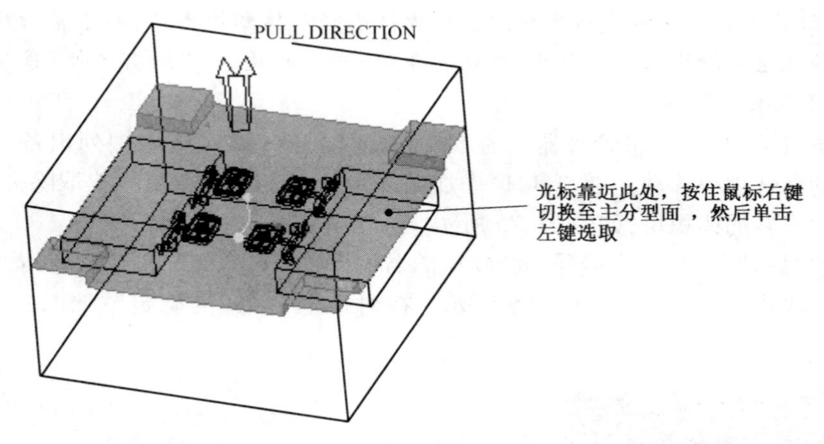

图 6 - 78　选取主分型面

在"分割"对话框中单击"确定"按钮。在弹出的"属性"对话框中单击"着色"按钮，显示型芯体积块，输入名称"core"，如图 6 - 79 所示，单击"确定"按钮，再次弹出"属性"对话框，如图 6 - 80(a)所示。在"名称"文本框中输入"cavity"做为型腔体积块的名称，单击"着色"按钮，窗口显示如图 6 - 80(b)所示的型腔体积块，单击"确定"按钮，完成模具体积块的分割。

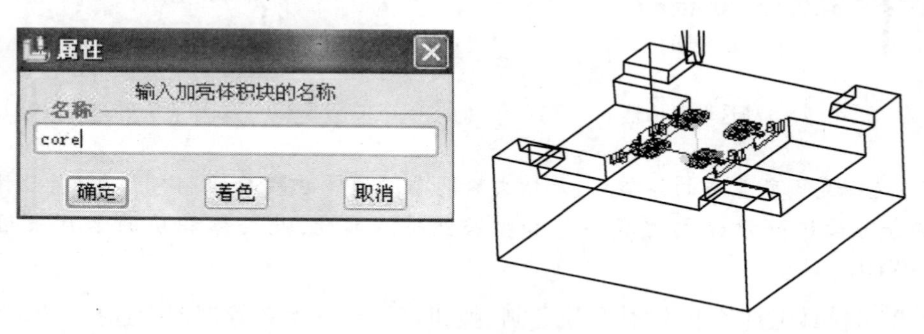

图 6 - 79　型芯体积块生成

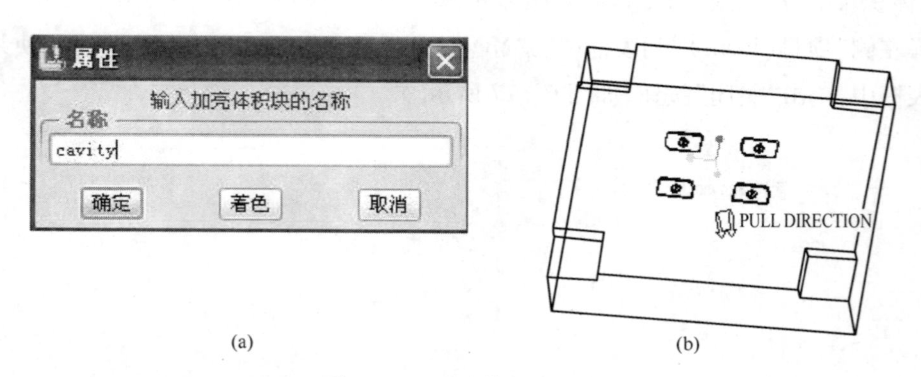

图 6 - 80　型腔体积块生成

9. 由体积块生成模具元件

(1) 单击模具工具条中的"创建模具元件"按钮，弹出如图 6 - 81 所示的"创建模具元件"对话框。单击对话框中的"全选"图标，以选取所有的体积块，在对话框中单击"高级"下拉箭头，按下 ，然后选择"复制自"图标 ，选择"mmns _ part _ solid. prt"模板所在的路径，单击"打开"按钮，然后单击"确定"按钮，完成模具元件的生成。

图 6－81　创建模具元件对话框

（2）对型腔进行后处理。将型腔管位圆角避空 $R5$，设置基准角 C8，型腔周边倒角 C1，如图 6－82 所示。

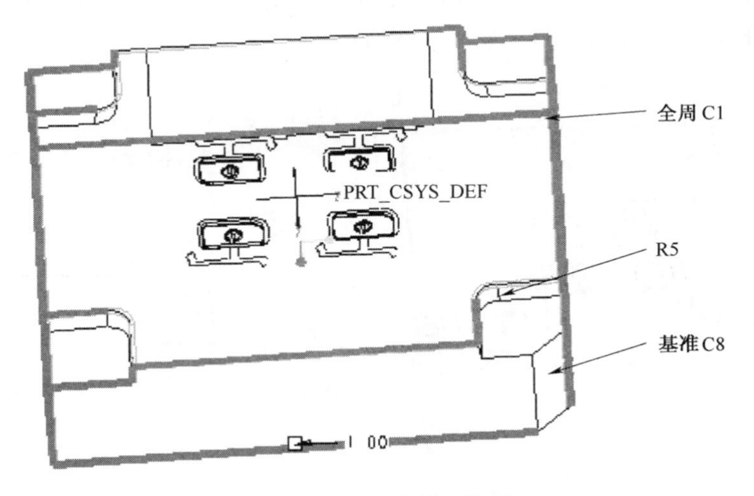

图 6－82　型腔倒角处理

（3）型芯后处理。

① 将型芯上与滑块配合的擦破面处拔模 3°，如图 6－83 所示。

② 在型芯上设置退刀槽进行避空处理，如图 6－84 所示。

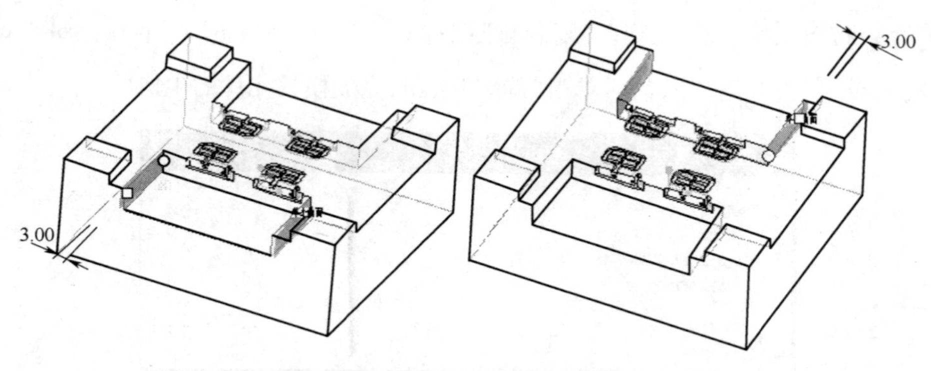

图 6 - 83　型芯擦破面做拔模处理

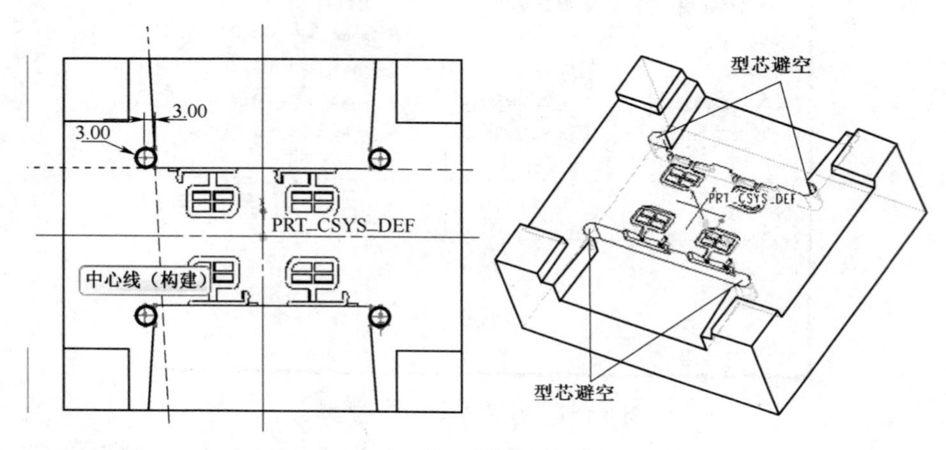

图 6 - 84　型芯避空处理

③ 型芯管位侧面避空处理。将型芯上与型腔 *R*5 处配合的管位侧面倒 C5 的角进行避空，同时设置基准角 C8，周边倒角 C1，如图 6 - 85 所示。

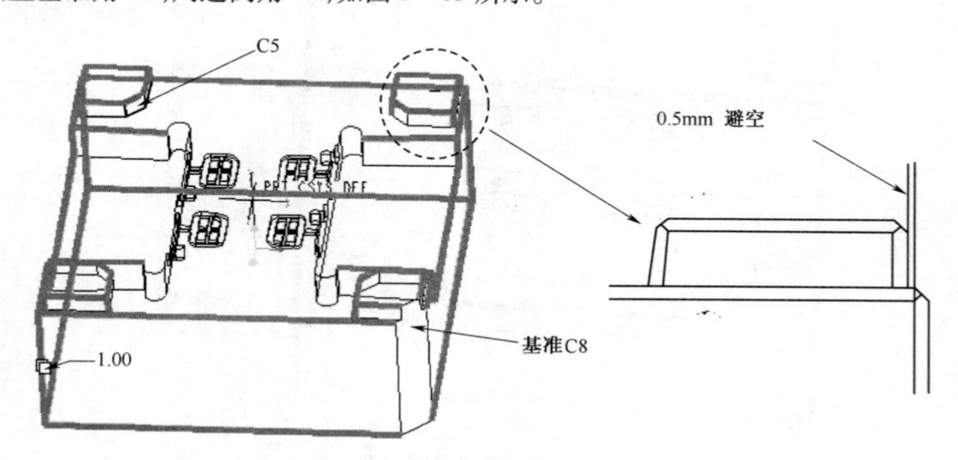

图 6 - 85　型芯倒角处理

④ 对滑块进行后处理。将滑块与型芯配合的擦破面处拔模 3°并设置倒角 C1，如图 6 - 86 所示。

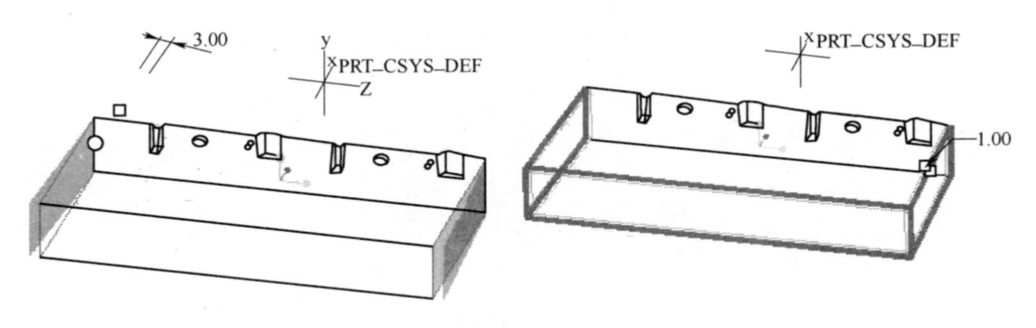

图 6－86　滑块拔模及倒角处理

10. 创建浇注系统

(1) 创建梯形分流道。选取主菜单“插入”→“流道”命令，弹出“流道”对话框和“形状”菜单管理器。“形状”选择“梯形”，以设置流道的断面形状为梯形。输入流道宽度为 5，深度为 2，侧角度为 15，拐角半径为 0.5，在分型面上绘制如图 6－87 所示流道线，单击“✔”按钮，在“相交元件”中选择“CORE”型芯部分，在“流道”对话框中单击“确定”按钮，返回“流道”对话框后单击“确定”按钮，完成分流道的创建。

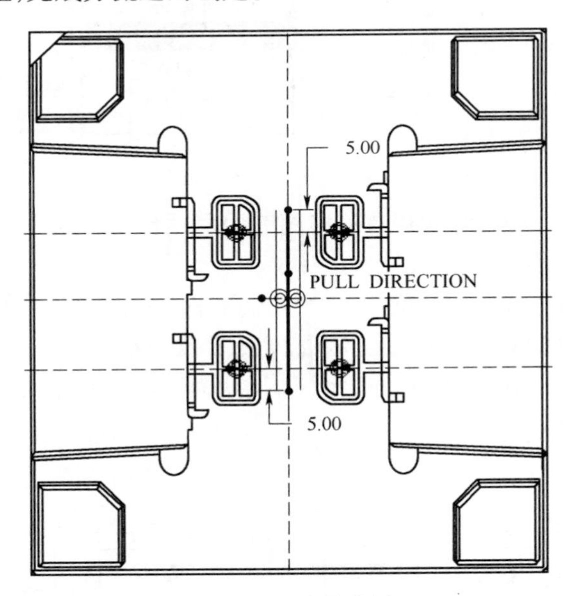

图 6－87　流道草图

(2) 创建主流道冷料井。在模型树上选中特征“Core”，单击鼠标右键，在弹出的快捷菜单中选择“激活”命令。单击主菜单“插入”→“拉伸”命令，以主分型面为草绘平面绘制直径为 $\phi5$ 的圆，并通过拉伸切除方式生成冷料穴，拉伸切除深度为 7。

对冷料穴侧面拔模为 5°，底部倒圆角 $R0.5$，如图 6－88 所示。关闭型芯“CORE”窗口，返回模具设计窗口。

(3) 创建浇口。

① 选取主菜单“插入”→“混合”→“曲面”命令，弹出“菜单管理器”。接受默认混合选项，属性选择“直”“封闭端”，单击“完成”命令，弹出“混合”对话框，如图 6－89 所示。

② 混合生成浇口。鼠标选择“MOLD _ RIGHT”平面为草绘平面，方向调整为指向参考模

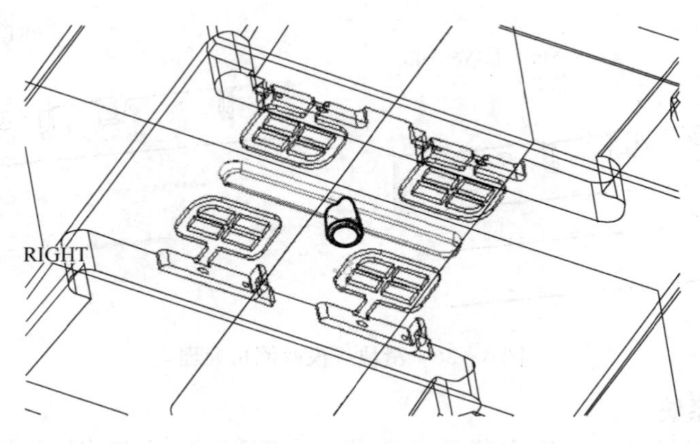

图 6-88 冷料穴创建

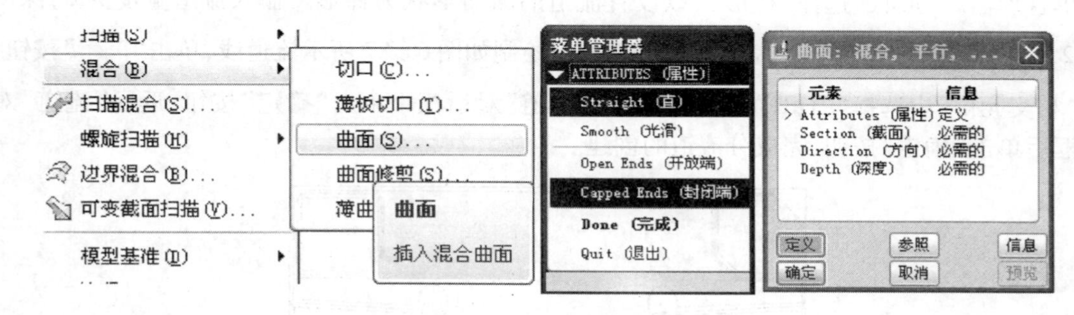

图 6-89 混合曲面

型,单击“确定”按钮。菜单管理器中“草绘视图”选项选择“顶”,鼠标在绘图区选择毛坯上表面作为视图参照,进入草绘环境。

添加产品 TOP 面和分型面作为草绘参照,绘制截面 1;在窗口空白区按住鼠标右键不放,在弹出的快捷菜单中选择“切换截面”,绘制混合截面 2,与截面 1 相同;继续在窗口空白区按住鼠标右键不放,在弹出的快捷菜单中选择“切换截面”,绘制混合截面 3,如图 6-90 所示。单击“✓”按钮退出草绘。

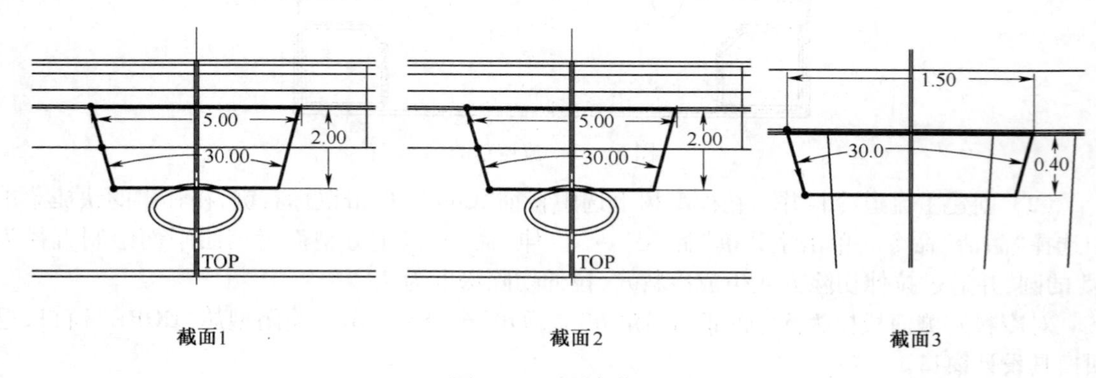

图 6-90 混合截面

输入截面 2 的深度为 4,单击“✓”按钮;输入截面 3 的深度为 2.5,单击“✓”按钮。单击“混合曲面”对话框中的“✓”按钮,得到的混合曲面如图 6-91 所示。

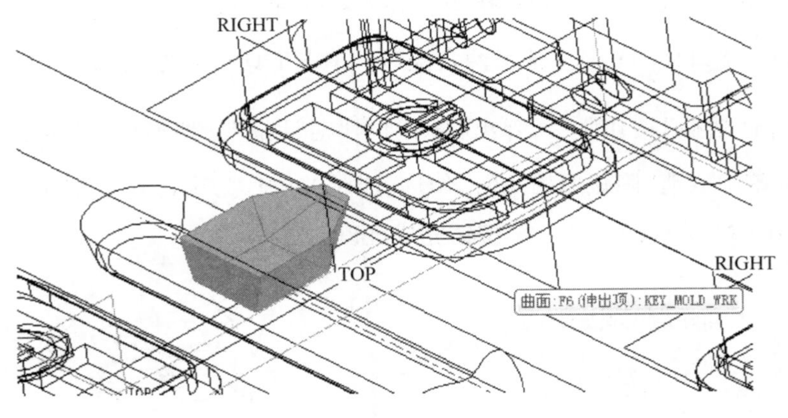

图 6－91　混合结果

③ 对浇口棱边倒圆角。对图 6－91 混合生成浇口的曲面进行倒圆角处理,如图 6－92 所示。

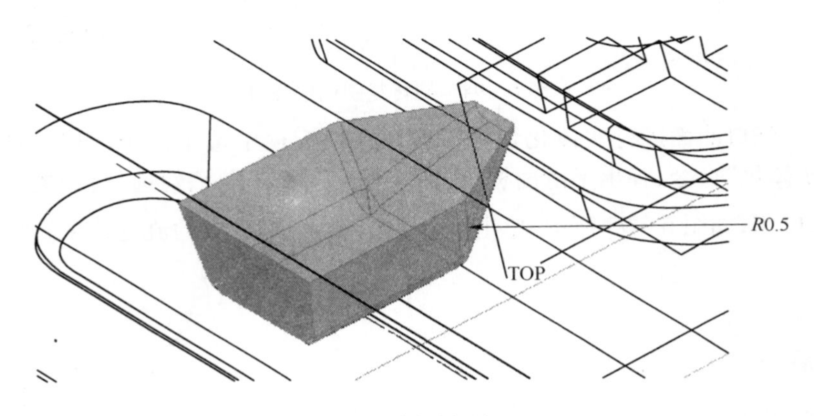

图 6－92　倒圆角处理

④ 对第一穴浇口移动复制生成另一穴浇口。在模型树中用鼠标选中图 6－92 中所示的浇口特征曲面,单击工具栏中的“复制”按钮,再单击工具栏中的“选择性粘贴”按钮,弹出“移动副本”对话框。“选项”标签中取消“隐藏原始几何”勾选,选择 Z 轴作为运动方向参照,移动距离输入 30,如图 6－93 所示,单击“”按钮完成。

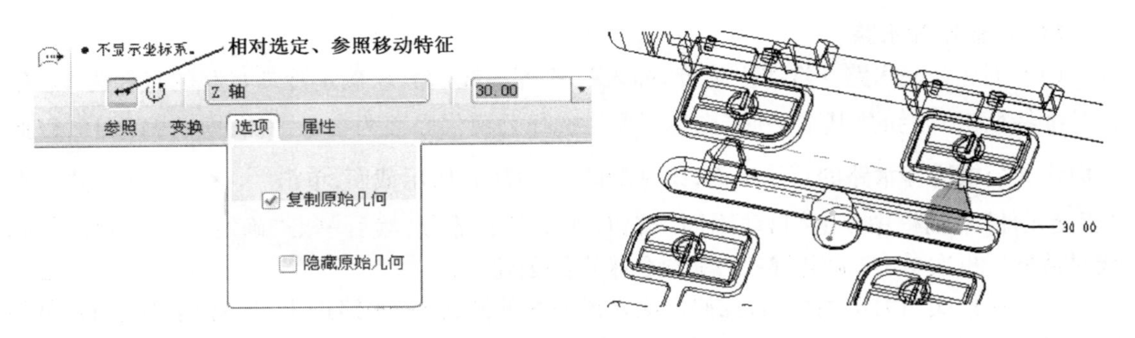

图 6－93　移动复制浇口

提示:此处浇口移动复制距离为30,与产品布局保持一致。

⑤ 对前两穴浇口移动复制生成另两穴浇口。单击工具栏中的"复制"按钮,再单击工具栏中的"选择性粘贴"按钮,弹出移动副本"对话框"。切换成"相对选定参照旋转特征","选项"标签中取消"隐藏原始几何"勾选,选择Y轴作为旋转运动方向参照,旋转角度输入180°,如图6-94所示,单击""按钮完成浇口创建。

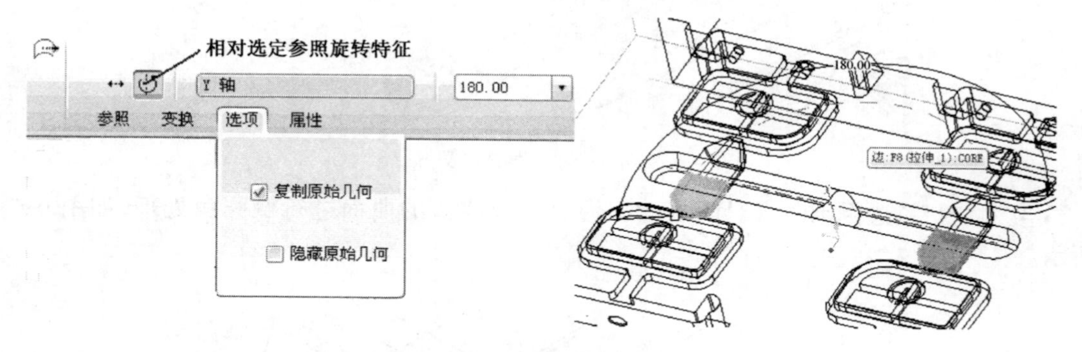

图6-94 旋转复制创建浇口

⑥ 对4个浇口曲面进行实体化切除操作。在模型树中选中四个浇口特征,选取主菜单"编辑"→"实体化"命令,弹出上滑面板。打开"相交"标签,取消勾选"自动更新"选项,"相交模型"保留CORE,如图6-95所示,单击""按钮。最终完成的流道结果如图6-96所示。

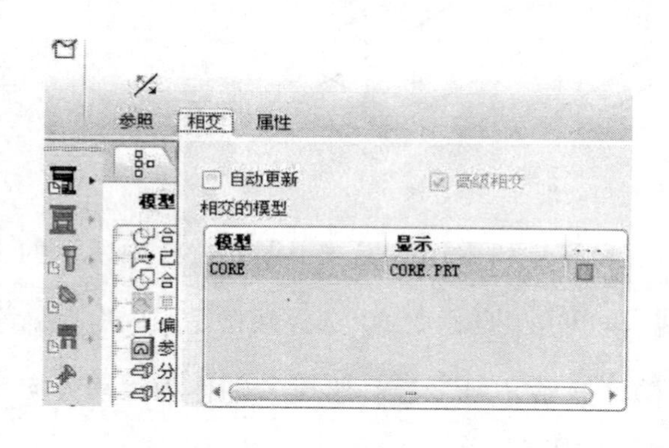

图6-95 实体化选项

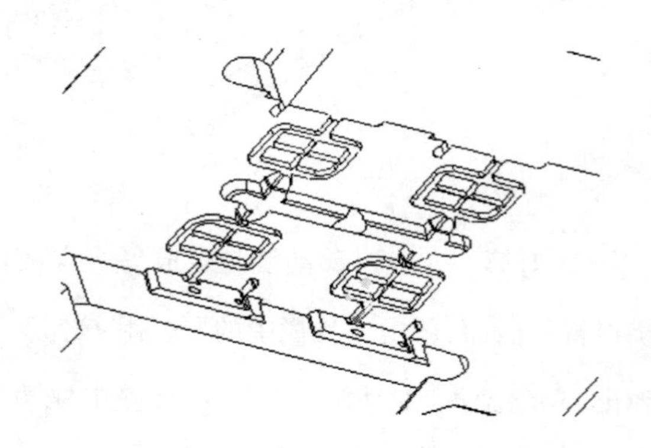

图6-96 流道完成结果

11. 创建冷却水路

(1) 创建公模水路。选取主菜单"插入"→"等高线"命令,确定冷却水路的直径为8。单击基准特征工具栏的"基准平面"图标",选择公模仁底面为参考平面,向内偏移15,以此平面作为公模冷却水路的草绘平面,绘制如图6-97(a)所示截面,单击""按钮完成。在"相交元件"对话框中单击"自动添加"按钮,保留型芯部分,然后单击"确定"按钮,返回等高线对话框后再次单击"确定"按钮,完成公模水路创建。

以公模仁底面为草绘平面,拉伸切除直径为8的圆,使得水路进出口与公模板连通,草绘截面如图6-97(b)所示。

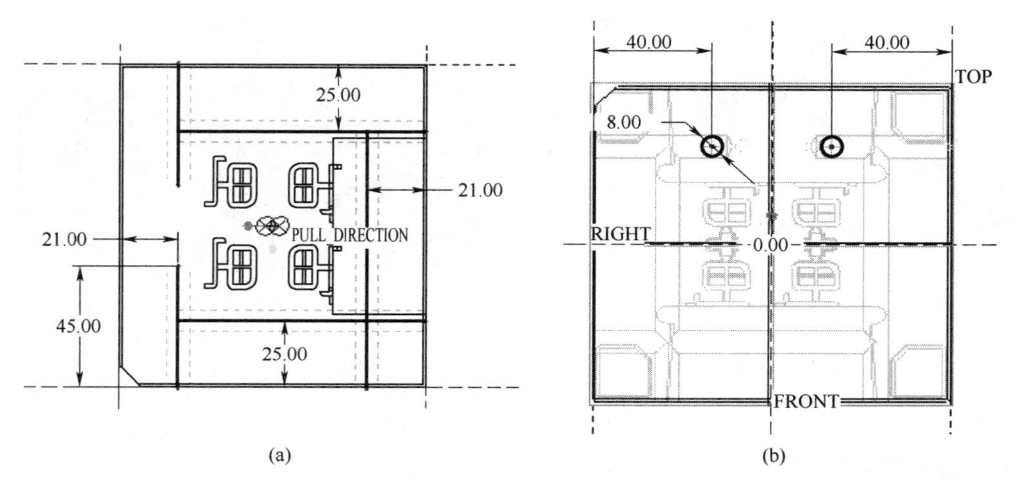

(a)　　(b)

图 6－97　公模仁冷却水路

（2）创建母模水路。用同样的方法创建出母模仁的水路，选择主菜单“插入”→“等高线”命令，确定冷却水路的直径为 8，单击基准特征工具栏上的“基准平面”图标，选择母模仁底面为参考平面，向内偏移 15，以此平面作为母模冷却水路的草绘平面，绘制如图 6－98（a）所示截面。单击“ ✔ ”按钮，在相交元件对话框中单击“自动添加”按钮，保留型腔部分，然后单击“确定”按钮，返回等高线对话框后再次单击“确定”按钮，完成母模水路创建。

以母模仁底面为草绘平面，拉伸切除直径为 8 的圆，使得水路进出口与母模板连通，草绘图如图 6－89（b）所示。

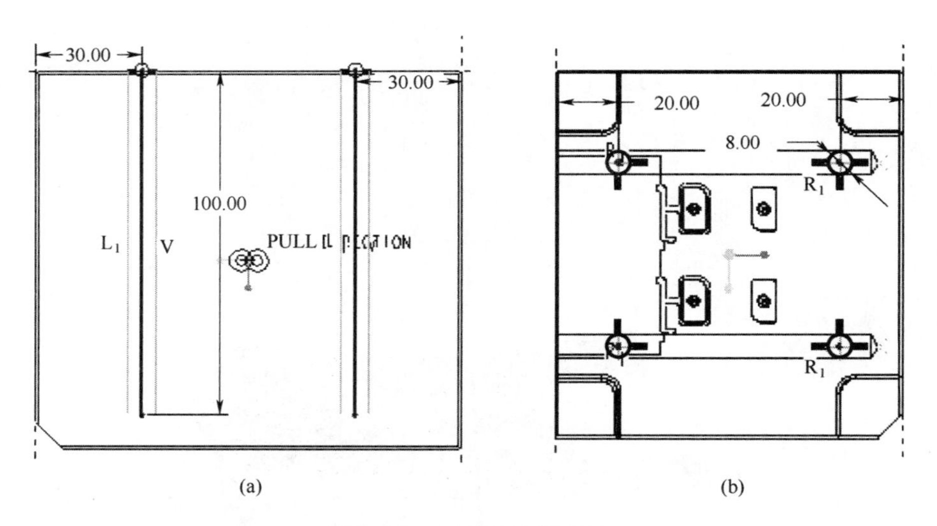

(a)　　(b)

图 6－98　母模仁冷却水路

最终完成的公、母模仁如图 6－99 所示。

12. 生成制件

选择“模具”瀑布菜单下的“制模”菜单项，单击“创建”命令后，输入成型件名称“molding”，单击“ ”按钮完成。

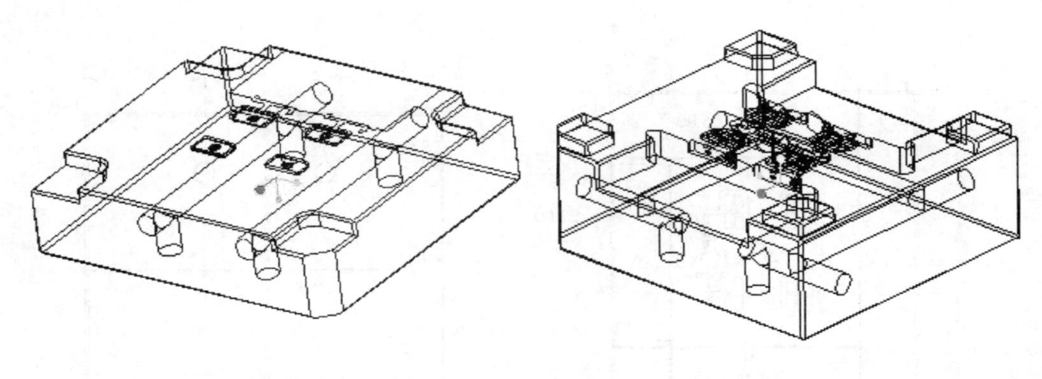

母模（型腔）CAVITY　　　　公模仁（型芯）CORE

图 6-99　公、母模仁结果

13. 模拟模具开模过程

（1）首先将工件、参照零件及分型面遮蔽。单击工具栏中的“遮蔽”图标，在“遮蔽/取消遮蔽”对话框中，选择要遮蔽的选项后单击“Blank”按钮，然后单击“关闭”按钮退出。

（2）单击模具工具条上的“模具开模”图标，在级联菜单中选择“定义间距”→“定义移动”菜单命令。单击模型树中的“CAVITY”元件，单击“确定”按钮，系统要求“选取边、轴或表面”来确定模具打开方向，选取 CAVITY 上表面平面，输入移动距离 50，单击“按钮”，单击“完成”按钮，模具元件 CAVITY 将在绘图区中进行移动，重复此步骤完成滑块元件（slider）的移动定义，结果如图 6-100 所示。

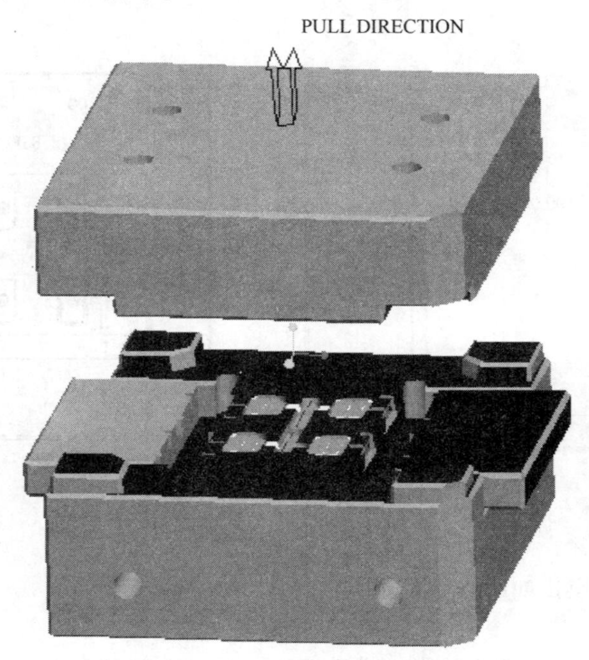

图 6-100　模具开模效果

14. 保存文件并从内存中拭除

单击工具栏上的“保存”按钮，在出现的对话框中单击“确定”按钮，接受默认的文件名。

选择主菜单”文件”→“拭除”→“当前”命令,将零件从内存中拭除。

任务五　EMX 模架设计

1. 设置工作目录

选取主菜单“文件”→“设置工作目录”命令,选取文件夹“emx-key _ mold”(此文件夹中已包含模具设计相关文件),单击“确定”按钮。

2. 创建模架文件

选择 EMX 工具条中的“创建新模架”图标,系统弹出“项目(Project)”对话框,如图 6-101 所示。在“项目名称(Project name)”文本框中输入模架项目名称“moldbase-key _ mold”,在“前缀(Prefix)”文本框中输入文件名前缀“key _ mold”,以使后续产生的所有模架文件都以“key _ mold _”为前缀进行命名,删除“后缀(Postfix)”默认命名,其它选项接受系统默认选项,单击“”按钮。

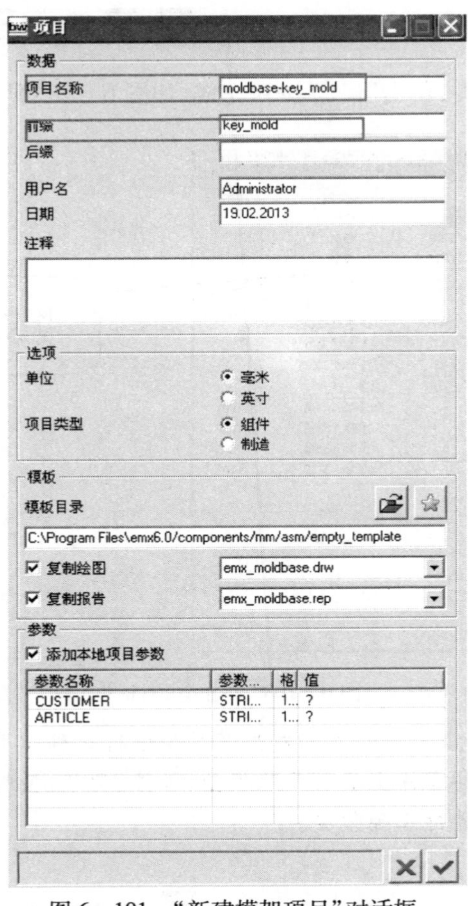

图 6-101　“新建模架项目”对话框

3. 载入模仁

(1) 单击模具工具条上的“装配元件”图标,选取模具型腔装配文件“key _

mold. asm”，单击“打开”按钮，以默认方式装配模具型腔，如图 6－102 所示。

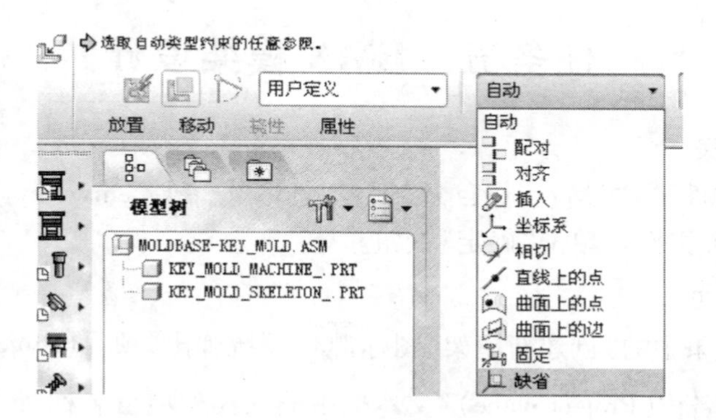

图 6－102　模仁装配

提示：装配约束的方式有很多，装配时一定要确保装配对象完全约束。此处选择默认装配的前提是：创建模型时，已经将参照模型坐标系进行调整。

（2）单击 EMX 工具栏中的“元件分类图标”，在“分类（Classify）”对话框中对模型类型进行分类，单击“”按钮完成，如图 6－103 所示。

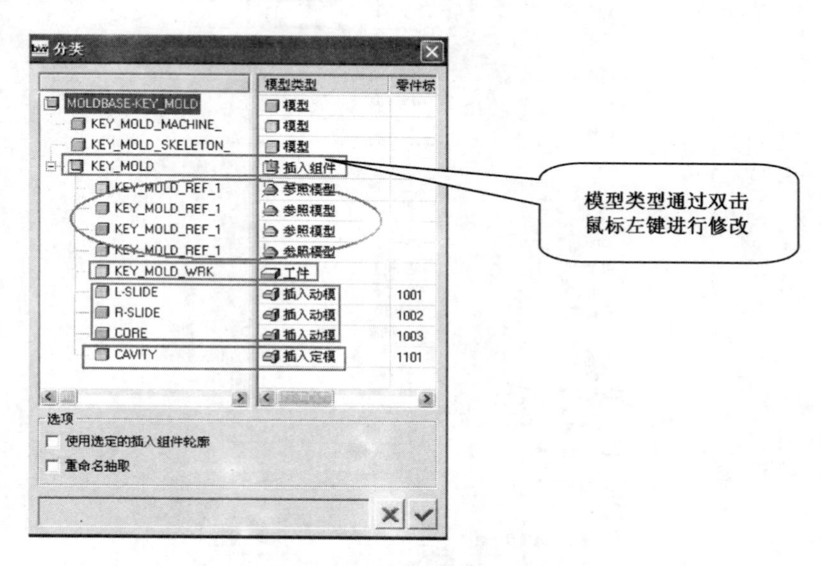

图 6－103　“分类”对话框

提示：分类的目的是将模具中的各零件按其类型进行正确归类，以保证模具的正常开模和注塑成型。分类阶段的模具零件主要有参照模型、工件、型芯、型腔及滑块等，要根据零件类型及其在模具中的安装位置进行正确归类。

4. 载入标准模架

（1）单击 EMX 工具栏中的“组件定义”图标，弹出“模架定义（Mold Base Definition）”对话框，单击“载入模架“图标，弹出“载入 EMX 组件”对话框。“供应商”选择“lkm _ side _ gate”,“型号”选择”CI-Type”,单击图标载入模架组件,单击“ ”按钮,如图 6-104 所示,返回“模架定义”对话框。

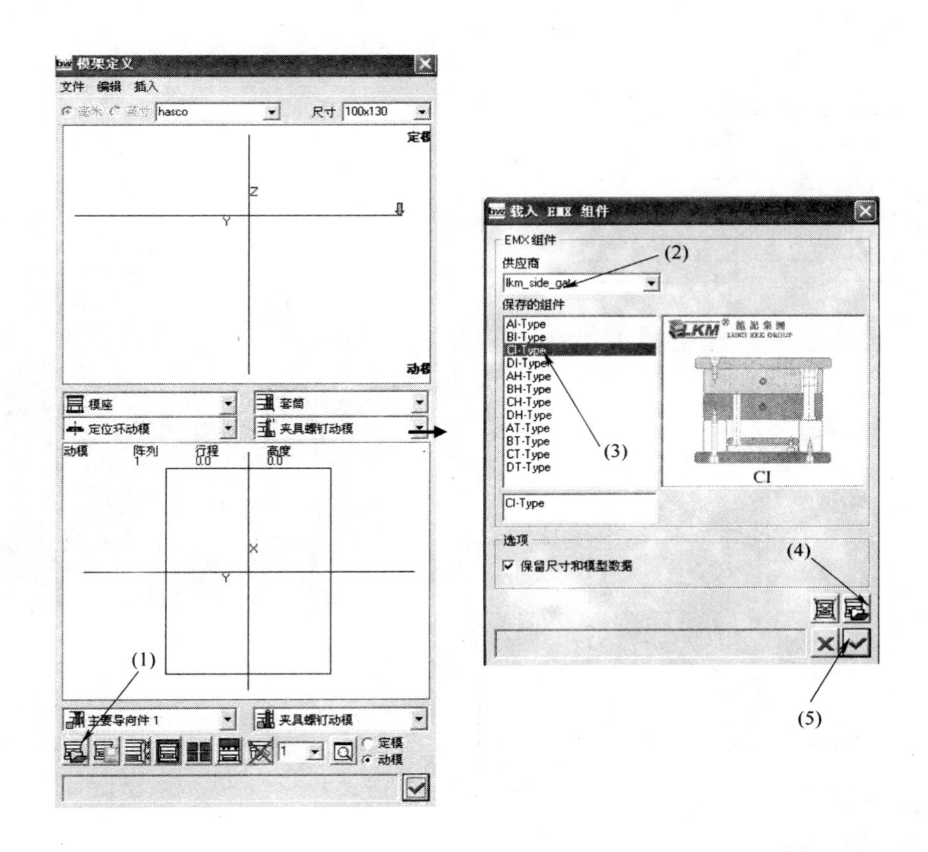

图 6-104 定义模架组件

(2) 将模架的总尺寸设为 300×300,如图 6-105 所示,单击“ ”按钮以确认模架尺寸。系统经过计算后生成图 6-106 所示的模架,单击“模架定义”对话框中的“ ”按钮,完成模架定义。

5. 修改 A/B 板厚度

单击 EMX 工具栏中的“组件定义”图标 ,弹出“模架定义”对话框。将光标靠近模架示意图中的 A 板,单击鼠标右键,在弹出的“板(Plate)”对话框中将 A 板厚度设为 60,参照距离输入 0.5,单击“Plate(板)”对话框右下角的“ ”按钮,完成 A 板厚度的修改,如图 6-107 所示。用同样的方法将 B 板厚度设为 80。

6. 修改导套导柱长度

在“模架定义”对话框中,将光标靠近模架示意图中的导套,然后单击鼠标右键,在弹出的“导向件”对话框中将导套长度 S2 改为 60,单击“ ”按钮,完成导套长度的修改,如图 6-108 所示。用同样的方法将导柱长度 LG 改为 140,单击“ ”按钮完成导向元件的尺寸修改。

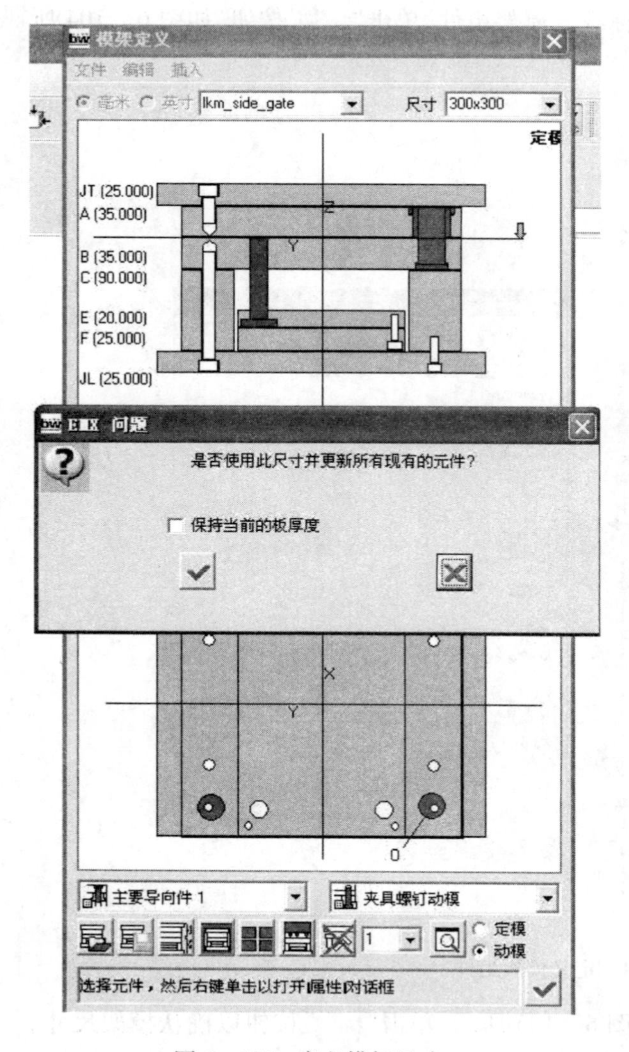

图 6-105　定义模架尺寸

图 6-106　模架定义结果

提示：修改各模具元件尺寸时，可在原尺寸文本上双击鼠标左键，系统弹出尺寸列表框，以便选择所需要的元件尺寸。

7. 在 A/B 板中开框

（1）将模仁的轮廓显示在模架示意图中，以便系统自动计算出所挖的凹穴尺寸。单击 EMX 工具栏中的“元件分类”图标，在“分类”对话框中勾选“使用选定的插入组件轮廓(Use the selected insert assembly outline)”选项，单击“”按钮，如图 6-109 所示。

提示：“使用选定的插入组件轮廓”表示参考模仁周边轮廓尺寸，在开框时可以自动计算开框尺寸。

（2）单击 EMX 工具栏中的“组件定义”图标，在“模架定义”对话框中单击“打开型腔对话”框图标。在“型腔”对话框中选择“单个矩形切口图标”，系统自动计算出动、

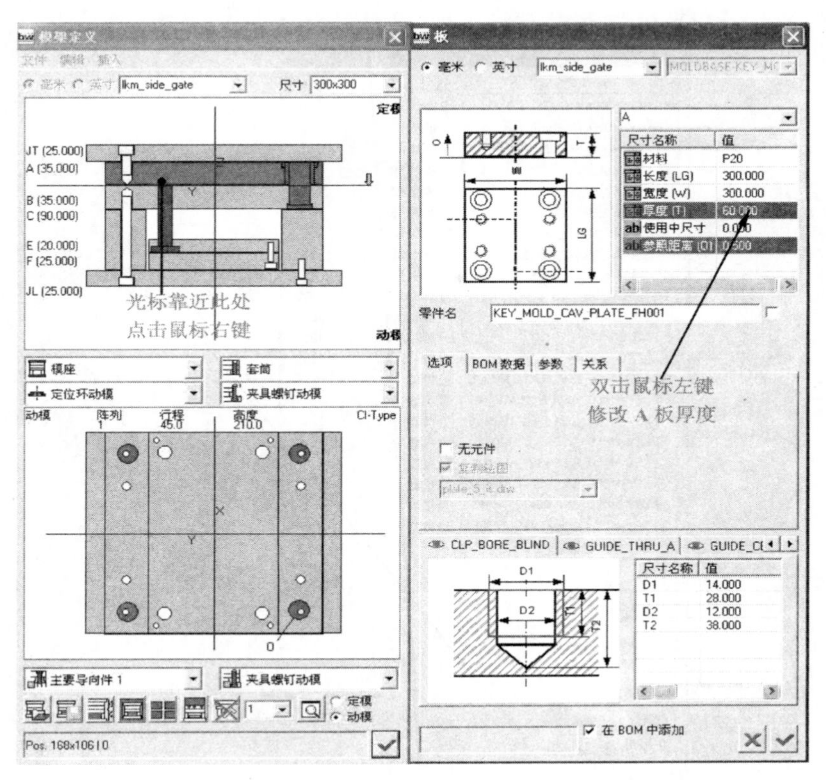

图 6－107　A 板厚度修改

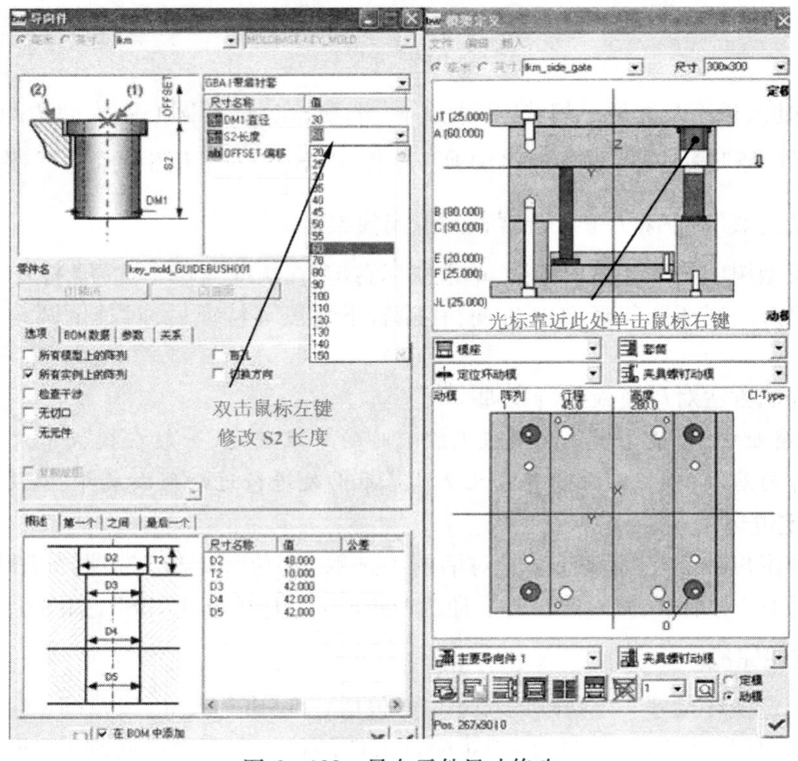

图 6－108　导向元件尺寸修改

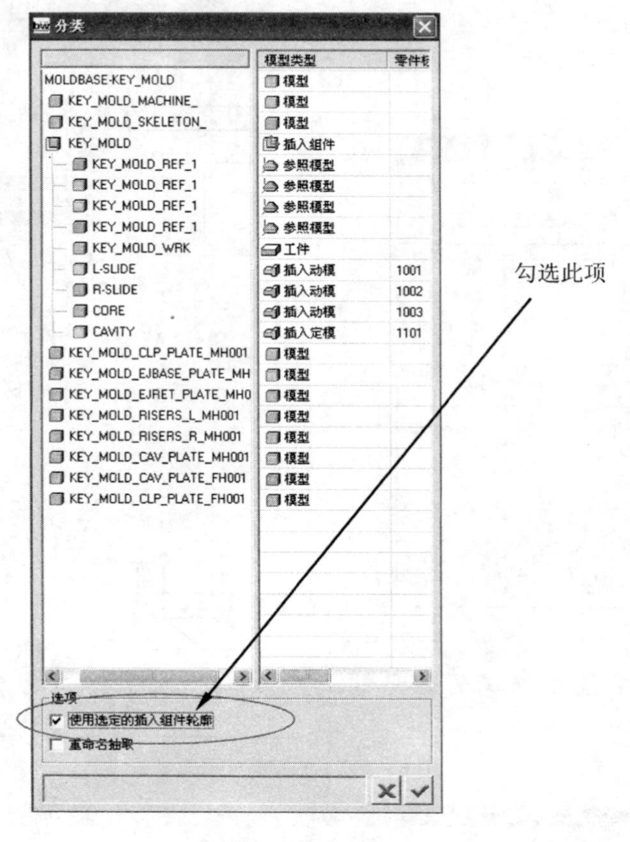

图 6-109　分类对话框

定模的切除深度、长度及宽度。勾选“带有鼠耳”选项，在“鼠耳圆心距模腔边距离”文本框中输入5，“鼠耳直径”输入15，如图6-110所示，单击“型腔”对话框中的“”按钮完成模穴切割，单击“模架定义”对话框中的“”按钮退出模架定义。

（3）在模型树中选取公模板特征，单击鼠标右键，在快捷菜单中选择“打开”命令，以将其在新窗口中打开。视图调节至TOP方向，移除右下角鼠耳特征后，对其倒圆角 *R*8，结果如图6-111所示。

使用同样的方法对母模板进行处理。

提示：在企业中，为便于模仁在模板上装配时的基准确定，一般在模板凹穴和模仁的基准面处倒圆角作为基准；模板凹穴的其它几个非基准面处进行过切形成鼠耳，以便于模仁装配。

8. 加入定位环

（1）选择定位环。在“模架定义”对话框中选取“定位环定模”选项，如图6-112（b）所示，弹出“定位环”对话框，修改定位环厂商为“misumi”，类型为“LRBS”，如图6-112（a）所示，单击“”按钮完成。

（2）确定定位环尺寸。定位环的尺寸主要包括高度、直径尺寸，以及确定定位环伸入注射机的配合尺寸（此尺寸通过对定位环相对模具组件偏移一定距离来实现）。此处设置定位环的高度为15；直径100；偏移距离为-5，相关参数设置如图6-112（a）所示。

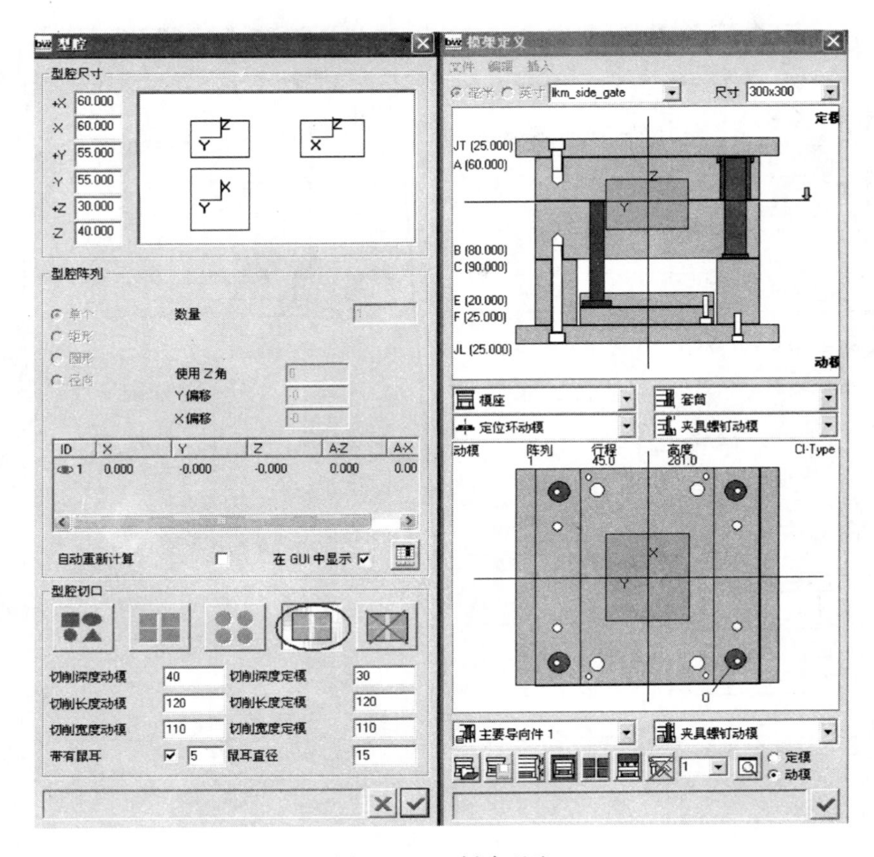

图 6-110　创建型腔

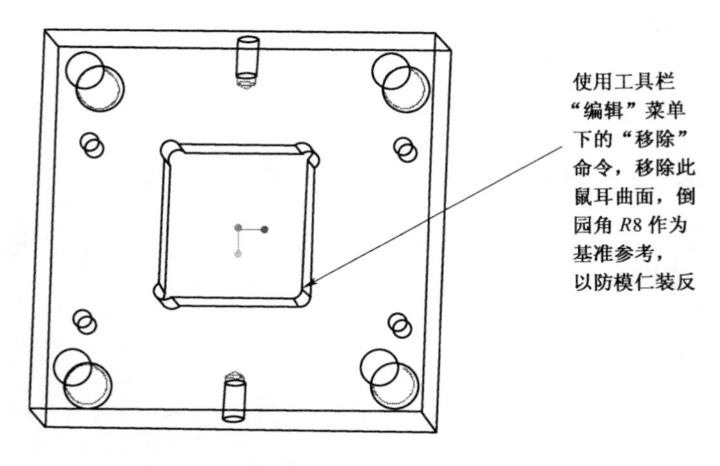

图 6-111　模穴基准编辑

提示：定位环尺寸参数中的"偏移"距离是指：以定位环底面为参照，其相对于定位环放置曲面的偏移距离，向下偏移为负值；向上偏移为正值。此例中偏移距离是指定位环底面相对于定模板上表面的距离。

（3）确定定位环位置。单击"定位环"对话框中部的"（2）曲面"选项，如图 6-112（a）所

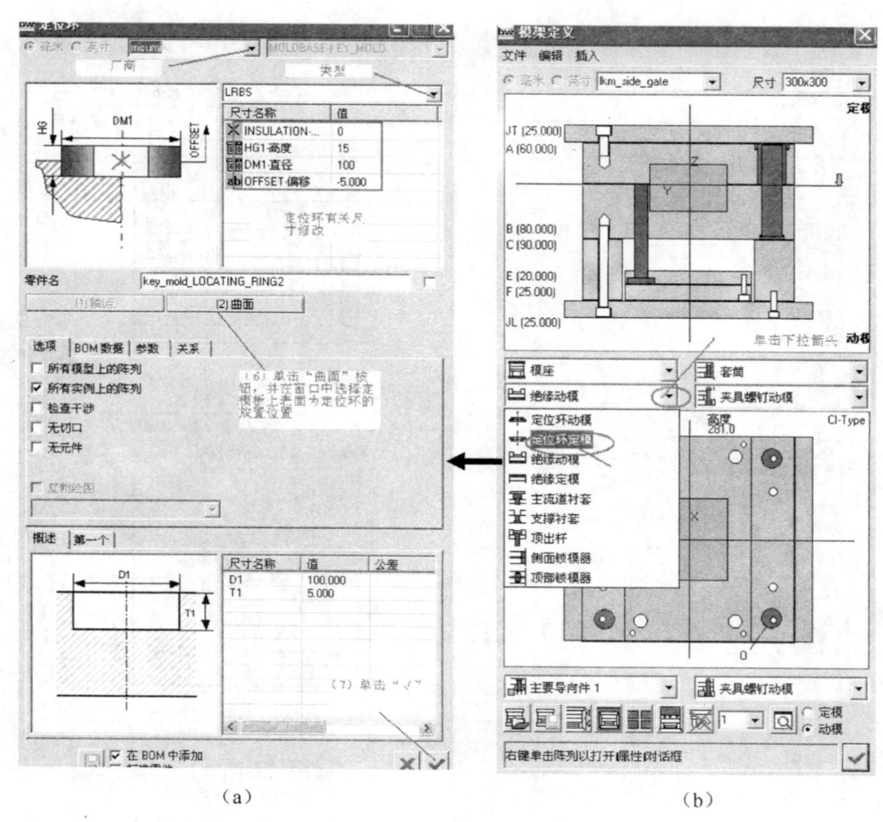

（a）　　　　　　（b）

图 6-112　定位环设计

示，选择模具组件中定模板的上表面为定位环的放置平面，如图 6-113 所示。单击"✓"按钮完成定位环的设计，结果如图 6-114 所示。

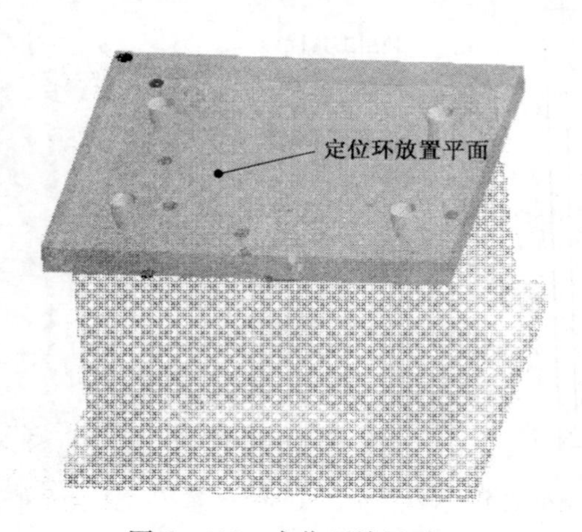

图 6-113　定位环放置平面

图 6-114　定位环设计结果

9. 加入主流道衬套

（1）在"模架定义"对话框中选取"主流道衬套"，弹出"主流道衬套"对话框。选用"misumi"公司的"SJAC"型号，修改"D _ 2 直径"为 16，"D _ 1 内部直径"为 4.5，"L 长度"为 20，为缩短主流道长度，对浇口套向下偏移 55，如图 6-115 所示。

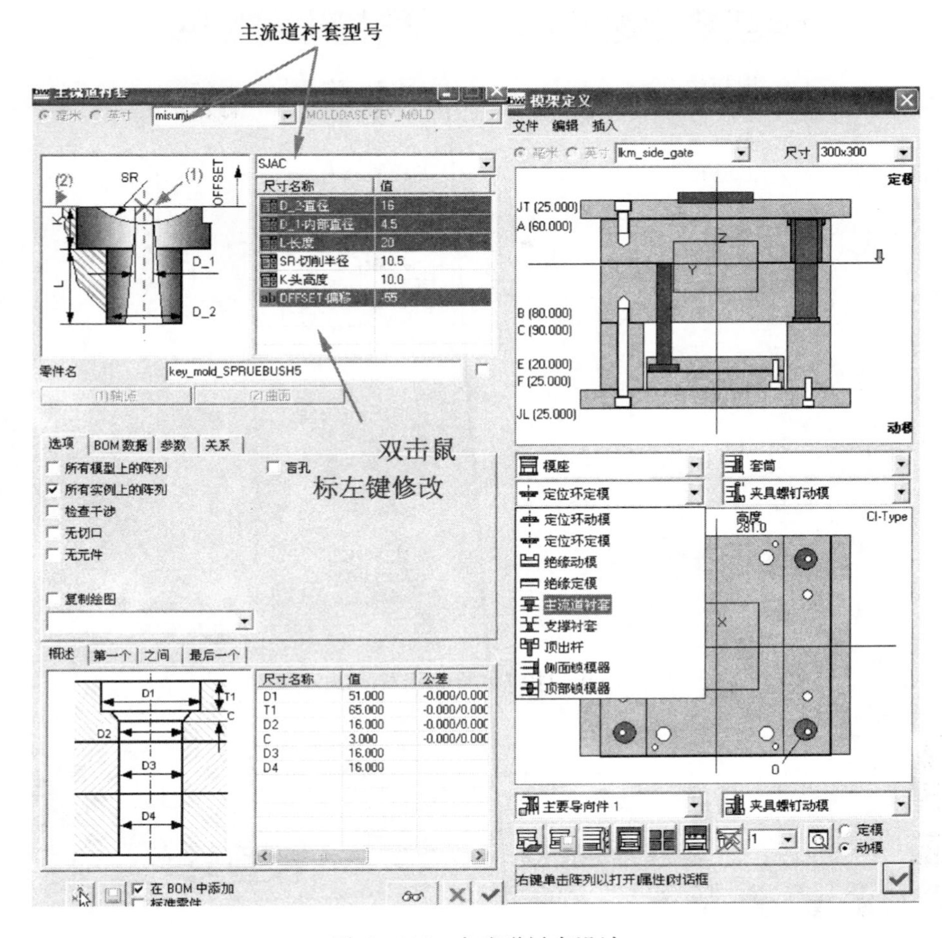

图 6-115　主流道衬套设计

(2) 单击“主流道衬套”对话框中的“”按钮，返回模架定义对话框，单击“”按钮，完成主流道衬套的定义。单击 EMX 工具栏中的“元件状态”图标，在“元件状态(Component Status)”对话框中单击“全选”图标，如图 6-116 所示，单击“”按钮。

(3) 单击 EMX 工具栏中的“显示定模的简化表示”按钮，如图 6-117(a)左图所示，使主屏幕区只显示定模部分结构，如图 6-117(b)所示。

(4) 选取主菜单“分析”→“测量”→“距离”命令，测量浇口套底面和分型面的距离为 0.5，如图 6-118 所示。

(5) 由图 6-118 可知，浇口套预设长度“20”稍短，在模型树上选取浇口套元件，单击鼠标右键，在弹出的快捷菜单中选择“激活”。选取浇口套底面，选取主菜单“编辑”→“偏移”命令，弹出“偏移”对话框。选择“展开特征”选项，距离输入 0.5，调整好展开方向，完成浇口套的处理，如图 6-119 所示。重新激活主装配体，退出浇口套元件的编辑状态。

(6) 切除浇口套在定模座板上的过孔。首先激活定模座板元件，单击模具工具条上的“旋转”按钮，弹出“旋转”对话框。单击“切除”按钮，在绘图区按住鼠标右键不放，在

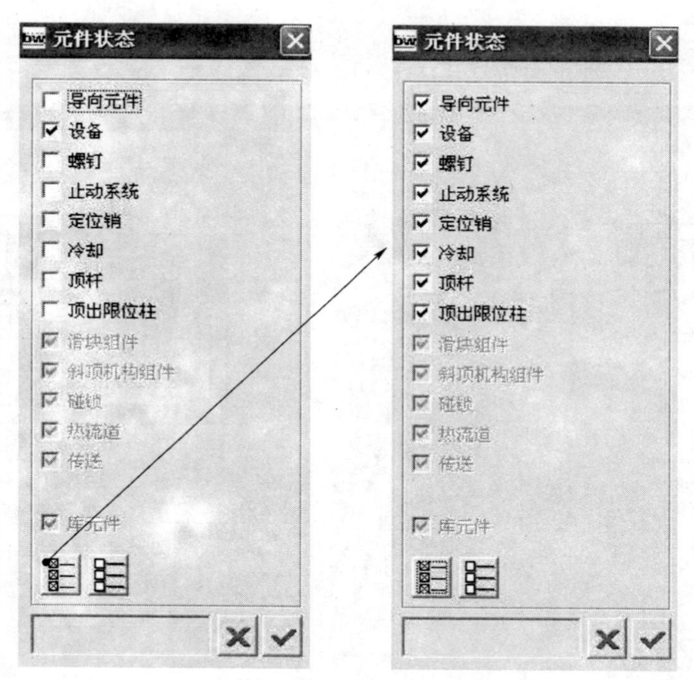

图 6-116　元件状态对话框

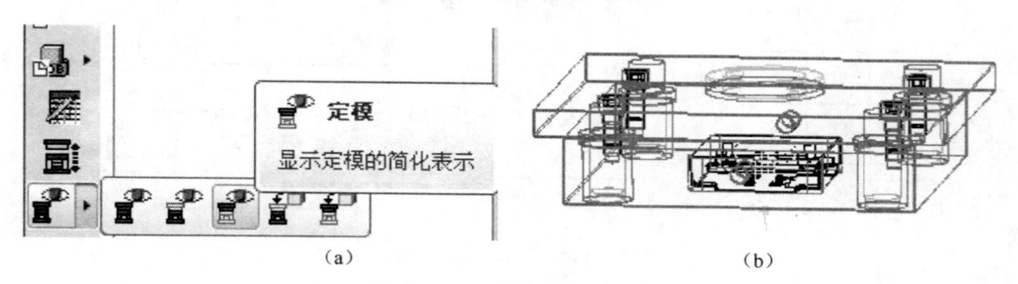

图 6-117　元件状态对话框

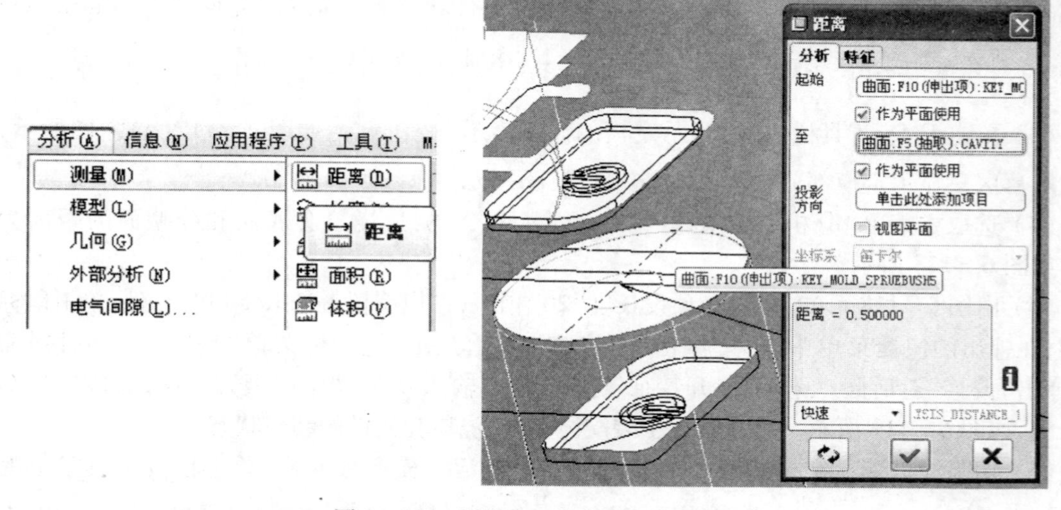

图 6-118　测量浇口套底面与分型面距离

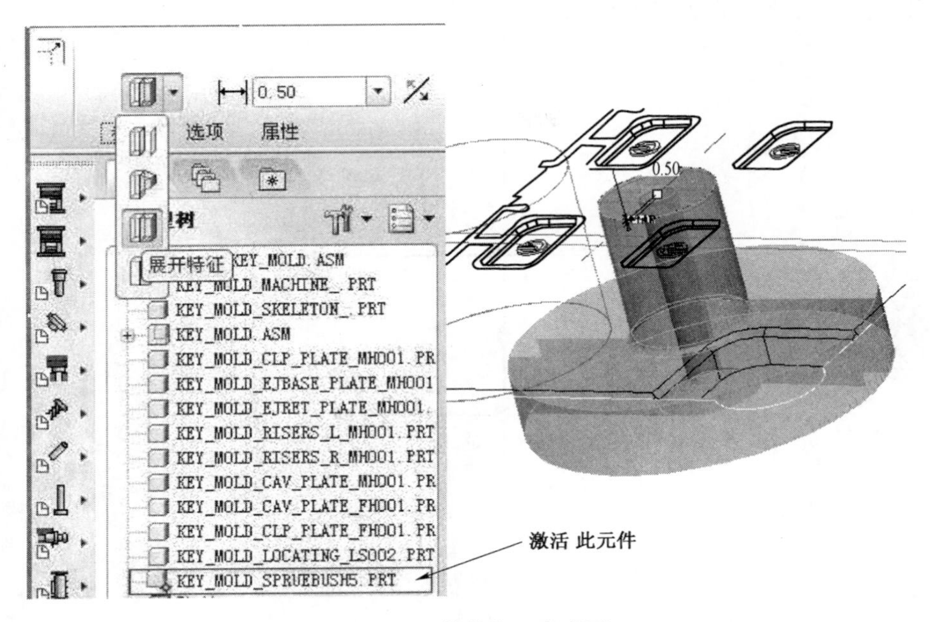

图 6-119　偏移浇口套底面

弹出的快捷菜单中选择"定义内部草绘"命令，选取 MOLDBASE _ Y _ Z（模具中心对称面）平面作为草绘平面，绘制 6-120 所示草图，单击"✔"按钮，完成草绘，单击"旋转"上滑面板中的"✔"按钮，完成定模座板的切割。

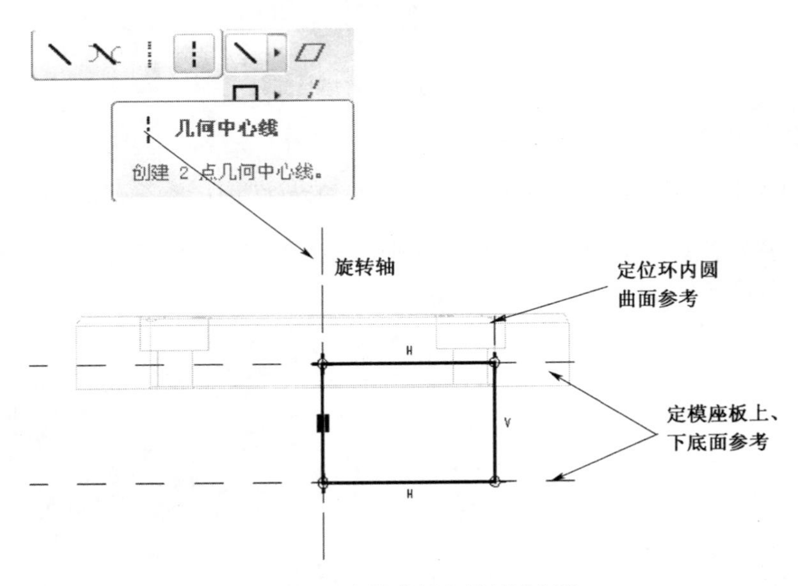

图 6-120　定模座板上的过孔切除

提示：在 Pro/E 5.0 版本中，中心线有两种形式，即"中心线"和"几何中心线"。在创建旋转特征时，其回转中心必须为"几何中心线"形式；创建草绘镜像特征或作对称约束时，其中心线必须为"中心线"形式。

（7）切除浇口套在定模板上的过孔。采用同定模座板上过孔切除相同的方法，在定模板上切除浇口套过孔,草绘截面如图 6－121 所示。

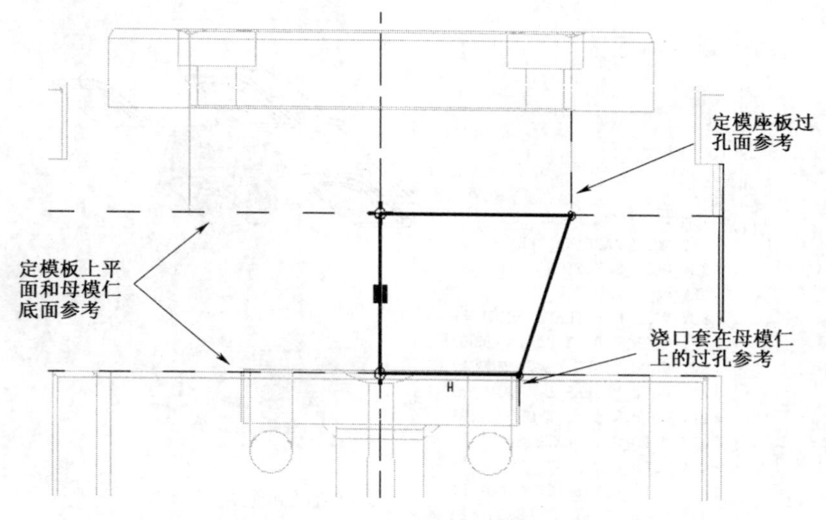

图 6－121 定模板上的过孔切除

(8) 单击 EMX 工具栏中的“显示简化表示主视图“按钮,以显示所有模具元件,如图 6－122 所示。

图 6－122 显示所有模具元件

10. 在定位环和浇口套上加入螺丝

(1) 单击 EMX 工具栏中的“装配已预先定义好的元件”图标,如图 6－123 所示。然后在绘图区单击“定位环”和“浇口套”特征,单击“选取”对话框的“确定”按钮,为定位环和浇口套加入螺丝,如图 6－124 所示。

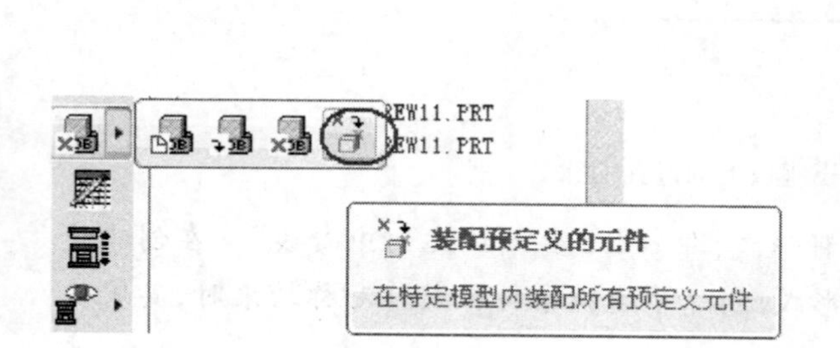

图 6－123 装配预先定义好的元件

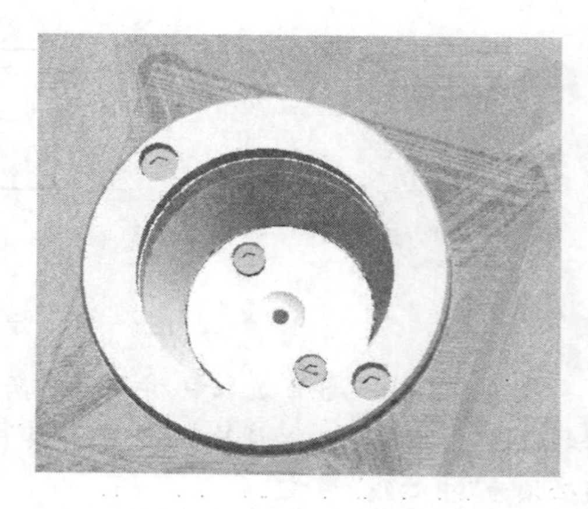

图 6－124 添加“定位环”和“浇口套”螺丝

（2）单击 EMX 工具栏中的“在定模简化表示和层上添加元件”按钮，选取定位环和浇口套上的螺丝（也可在模型树上选取对应的螺丝元件），单击“选取”对话框中的“确定”按钮，将螺丝归入定模部分，如图 6－125 所示。

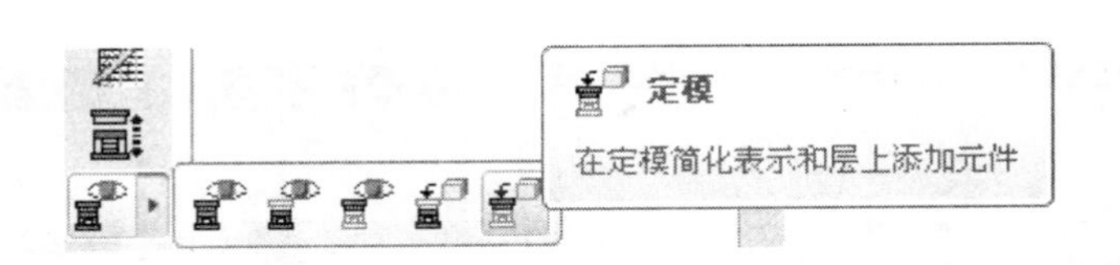

图 6－125 “定位环”和“浇口套”螺丝添加结果

11. 创建动模垃圾钉及复位销弹簧

（1）偏移顶出板。单击 EMX 工具栏中的“定义模架”图标，弹出“模架定义”对话框。将光标靠近模架示意图中的 F 板，单击鼠标右键，在弹出的“板(Plate)”对话框中将参照距离设为 5，如图 6－126 所示，单击“ ”按钮。

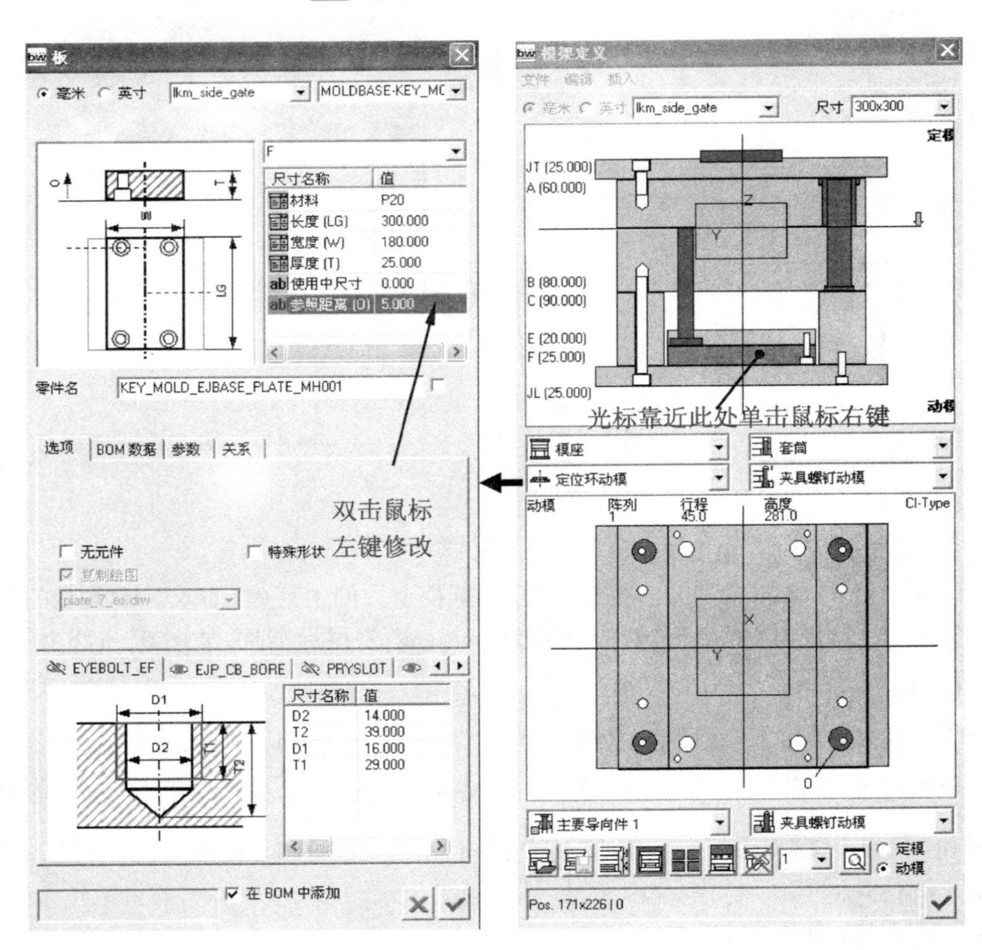

图 6－126 偏移 F 板（下顶出板）

用同样的方法定义复位销，将其长度改为150。

（2）创建复位销弹簧。单击“模架定义”对话框上方的主菜单“插入”→“弹簧”命令，弹出“弹簧(Spring)”对话框。选定弹簧的型号规格，修改弹簧长度为55，偏移：-5，单击“”按钮，弹出“选择应切削的元件”对话框，单击“”按钮，如图6-127所示。

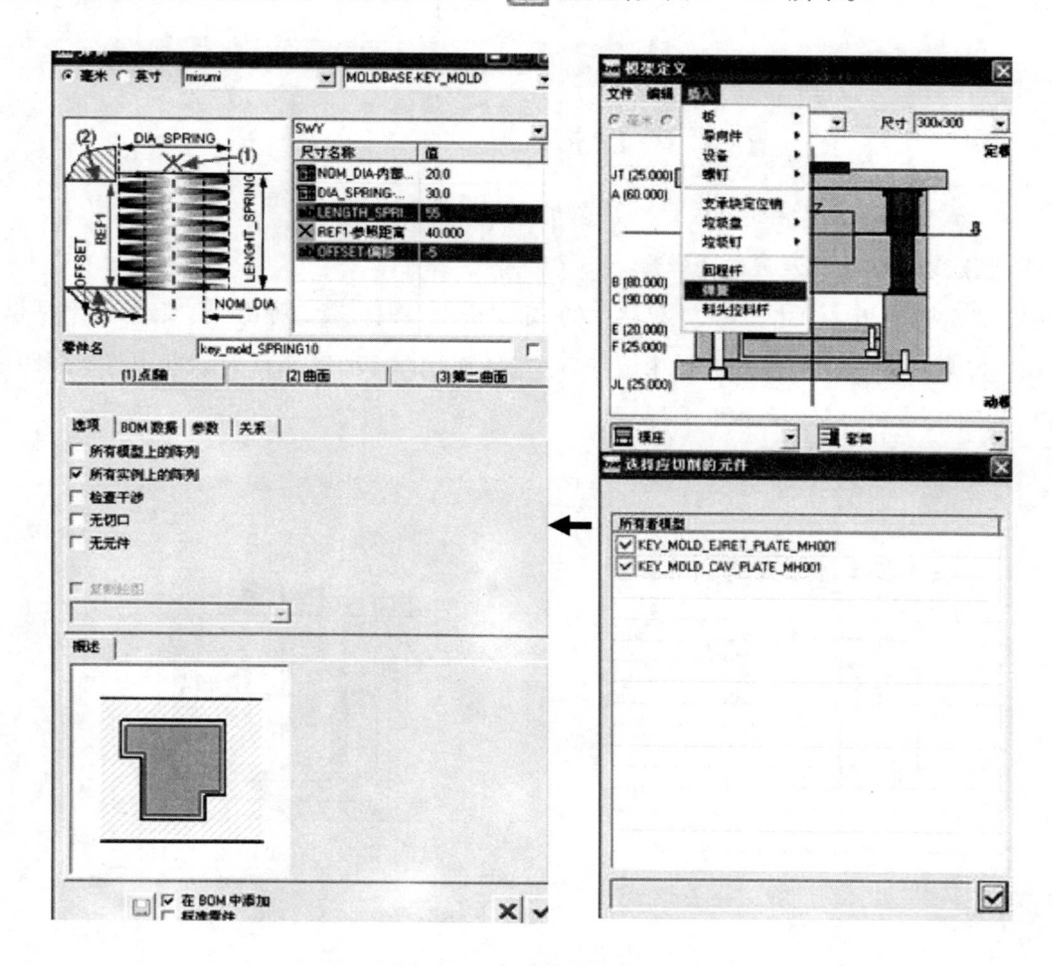

图6-127　创建复位销弹簧

（3）创建动模垃圾钉。单击“模架定义”对话框上方的主菜单“插入”→“垃圾钉”→“动模”命令，弹出“垃圾钉”对话框，选择型号为“misumi”公司标准件，如图6-128所示，单击“”按钮。

（4）单击“模架定义”对话框上方的主菜单“编辑”→“阵列”→“止动系统”→“动模”命令，系统弹出“止动系统动模”对话框，修改相应参数，如图6-129所示，单击“”按钮。

单击“模架定义”对话框右下角的“”按钮，完成垃圾钉和复位销弹簧的创建，创建结果如图6-130所示。

12. 创建侧滑块抽芯机构

（1）创建一侧滑块坐标系。用鼠标左键选中模型树上的KEY _ MOLD. ASM子装配体，按

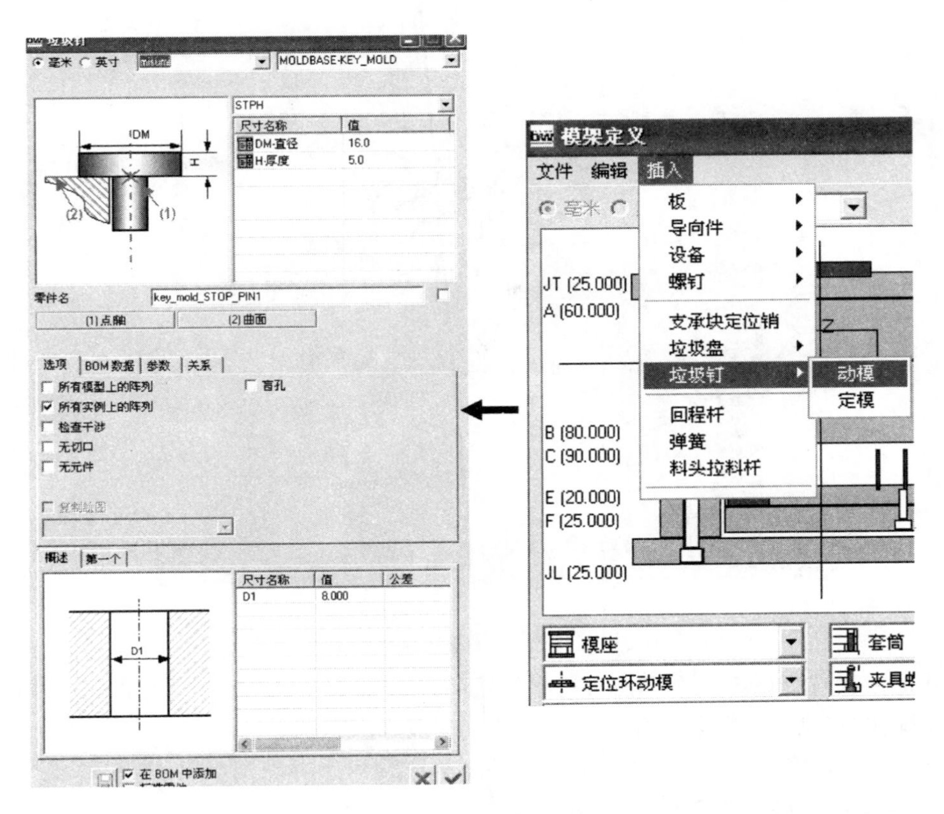

图 6-128　创建垃圾钉

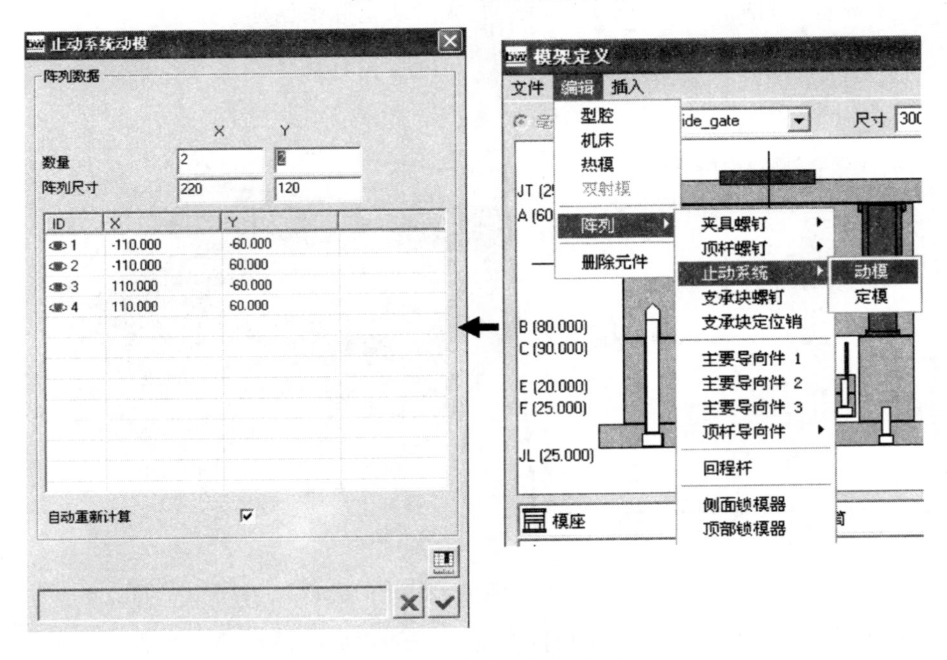

图 6-129　动模垃圾钉阵列

住鼠标右键,在快捷菜单中选取“打开”,进入子装配体编辑模式。隐藏型腔零件“CAVITY”,然后单击模具工具条上的“基准坐标系”图标 ,弹出“坐标系”对话框,如图 6-131 所示,

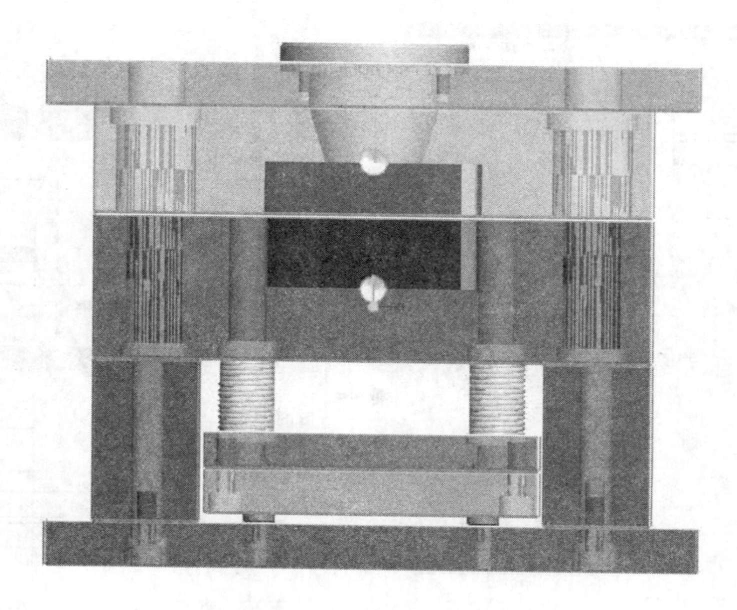

图 6-130　垃圾钉和复位销弹簧创建结果

按住 Ctrl 键依次选择以下三个平面进行坐标系的确定：

① 滑块的左侧面为 X 轴的法平面。

② MOLD _ FRONT 基准面为 Y 轴的法平面。

③ 滑块上表面确定为 XY 平面。

单击“坐标系”对话框中的“确定”按钮，完成滑块坐标系创建。

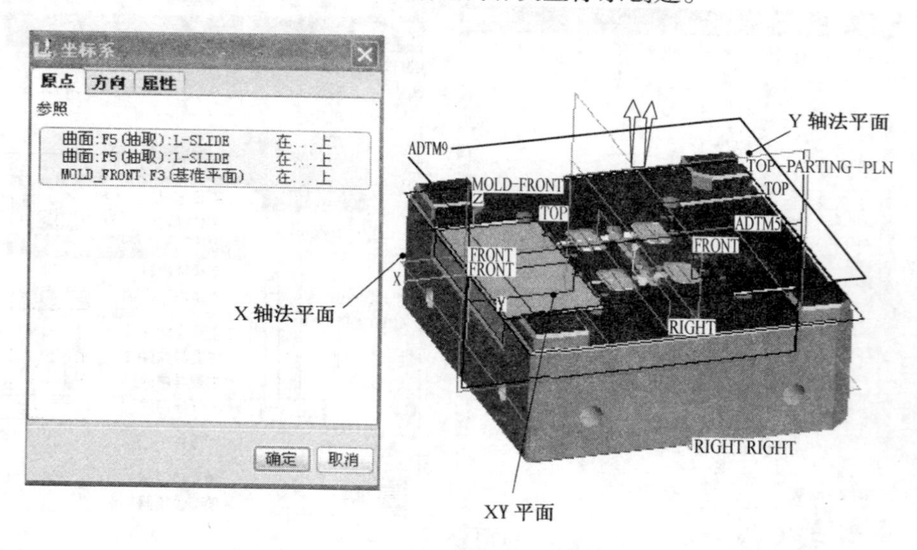

图 6-131　创建滑块坐标系 1

（2）创建另一侧滑块坐标系。采用同样的方法创建另一侧滑块坐标系，并确保 Z 轴正向朝上（可通过 Y 轴投影的反向进行调整），如图 6-132 所示。

（3）选择主菜单“窗口”→“关闭”命令，退出子装配体编辑模式。单击 EMX 工具栏中的“定义滑块”图标，系统弹出“滑块”对话框，如图 6-133 所示。设置滑块脱模机构的总体

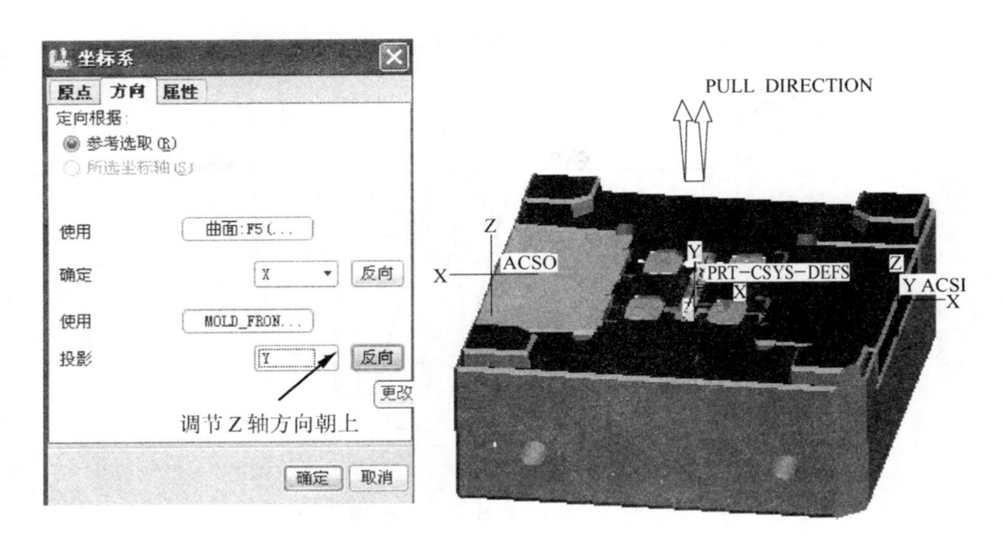

图 6－132　创建滑块坐标系 2

尺寸为:16×50×63,滑块座宽度设为 75,斜导柱长度设为 90, Z 方向偏移量输入 6。

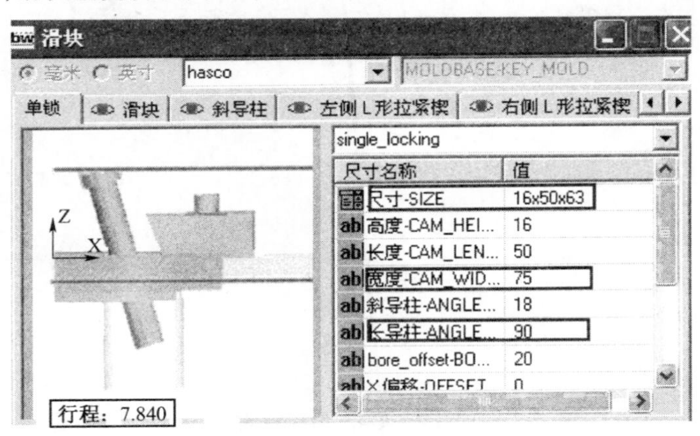

图 6－133　滑块参数设置

提示:① 滑块行程必须大于倒勾行程,倒勾的部分才能完全脱离成品。滑块行程 S_1 = 倒勾行程 S+(3~5)mm. 滑块结构示意图如图 6－134 所示。

② 在设计上多预留 1~2mm 的目的,在于避免钳工在作斜导柱孔圆角时作的过大,造成滑块后退行程不足。

③ 此处滑块脱模机构的总体尺寸为 16×50×63,是考虑之前的模具设计中的滑块入子的尺寸估算而来。

④ 斜导柱长度和滑块行程设置是根据产品上的倒勾距离和开模行程等计算所得。

(4) 勾选"所有模型上的阵列"复选项,单击"(1)坐标系"按钮,选择之前创建的滑块坐标系"ACS0",系统自动计算出滑块行程为 7. 840,单击"滑块"对话框右下角的"✓"按钮,如图 6－135 所示。

(5) 添加侧压块螺钉。此时,系统会持续通过窗口显示出与滑块脱模机构有干涉的模板,在各窗口中单击"✓"按钮,系统将在这些模板上挖出滑块脱模机构的活动空间。隐藏定模

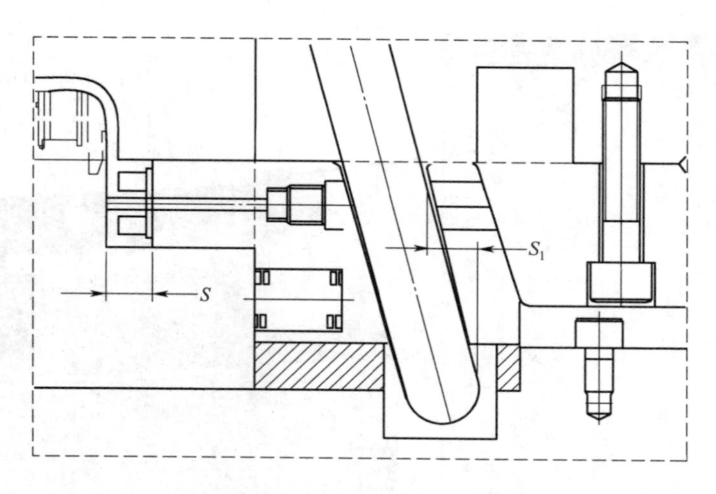

图 6-134　滑块结构示意图

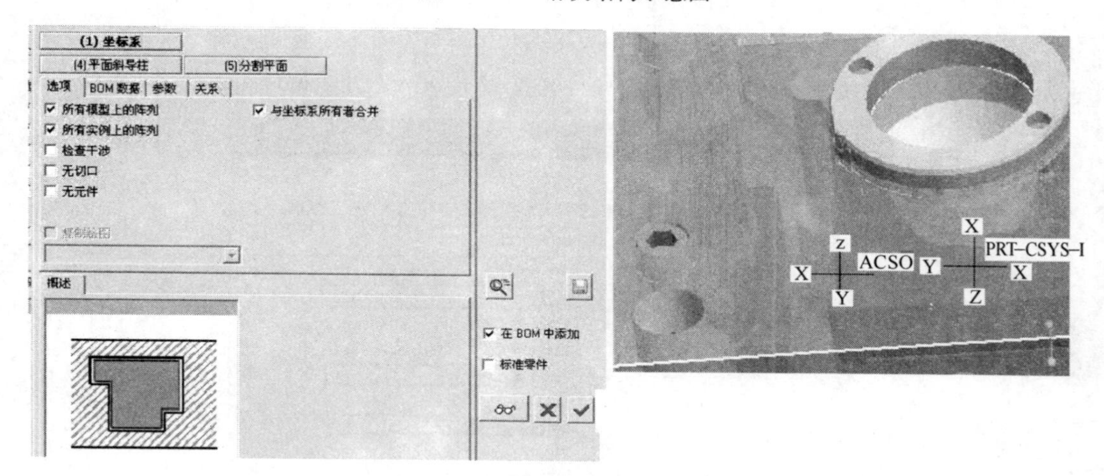

图 6-135　滑块放置

座板、定模板和滑块脱模机构。单击 EMX 工具栏中的"装配已预先定义好的元件"图标 ，单击侧抽芯机构中的左右侧压块,系统会在机构中自动装配螺钉和销钉,如图 6-136 所示。

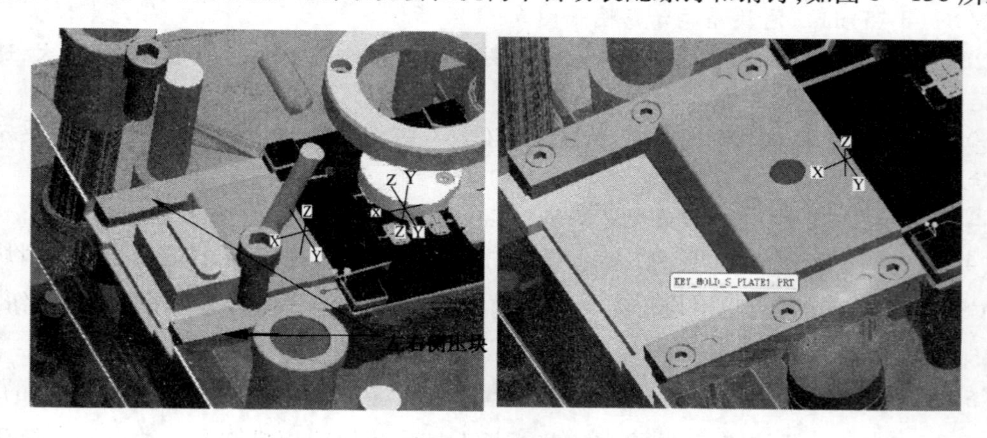

图 6-136　装配左右侧压块的螺钉和销钉

（6）添加耐磨板螺钉。

① 确定螺钉放置参照。单击 EMX 工具栏中的“定义螺钉”按钮，弹出“螺钉”对话框，勾取“沉孔”选项，选取螺钉定义点，曲面及螺纹曲面后，单击“”按钮，如图 6－137 所示。

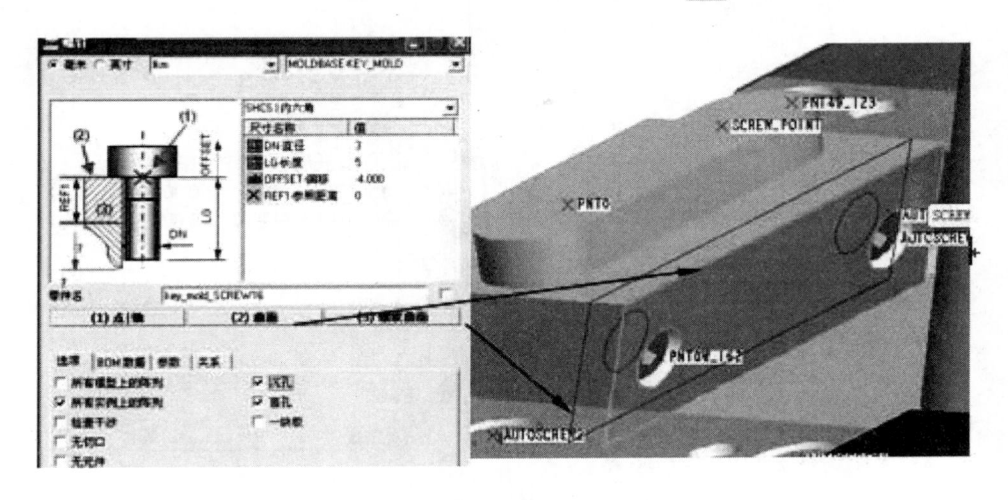

图 6－137　定义耐磨板螺钉放置参照

② 单击模具工具条中的“基准点”图标，在滑块底部耐磨板上创建 4 个基准点作为螺钉装配的参照，采用上述同样的方法添加 4 个耐磨板螺钉，如图 6－138 所示。

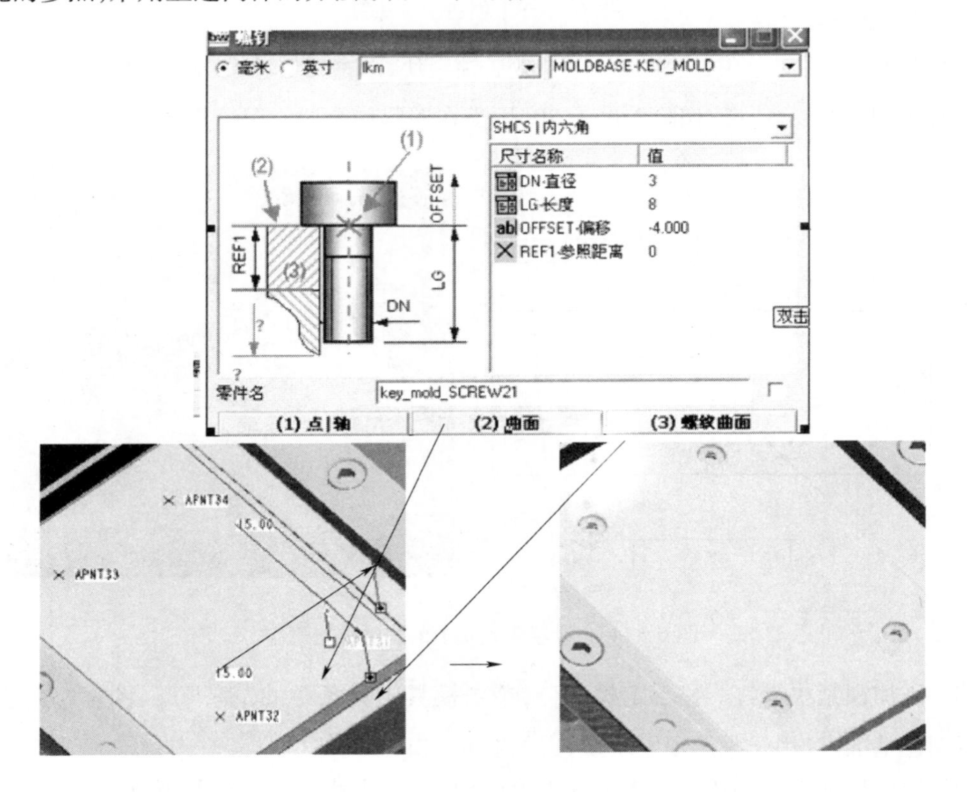

图 6－138　创建耐磨板螺钉

③ 创建滑块限位螺钉。在滑块底部耐磨块上创建一个基准点，然后添加螺钉，如图 6－139 所示。

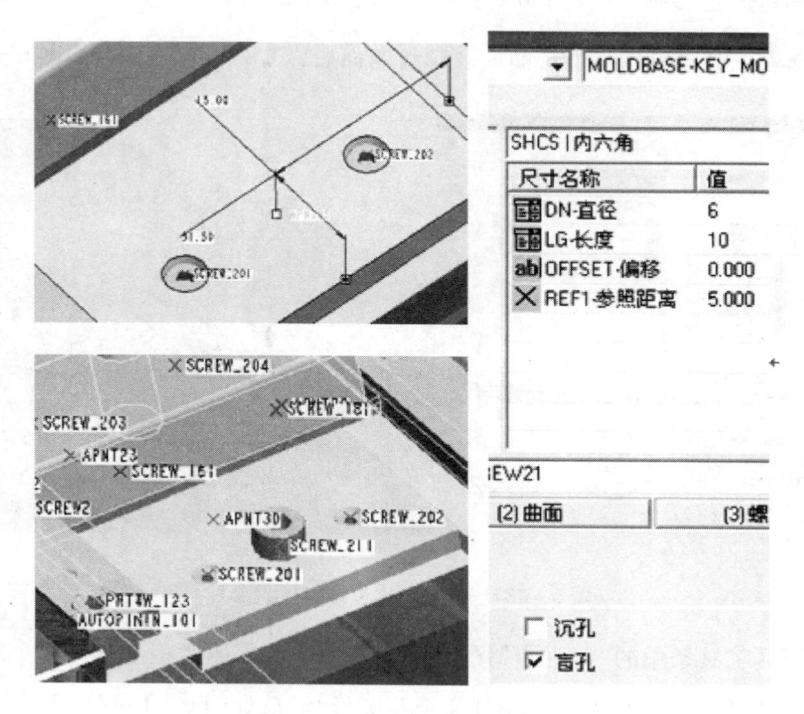

图 6－139　创建限位螺钉

（7）设置锁紧块上的限位螺钉避空。激活锁紧块，单击模具工具条中的“拉伸”图标，切除如图 6－140 所示特征，切除深度为 20，用于在锁紧块上避空限位螺钉。

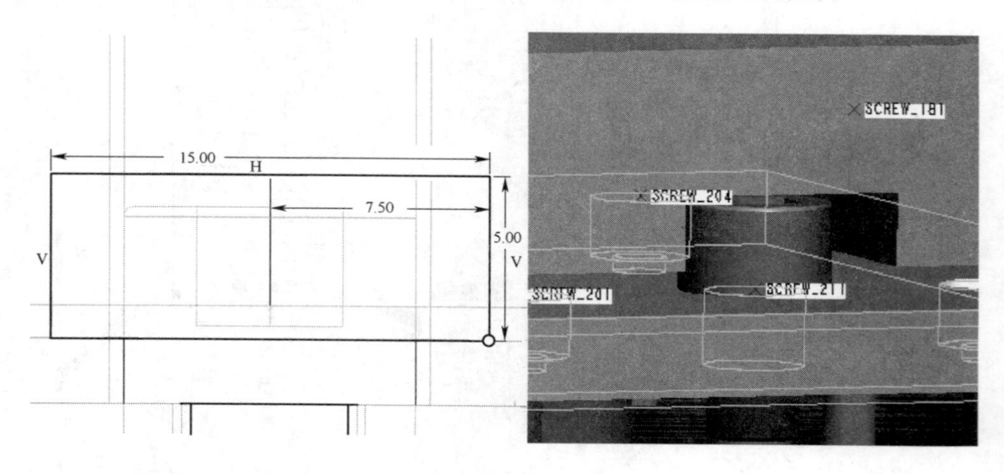

图 6－140　设置锁紧块上的限位螺钉避空

（8）添加锁紧块螺钉。显示定模部分，单击模具工具条中的“基准点”图标，在定模板顶面创建基准点，用于添加锁紧块螺钉，如图 6－141 所示。

（9）用同样的方法创建另一侧滑块脱模机构，完成结果如图 6－142 所示。

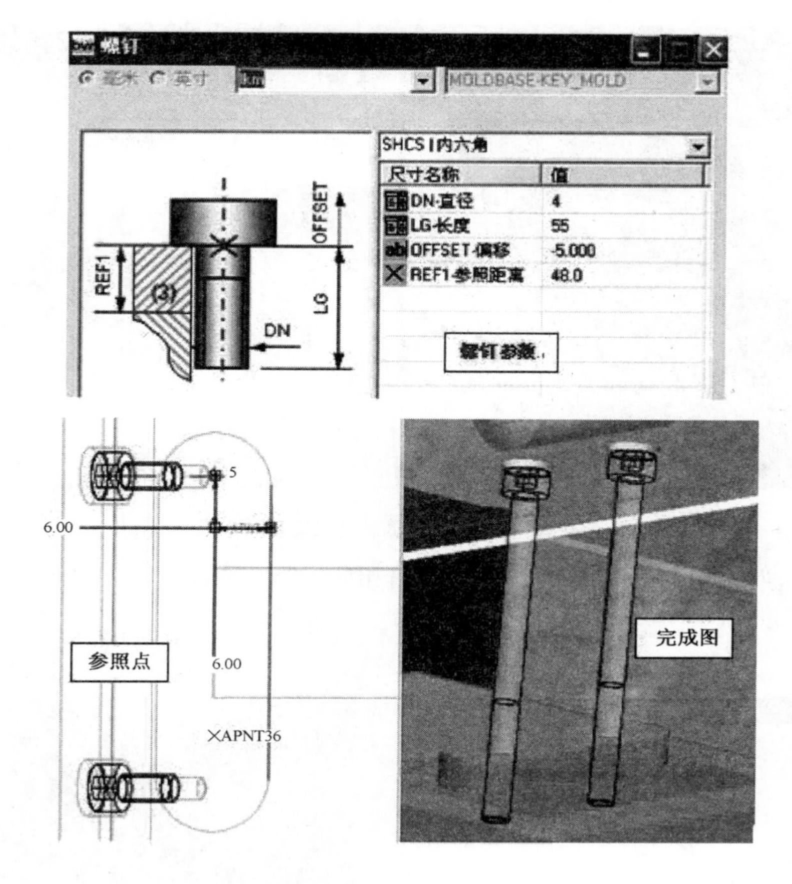

图 6-141　锁紧块螺钉创建

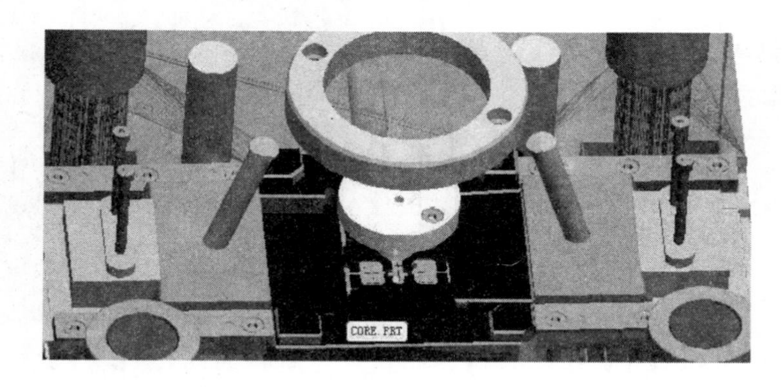

图 6-142　滑块脱模机构创建结果

13. 创建公、母模锁模仁螺钉

（1）创建公模锁模仁螺钉。

① 单击 EMX 工具栏中的“显示动模的简化表示”按钮，选择模具工具条上的“创建基准点”图标，创建锁公模螺钉基准点，如图 6-143 所示。

② 单击 EMX 工具栏中的“定义螺钉”按钮，弹出“螺钉”对话框。勾选“沉孔”选项，

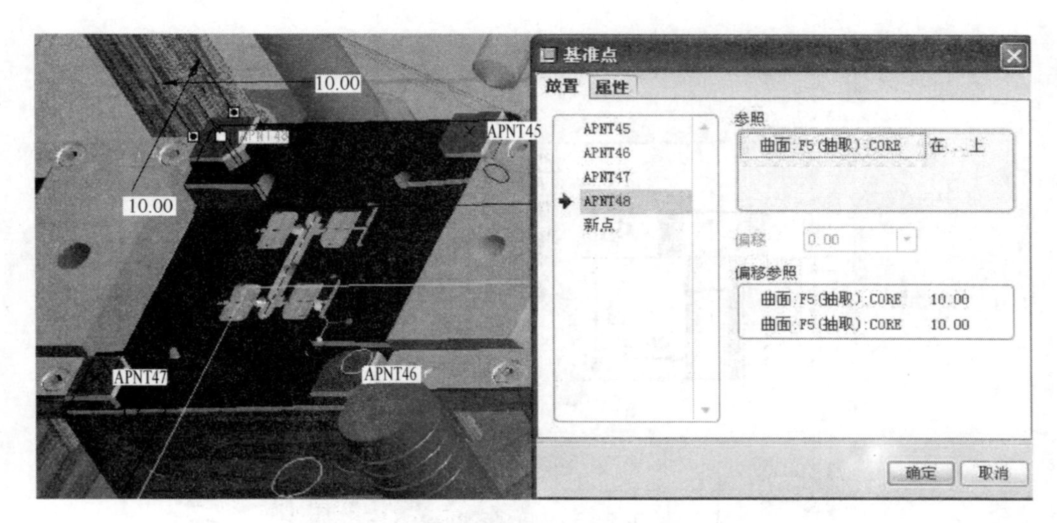

图 6－143　创建公模锁模仁螺钉基准点

设定相应参数，如图 6－144 所示，选择定义螺钉相应的"点、曲面及螺纹曲面"，完成公模锁模仁螺钉的创建，如图 6－145 所示。

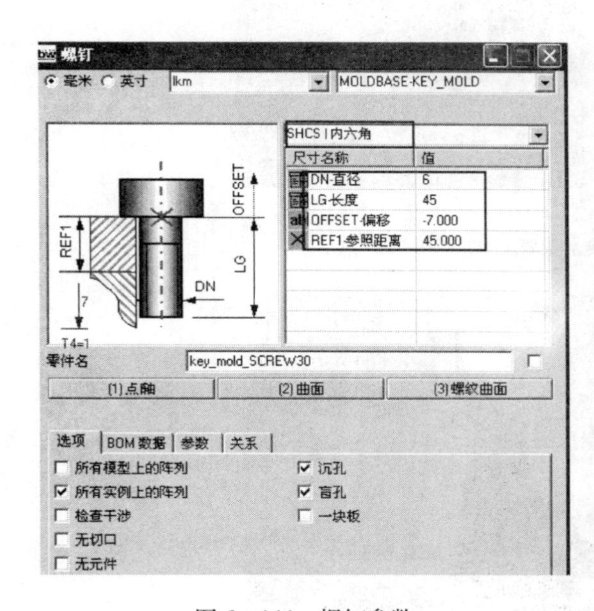

图 6－144　螺钉参数

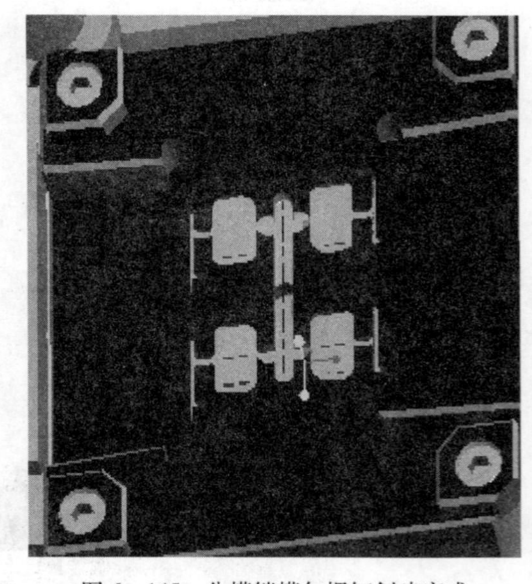

图 6－145　公模锁模仁螺钉创建完成

（2）创建母模锁模仁螺钉。

① 单击 EMX 工具栏中的"显示定模部分"按钮，选择模具工具条上的"创建基准点"图标，创建锁母模螺钉基准点，如图 6－146 所示。

② 单击 EMX 工具栏中的"定义螺钉"按钮，弹出"螺钉"对话框。勾选"沉孔"选项，设定相应参数，选择定义螺钉相应的"点、曲面及螺纹曲面"，完成母模锁模仁螺钉的创建，如图 6－147 所示。

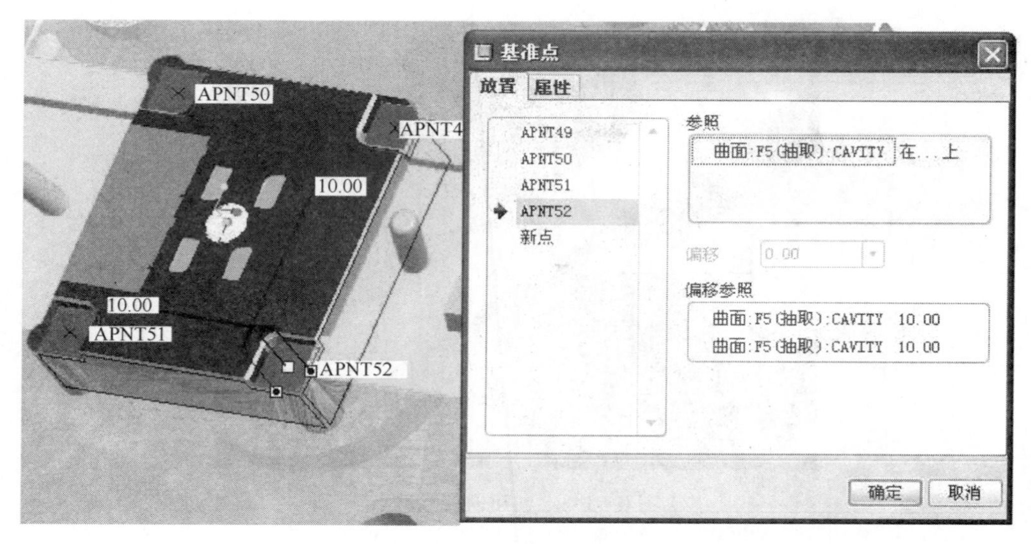

图 6－146　创建母模锁模仁螺钉基准点

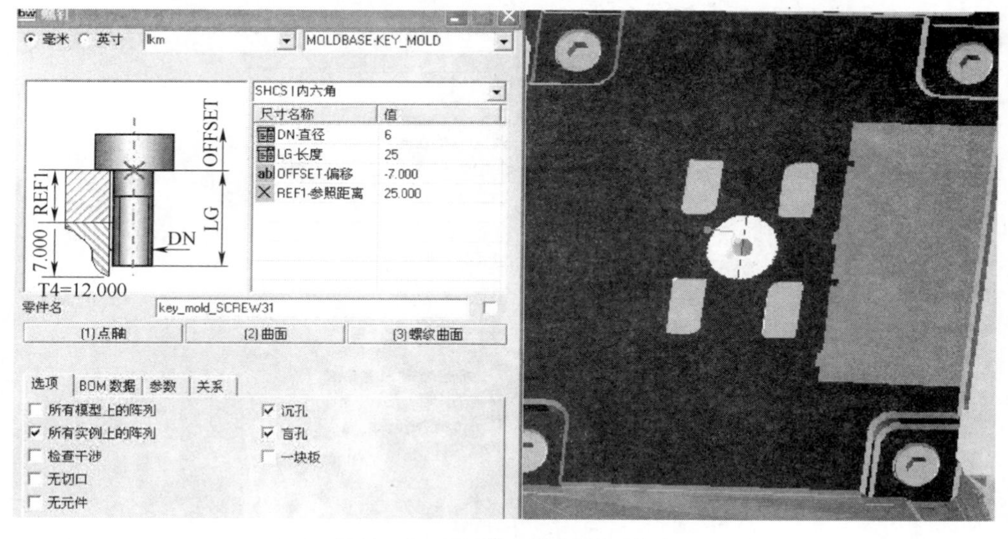

图 6－147　母模锁模仁螺钉创建

14. 创建顶出系统

（1）创建主流道顶杆基准点和分流道顶杆基准点。在模型树上打开型芯零件“CORE”，通过“基准点”命令分别创建主流道顶杆基准点和分流道顶杆基准点，如图 6－148 所示。选择主菜单“窗口”→“关闭”命令返回主装配窗口。

（2）创建主流道顶杆。单击 EMX 工具栏中的“定义顶杆”图标，弹出“顶杆”对话框。修改顶杆厂商、类型及规格尺寸，如图 6－149 所示，单击“顶杆”对话框中部的“(1)点”按钮，在绘图区选择主流道冷料穴顶出点“PNT2”（具体见图 6－148）。单击“”按钮完成主流道顶杆创建。

（3）创建分流道顶杆。单击 EMX 工具栏中的“定义顶杆”图标，在“顶杆”对话框中修

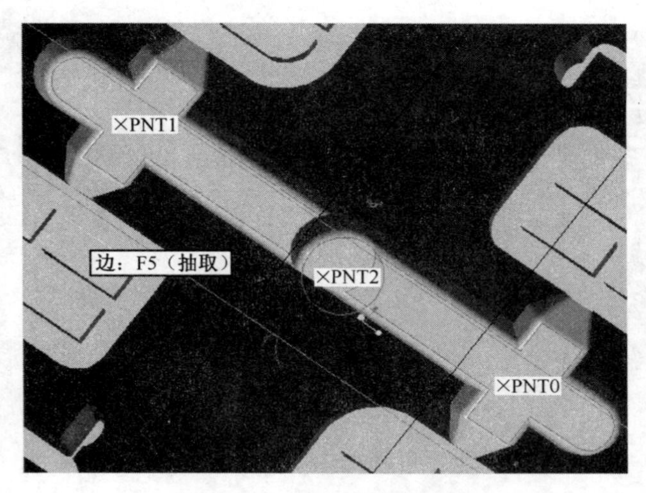

图 6－148　创建顶杆基准点

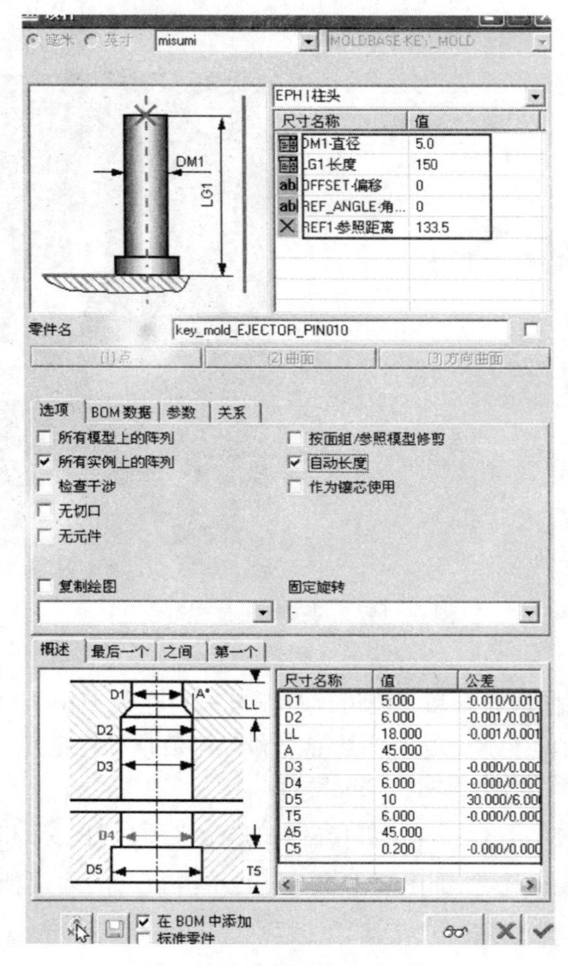

图 6－149　创建主流道顶杆

改分流道的顶杆参数，选择分流道的顶杆参照点（图 6－148 中的 PNT0 和 PNT1），单击“ ”

按钮完成分流道顶杆的定义，如图 6－150 所示。

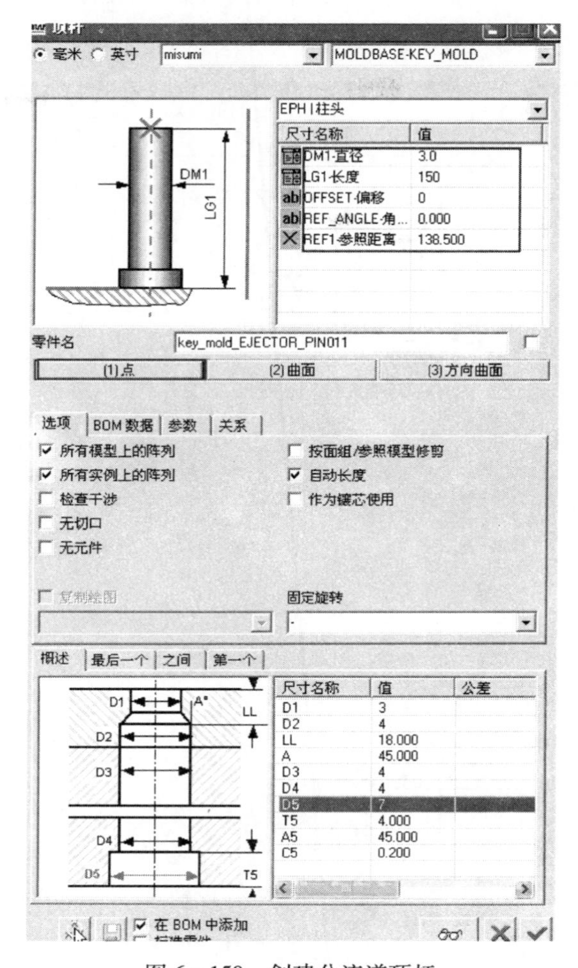

图 6－150 创建分流道顶杆

（4）创建型芯顶杆基准点。在模型树上打开型芯零件“CORE”，继续在型芯的每一模穴上创建顶杆基准点，如图 6－151 所示。

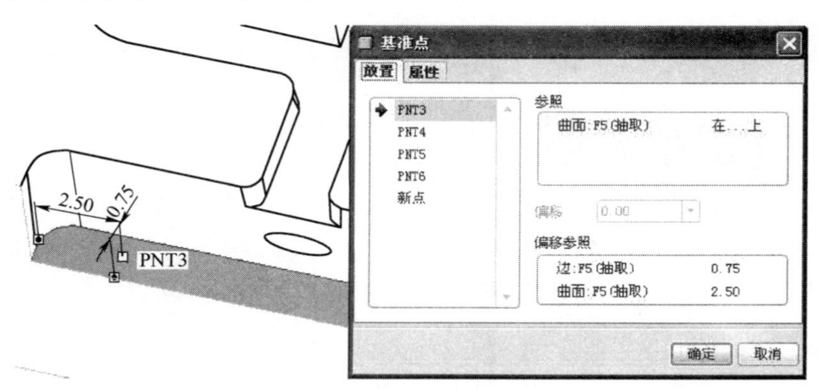

图 6－151 创建型芯顶杆 1 基准点

（5）选择主菜单“窗口”→“关闭”命令返回主装配窗口。再次单击 EMX 工具栏中的“定义顶杆”图标，弹出“顶杆”对话框，修改顶杆相关参数，如图 6 - 152 所示，单击“”按钮完成型芯顶杆创建。

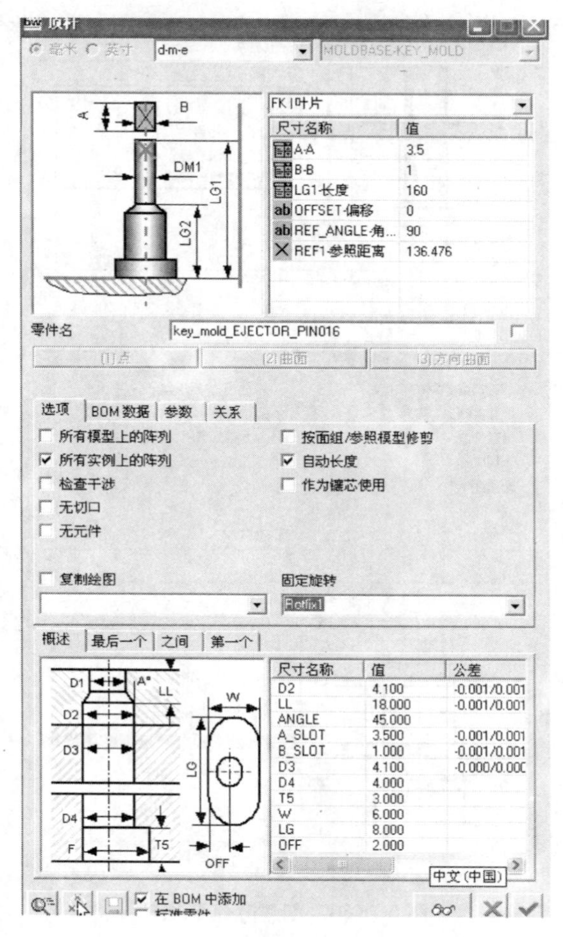

图 6 - 152　设置型芯顶杆 1 参数

（6）继续在型芯上创建其它顶杆基准点，如图 6 - 153 所示。

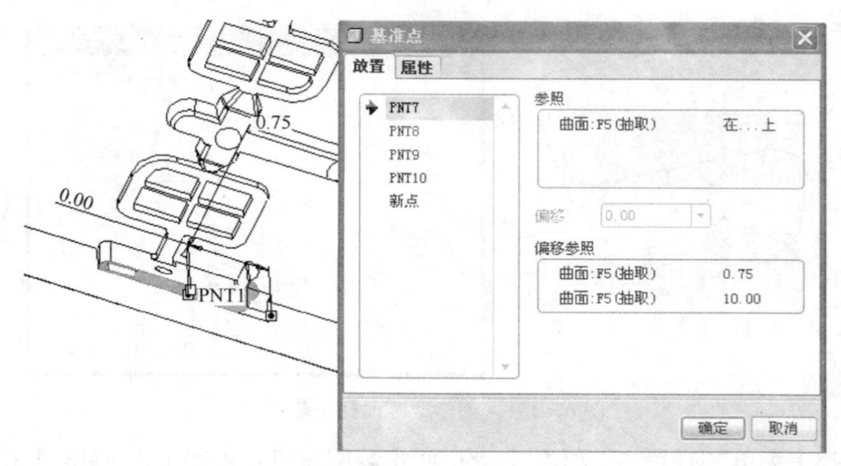

图 6 - 153　创建型芯顶杆 2 基准点

(7) 关闭型芯窗口后回到主装配窗口。再次单击 EMX 工具栏中的“定义顶杆”图标，弹出“顶杆”对话框，修改顶杆相关参数如图 6－154 所示，单击“ ”按钮完成。

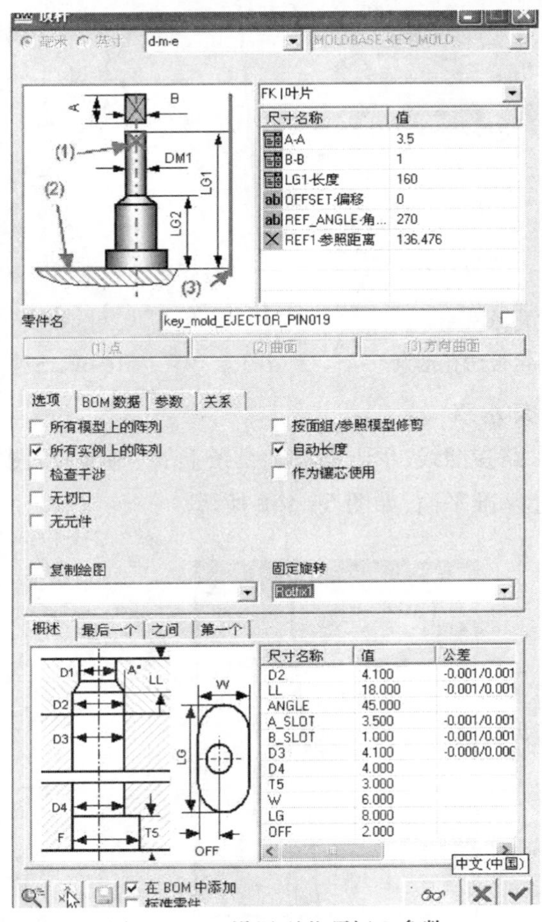

图 6－154　设置型芯顶杆 2 参数

(8) 创建其它顶杆。采用同前面相同的方法，继续完成型芯上其它扁顶杆的创建，顶杆基准点位置如图 6－155 所示，“顶杆”对话框中的“ ab REF ANGLE-角度 ”选项设为 0，最终完成顶出系统的创建，顶杆固定板切孔如图 6－156 所示，顶杆完成结果如图 6－157 所示。

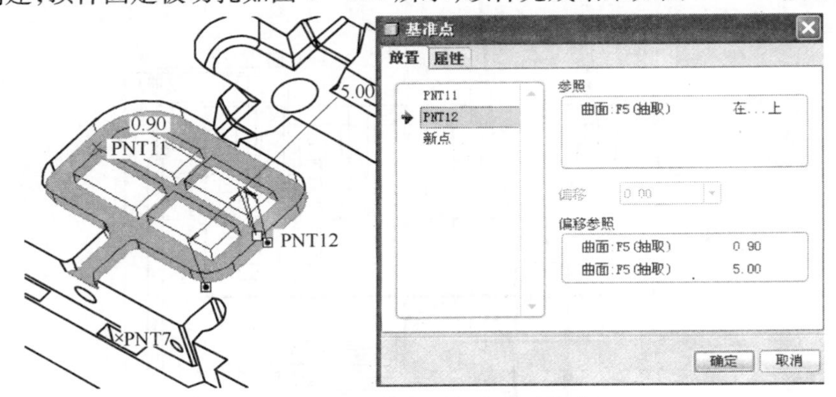

图 6－155　其它顶杆参照基准点

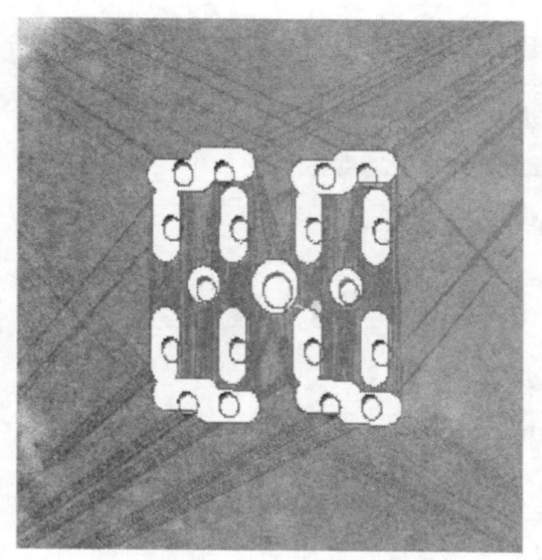

图 6-156　顶杆固定板切孔示意

图 6-157　顶杆完成结果

15. 在模架中加入冷却水路

（1）首先绘制模板水路参照线，单击模具工具条上的“基准面”图标，以水路连通口轴线和模板侧面为参照创建基准平面，如图 6-158 所示。

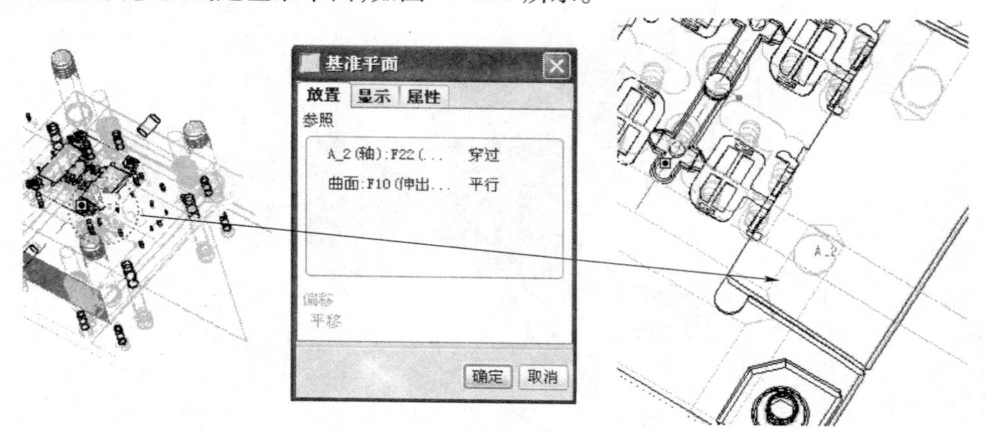

图 6-158　创建公模板水路基准

（2）绘制水路草绘线。在创建的基准平面上绘制如图所示水线参照如图 6-159 所示，最后创建的公模板水路参照线如图 6-160 所示。

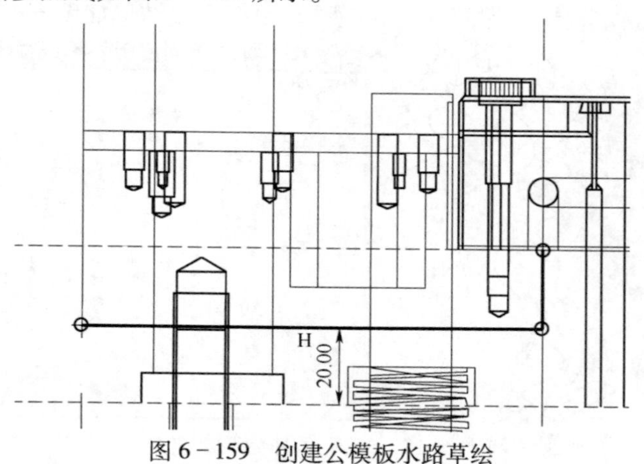

图 6-159　创建公模板水路草绘

（3）单击 EMX 工具栏中的“组件定义”图标，弹出“模架定义”对话框。单击对话框下方的“添加一个子组件”图标，在“子组件”对话框的“名称”栏输入水路名称“waterline”，在“前缀”栏输入字首“waterline”，如图 6－161 所示，单击“”按钮完成。

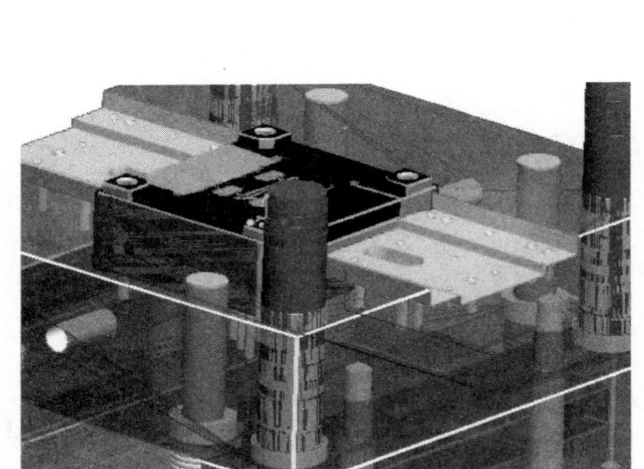

图 6－160 公模板水路参照线创建结果

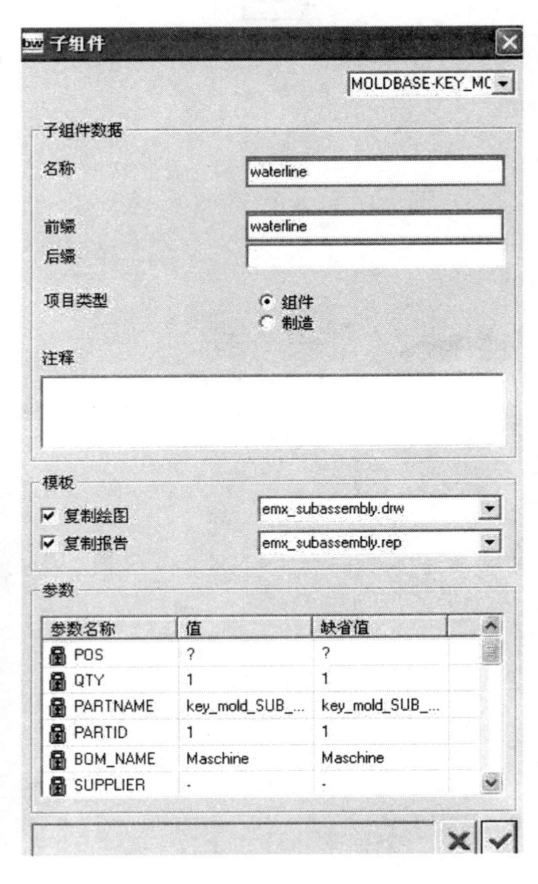

图 6－161 水路名称设置

（4）隐藏公模板。单击 EMX 工具栏中的“创建水路”图标，在“冷却元件”对话框中，将窗口右上角的“名称”切换至“WATERLINE”，“元件”选择“水堵”，输入有效参数（T5 值不能为零），选择参照，完成一个水堵的创建，如图 6－162 所示。

（5）在模型树上选择“水堵”元件，单击鼠标右键，在弹出的快捷菜单中选择“重复”命令，弹出“重复元件”对话框。选取“可变组件参照”中的元件参照后单击“添加”按钮，在绘图区选择相对应的参照（轴和面），如图 6－163 所示。

（6）隐藏公模仁，显示公模板，再次单击 EMX 工具栏中的“创建水路”图标，在“冷却元件”对话框中，“元件”类型选择“O 形环”，输入有效参数（T5 值不能为零），选择相应的放置参照，进行 O 形环的创建，如图 6－165 所示。

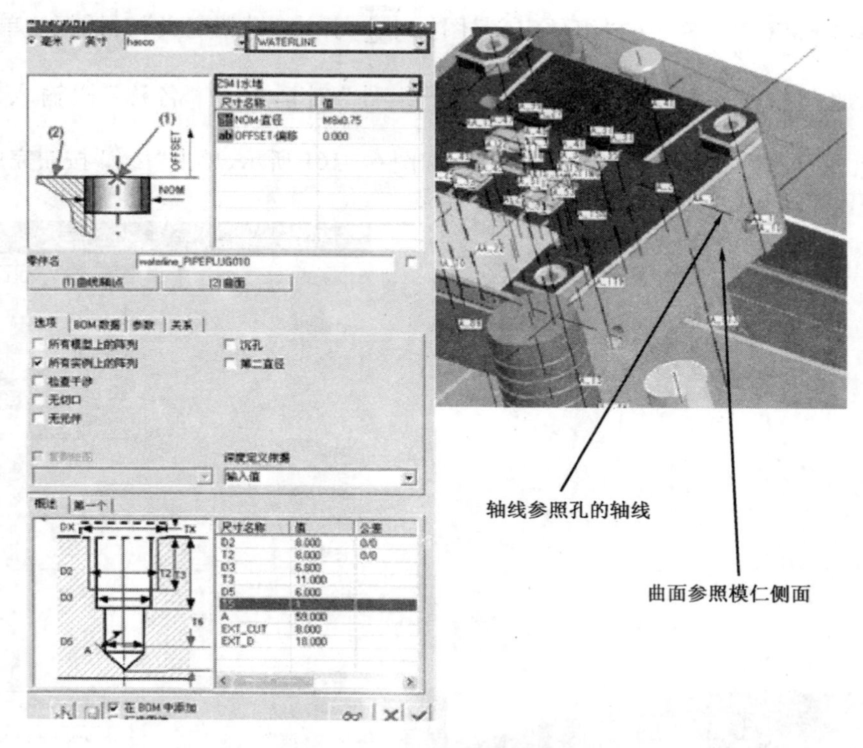

图 6－162　水路参数名称设置

图 6－163　创建水堵

完成其它水堵的创建，如图 6－164 所示。

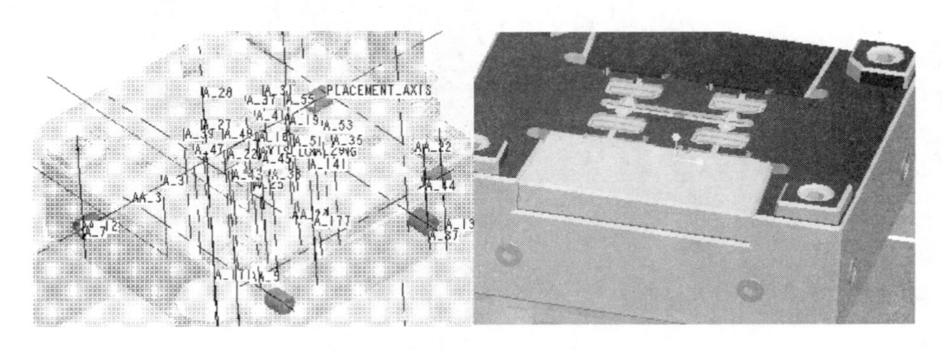

图 6－164　水堵创建结果

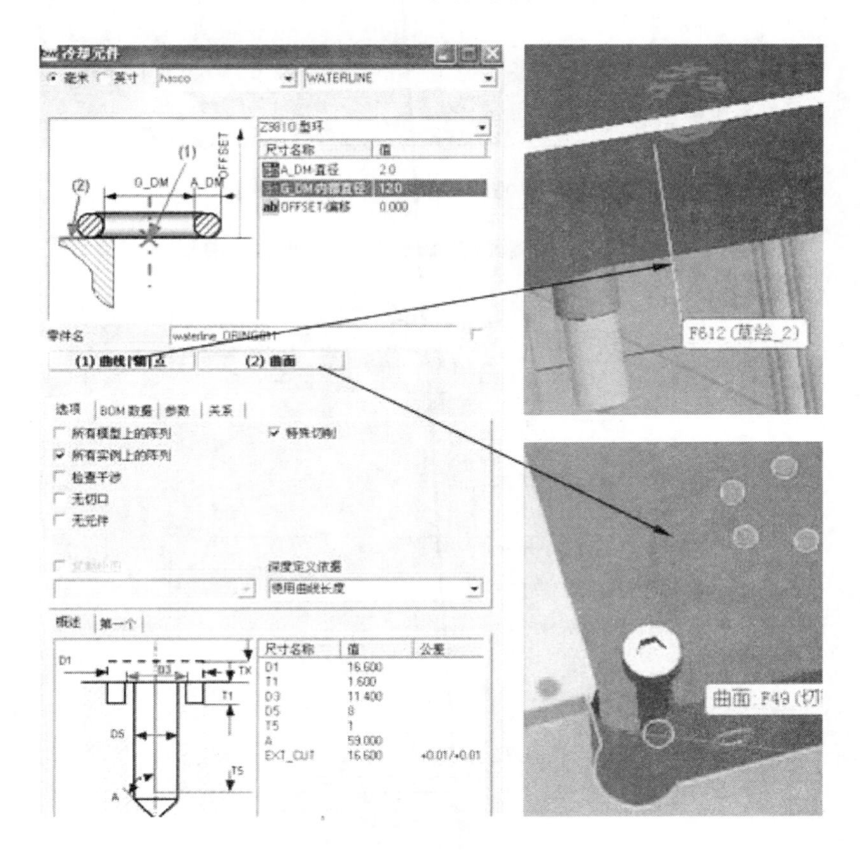

图 6－165　“O 形环”放置参照选取

创建好的公模仁 O 形环效果如图 6－166 所示。

（7）单击 EMX 工具栏中的“创建水路”图标，在“冷却元件”对话框中选择“元件”为“喷嘴”，输入有效参数（T5 不能值为零），如图 6－167 所示。

（8）单击对话框中部的“（1）曲线|轴|点”按钮，选取图 6－168 所示的一个线段为水路路径，选择 B 板的右侧面，使得水路的一个进水孔创建在该平面上。单击“”按钮完成动模进水口水路创建。

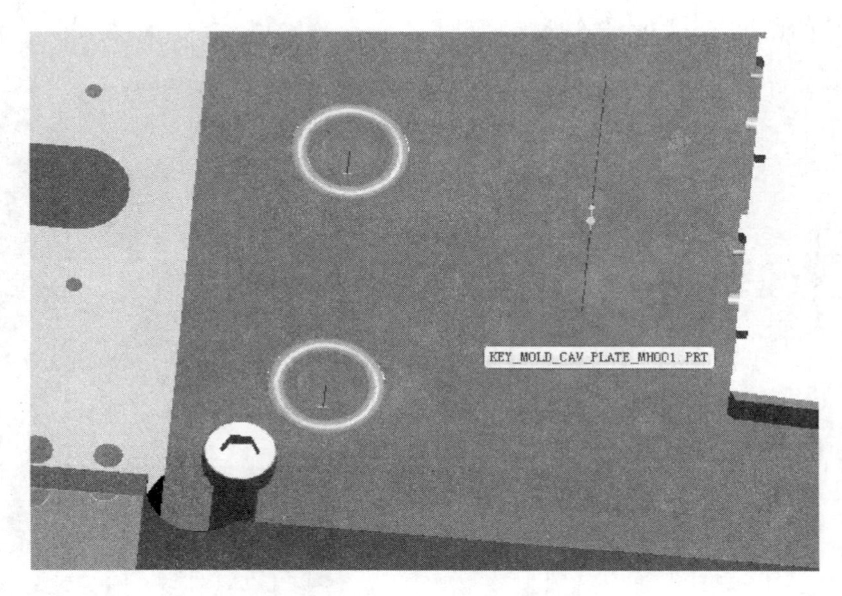

图 6-166 “O 形环”创建结果

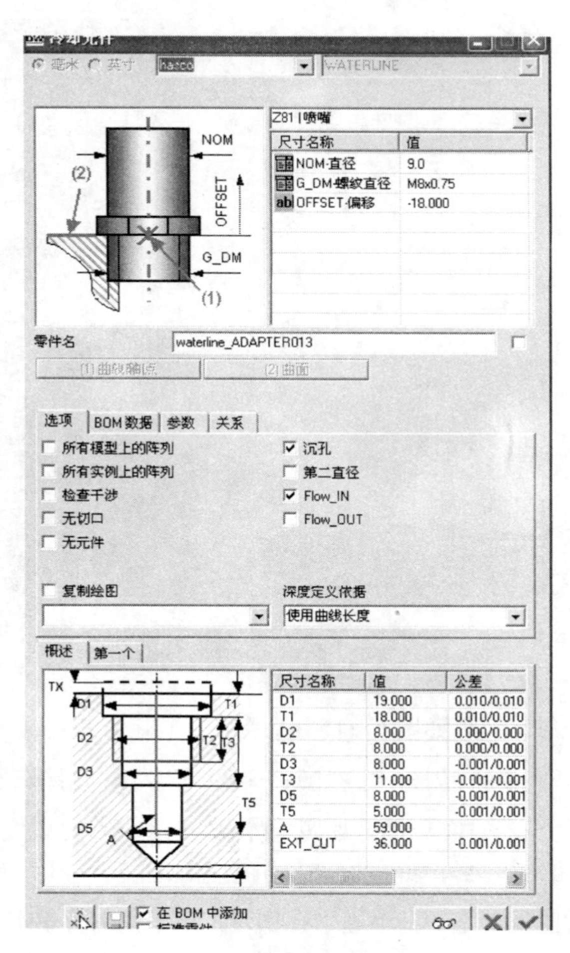

图 6-167 水路快速接头

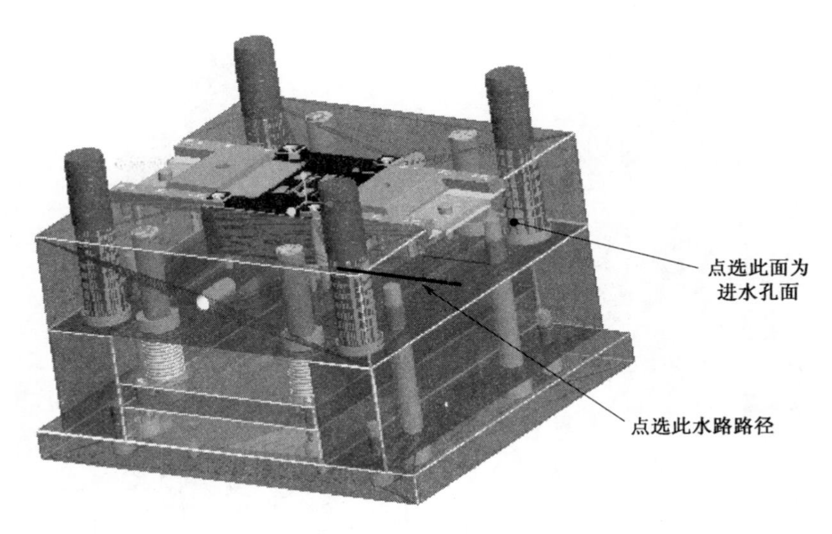

图 6－168　水路快速接头放置参照选取

(9) 单击 EMX 工具栏中的“创建水路”图标，在弹出的“冷却水路”对话框中勾选“Flow _ OUT”复选项，取消“Folw _ IN”复选项，单击“(1)曲线|轴|点”按钮，选取水路路径，单击 B 板(公模板)右侧面，使得水路的一个出水孔创建在该平面上，如图 6－169 所示。

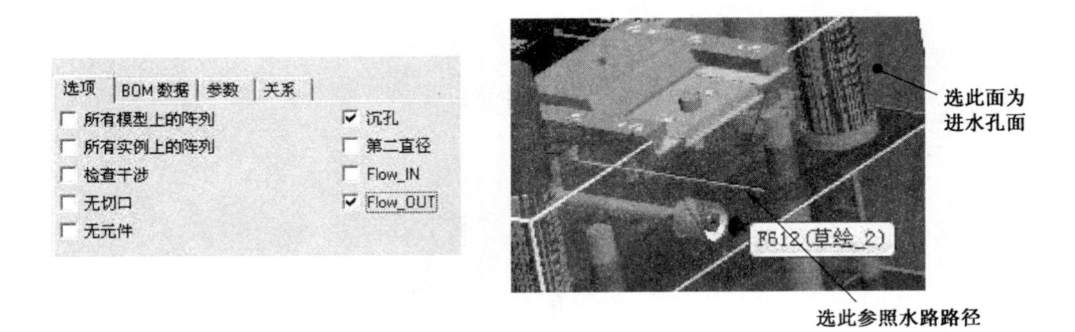

图 6－169　水路出水孔放置参照选取

单击“”按钮完成动模出水口水路创建，公模冷却系统创建结果如图 6－170 所示。

(10) 母模水路创建。采用同公模水路创建相同的方法进行母模水路的创建，最终完成的母模水路结果如图 6－170 所示。

16. 在动模座板上切出注射机顶杆过孔

(1) 鼠标左键在模型树上选中“动模座板”，单击鼠标右键，在弹出的快捷菜单中选择“打开”，进入元件编辑状态。利用“拉伸”命令对动模座板切除一个直径为 50 的孔，如图 6－172 所示。

(2) 选择主菜单“窗口”→“关闭”命令，返回到 MOLDBASE-KEY _ MOLD 窗口，单击“保存”按钮完成此模架的设计，最终完成的动模、定模部分结构如图 6－173 所示。

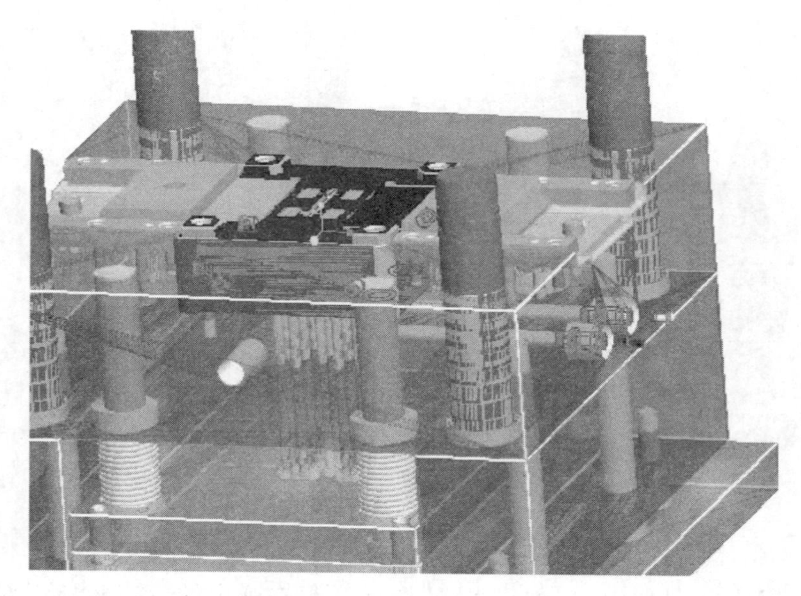

图 6-170　公模水路创建结果

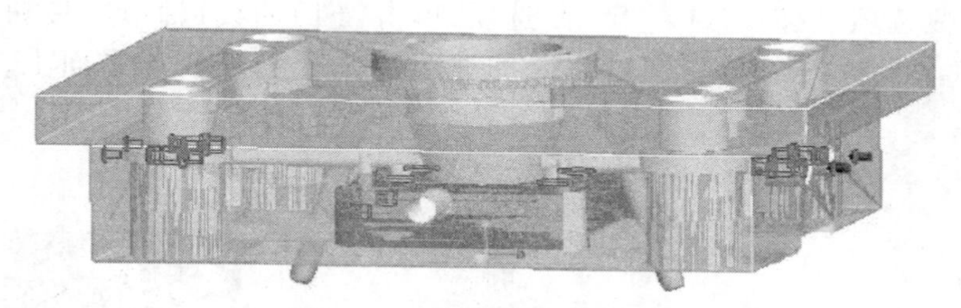

图 6-171　母模水路创建结果

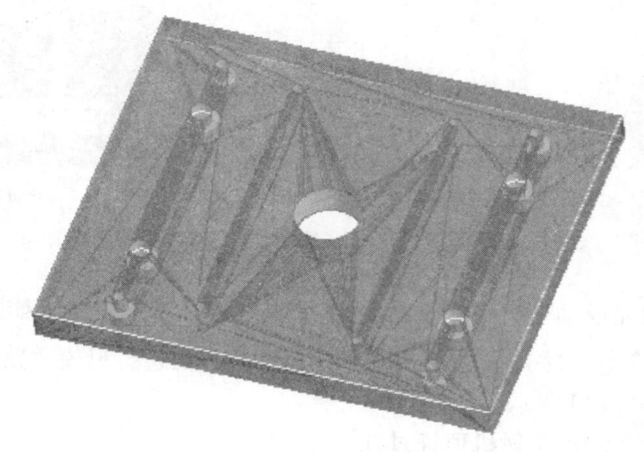

图 6-172　创建注射机顶杆过孔

技术总结：

（1）拆模时，若用自动滑块的方式创建体积块，产品侧凹特征最好是盲孔，如果是本案例中的通孔，则孔终止面不能有拔模斜度，否则滑块入子创建后与实际不符。

（2）拆模时，若用收集体积块的方式创建体积块，操作相对繁琐，但对于曲面上的孔来说，此种方法做出的入子在与模仁曲面配合处的结构更精确。

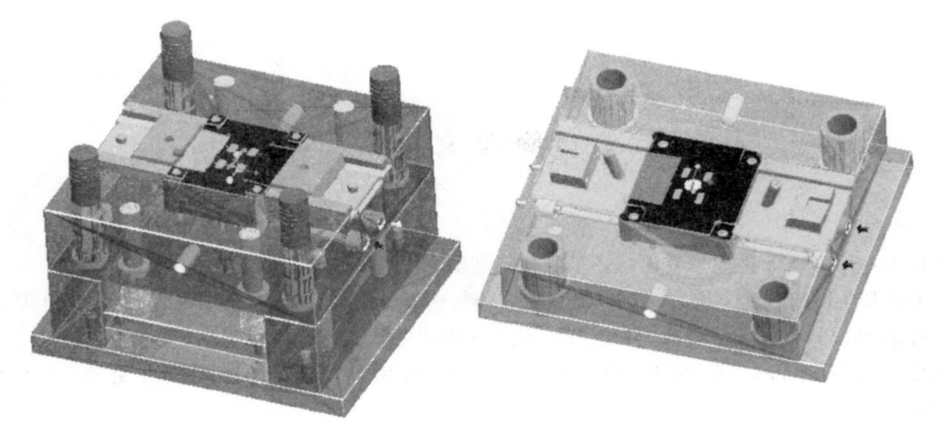

图 6-173 动模、定模结构

（3）模架的选择根据模仁大小确定，中小模具无滑块时，模架左右尺寸大于等于模仁左右尺寸加 40mm，模架天地侧尺寸大于等于模仁天地侧尺寸加 50mm，如果有滑块时小模模架单边比模仁大 100mm。

（4）动、定模板间留 1mm 的间隙，以保证公、母模仁顺利合模。

（5）浇口套下沉后可以有效减小主流道长度，但要保证浇口套端面距定位圈底面距离在 90mm 以内，保证注射机喷嘴能和浇口套接触。

（6）主流道顶杆直径最小为 4mm，保证安全顶出，顶杆过孔直径比顶杆直径大 1mm。

（7）设计扁顶杆时要有定位来防转，且其排布不能夹模。

（8）两个水路接头距离在 30mm 以上，O 形环距离孔边最少 3mm。

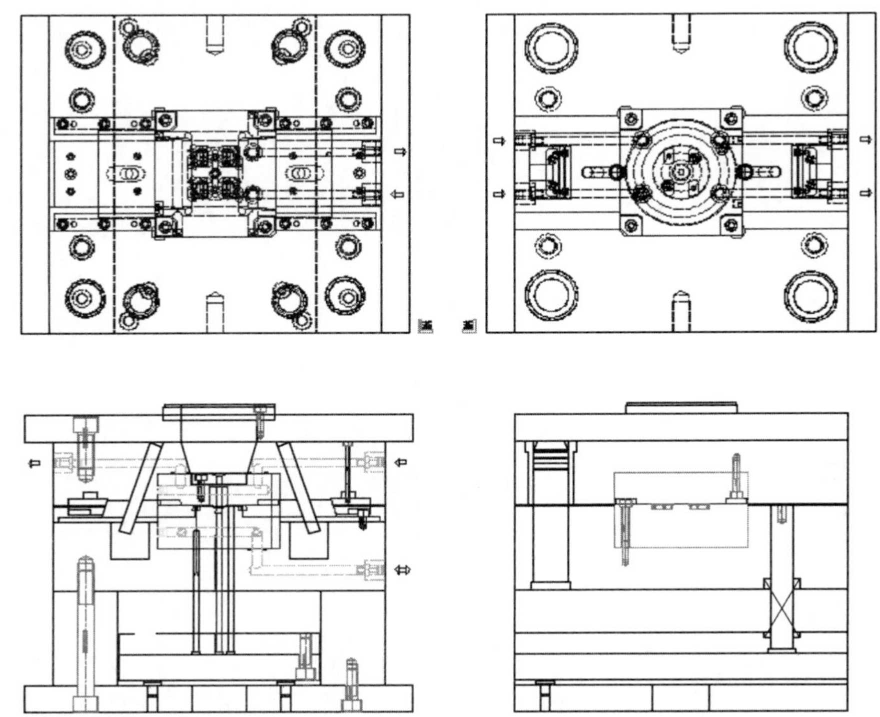

图 6-174 组立图

参 考 文 献

[1] 陈永辉.Pro/ENGINEER 模具分模特训基础与典型范例[M].北京:电子工业出版社,2011.
[2] 杨峰.Pro/ENGINEER 中文野火版 2.0 教程——塑料模具设计[M].北京:清华大学出版社,2005.
[3] 张维合.注塑模具设计实用教程[M]. 北京:化学工业出版社,2012.
[4] 林清安.完全精通 Pro/ENGINEER 野火 5.0 中文版——模具设计高级应用[M].北京:电子工业出版社,2011.